现代甘蔗育种理论与品种选育

——异质复合抗逆高产高糖育种与实践

张跃彬　王伦旺　卢文祥　吴才文
刘家勇　赵培方　刘新龙　黄应昆　等　编著

科学出版社

北　京

内 容 简 介

本书以我国近年来在抗逆高产高糖甘蔗新品种培育及育种新技术上取得的成就为主线，共十章，系统地概述了国内外甘蔗育种现状和进展，阐述了我国甘蔗抗逆高产高糖杂交育种亲本体系的建立和进展；同时针对我国甘蔗产业向旱地转移以及规模化、机械化发展形势的转变，结合育种实例，全面展示了我国建立的集"家系评价、早期抗性鉴定、低氮胁迫、机械化耐碾压、理想株型"为一体的抗逆高产高糖育种技术的应用及成就，并就我国突破性甘蔗品种培育途径与实践、甘蔗品种改良新趋势进行了全面阐述和分析。

本书可作为甘蔗科研人员，特别是育种人员、管理人员的参考用书，也可作为甘蔗糖业和甘蔗育种的培训教材。

图书在版编目（CIP）数据

现代甘庶育种理论与品种选育：异质复合抗逆高产高糖育种与实践 / 张跃彬等编著. —北京：科学出版社，2021.8

ISBN 978-7-03-067224-7

Ⅰ. ①现… Ⅱ. ①张… Ⅲ. ①甘蔗—育种 Ⅳ. ①S566.103

中国版本图书馆 CIP 数据核字（2020）第 247761 号

责任编辑：孟　锐 / 责任校对：彭　映
责任印制：罗　科 / 封面设计：义和文创

科 学 出 版 社 出版
北京东黄城根北街 16 号
邮政编码：100717
http://www.sciencep.com
成都锦瑞印刷有限责任公司印刷
科学出版社发行　各地新华书店经销

*

2021 年 8 月第 一 版　开本：787×1092　1/16
2021 年 8 月第一次印刷　印张：12
字数：285 000

定价：96.00 元
（如有印装质量问题，我社负责调换）

作　者

张跃彬（云南省农业科学院甘蔗研究所　研究员）

王伦旺（广西壮族自治区农业科学院甘蔗研究所　研究员）

卢文祥（广西柳城县甘蔗研究中心　高级农艺师）

吴才文（云南省农业科学院甘蔗研究所　研究员）

刘家勇（云南省农业科学院甘蔗研究所　研究员）

赵培方（云南省农业科学院甘蔗研究所　研究员）

刘新龙（云南省农业科学院甘蔗研究所　研究员）

黄应昆（云南省农业科学院甘蔗研究所　研究员）

前　言

　　甘蔗是我国主要的制糖原料。多年来，在国家产业发展导向和地方政府的高度重视下，我国甘蔗产业取得长足发展，"十三五"以来，我国甘蔗种植面积达2000余万亩，形成以广西、云南、广东为主，全国十余个省（区、市）布局发展的产业格局。

　　甘蔗品种改良更新是蔗糖产业发展的基础。我国甘蔗产业的发展就是甘蔗品种不断改良更新的过程，中华人民共和国成立以来，我国蔗区先后经过了5次大的品种改良更新，有力地促进了我国甘蔗产业的发展，使我国成为世界主要的蔗糖生产国，为食糖保障做出了重要贡献。

　　历史表明，只有不断改良更新品种，使品种一代比一代好，产量一代比一代高，才能不断促进蔗糖产业的发展。但是，随着现代甘蔗产业的发展，特别是我国甘蔗产业向旱地转移以及向规模化和机械化发展形势的转变，我国传统的甘蔗育种理论和技术，已经不适应产业发展的科技需求，育种目标笼统、守旧，育成品种难以满足产业发展的要求，针对性不强，适应性弱，已制约我国甘蔗产业的发展。

　　"十二五"以来，我国甘蔗育种家深入研究国外先进的育种技术和经验，针对我国甘蔗产业向旱坡地战略转型和高质量发展的科技需求，利用甘蔗高贵化遗传规律和异质性强的特点，开创了异质复合抗逆高产高糖甘蔗育种理论，建立了集"家系评价、早期抗性鉴定、低氮胁迫、机械化耐碾压、理想株型"为一体的抗逆高效育种技术体系，成功育成了桂糖42号、桂糖46号、柳城05-136、粤糖00-236、云蔗05-51、云蔗08-1609等一批突破性抗逆高产高糖新品种，并筛选培育了我国现代甘蔗育种亲本体系，为我国甘蔗产业发展做出了重大贡献。

　　为认真总结我国甘蔗育种的宝贵经验，云南省农业科学院甘蔗研究所组织我国有关育种专家编著了《现代甘蔗育种理论与品种选育——异质复合抗逆高产高糖育种与实践》一书。全书共十章，分别是中国甘蔗与蔗区生态、甘蔗育种进展概况、抗逆甘蔗杂交育种亲本体系、抗逆高产高糖杂交育种甘蔗、抗逆高产高糖育种选择技术、分子技术在抗逆高产高糖育种上的应用、近年育成的抗逆高产高糖新品种、甘蔗品种应用技术、突破性甘蔗品种培育途径与实践、我国甘蔗品种改良新趋势。

　　本书可作为甘蔗科技人员，特别是育种人员、管理人员的参考用书，也可作为甘蔗产业技术培训教材。由于作者水平有限，书中有不妥之处，敬请读者不吝指正。

　　本书在编写过程中，引用了同行的部分资料，在此深表谢意！

编　者

二〇二〇年一月一日

目　　录

第一章　中国甘蔗与蔗区生态

第一节　中　国　甘　蔗

甘蔗原产于热带、亚热带，是世界主要的制糖原料。据统计，中国有 18 个省份种植甘蔗，主产蔗区主要分布在北纬 24°以南的热带、亚热带地区，集中在我国的南部和西南部，以广西、云南、广东、海南及邻近省份为主。

2017 年，全国甘蔗种植面积 2057.04 万亩[①]，主要分布于广西、云南、广东、海南、江西、四川、贵州、湖南、湖北、浙江、福建等 17 个省份。其中广西、云南、广东三省（区）种植 1927.77 万亩，约占全国甘蔗种植面积的 93.72%，甘蔗产量 9991.97 万 t，约占全国甘蔗总产量的 95.70%，见表 1-1。

表 1-1　全国各省份甘蔗种植面积与产量

省份	2016 年		2017 年	
	种植面积/万亩	总产量/万 t	种植面积/万亩	总产量/万 t
广西	1336.71	6991.45	1314.18	7132.35
云南	371.00	1523.77	359.85	1516.15
广东	248.33	1293.87	253.74	1343.47
海南	40.56	171.18	31.85	133.10
江西	22.08	66.71	21.96	67.28
四川	13.73	35.56	13.57	34.74
贵州	18.20	71.48	12.42	50.31
湖南	10.07	31.26	10.85	33.23
湖北	9.63	26.97	9.86	26.98
浙江	9.41	40.98	8.57	37.50
福建	7.94	28.83	7.37	26.37
河南	3.63	16.67	3.47	16.24
重庆	3.26	8.91	3.18	8.79
安徽	2.84	6.18	2.85	6.21
陕西	2.39	2.54	2.07	2.68
江苏	1.20	4.10	1.20	4.85
上海	0.08	0.28	0.05	0.19
合计	2101.06	10320.74	2057.04	10440.44

资料来源：2018 年《中国农业年鉴》。

---

① 1 亩 = $\frac{1}{15}$ hm^2 = $\frac{10000}{15}$ m^2 ≈ 666.7m^2 。

甘蔗作为我国主要的糖料作物，具有很高的经济价值。多年来，我国根据甘蔗生产发展的自然气候条件和南方省份的资源禀赋，重点发展广西、云南、广东的糖料蔗生产，形成了桂中南、滇西南、粤西三个国家级糖料蔗优势产业带。在国家产业发展导向和各级政府的努力下，2018/2019 榨季，广西、云南、广东三省（区）糖料蔗种植面积突破 1900 万亩，产糖量达 922.97 万 t，蔗糖产业取得了显著的发展成效，见表 1-2。

表 1-2 　2000/2001～2018/2019 榨季全国蔗糖产量统计 　（单位：万 t）

榨季	省份						
	广西	云南	广东	海南	福建	其他	合计
2000/2001	300.00	130.00	75.00	25.00	3.00	18.00	551.00
2001/2002	443.00	143.00	104.00	30.00	6.00	19.00	745.00
2002/2003	561.00	189.00	116.00	42.00	9.60	21.00	938.60
2003/2004	588.00	195.00	98.50	41.00	6.80	14.00	943.30
2004/2005	532.00	159.00	112.10	38.50	5.70	9.60	856.90
2005/2006	537.70	141.25	93.00	18.00	3.70	7.20	800.85
2006/2007	708.60	183.15	127.86	37.56	5.80	11.55	1074.52
2007/2008	937.20	216.25	145.35	51.67	7.07	10.37	1367.91
2008/2009	763.00	223.52	105.87	46.15	5.88	8.57	1152.99
2009/2010	710.20	172.00	85.80	31.70	3.50	5.20	1008.40
2010/2011	672.80	176.15	87.00	22.67	1.96	5.46	966.04
2011/2012	694.20	201.36	114.91	31.09	2.09	5.88	1049.53
2012/2013	791.50	224.19	121.25	49.78	1.62	9.97	1198.31
2013/2014	855.80	230.63	118.50	41.65	0.85	9.74	1257.17
2014/2015	634.00	230.68	78.85	28.23		10.06	981.82
2015/2016	511.00	191.04	63.09	15.09		4.99	785.21
2016/2017	529.50	187.79	77.18	16.46		13.18	824.11
2017/2018	602.50	206.86	87.13	17.25		2.33	916.07
2018/2019	634.00	208.01	80.96	18.82		2.71	944.50

第二节　中国蔗区生态与条件

一、甘蔗生长生态条件

甘蔗是一种生长于热带和亚热带的草本植物，属于禾本科甘蔗属（Saccharum L.），是高光合 C_4 作物。对甘蔗属进行分类，主要分为栽培种与野生种两大类，细分为 6 种，即中国种（S. sinense）、食穗种（S. edule）、印度种（S. barberi）、热带种（S. officinarum）、割手密（S. spontaneum）以及大茎野生种（S. robustum），其中割手密、大茎野生种为野生种，其余 4 个品种均为栽培种。

　　热带种又名高贵种，具有高糖分、低纤维、高纯度等特点，并具有优良的可栽培农艺性状。割手密又称细茎野生种，起源于中国、印度以及巴西，割手密是甘蔗属中分布范围最广、种类最多的野生种，在热带和亚热带地区均有分布，是现代栽培甘蔗的重要亲本之一。另外 3 个栽培种：中国种、印度种和食穗种，前两者分别起源于中国和印度，是热带种和大茎野生种的种间杂种，食穗种则被认为是大茎野生种或热带种与甘蔗的一个近缘属种杂交而来的。中国种、印度种、食穗种和现代甘蔗都是属于种间杂交种。

　　甘蔗从生长生态条件来讲，属喜高温、多湿、强光照作物，原产于热带与亚热带地区，目前世界上的甘蔗主要集中于南北纬 25°，所以甘蔗的生长与气候因子有重要的关系。在各种因子中，影响甘蔗生长的主要气候因子有气温、光照、空气、水分及土壤等，其中在甘蔗生长的各个时期所需气候生态条件又有不同。

（一）气温

　　甘蔗在不同的生育期需要不同的气温。甘蔗在 12～13℃可缓慢生长，20～25℃生长逐渐加快，30～32℃为最适温度，生长最快，超过 34℃则生长减缓，超过 40℃甘蔗就不能正常生长，而低于 0℃，甘蔗则会受害。

　　在甘蔗成熟方面，如果前、中期温度较高（20℃以上），生长后期温度逐渐降低（13～18℃），那么甘蔗早熟且糖分积累好；若前期热量不足，后期降温快，则甘蔗产量低，含糖分也不高；如果成熟期温度降至 0℃左右，则糖分会因转化而下降。

（二）光照

　　光照是甘蔗光合作用的能源。甘蔗是 C_4 作物，特别喜光，在阳光的作用下，其叶片细胞内的叶绿体把二氧化碳和水合成蔗糖等碳水化合物。甘蔗各器官干物质及其积累的糖分，98%左右是通过光合作用合成的。甘蔗光补偿点低，光饱和点高，光能利用率高，在自然光照下，光照越强对光合作用越有利。大田生产中，在阳光充足的地区，蔗茎较粗，节间相对较短，叶片宽而绿；在阳光不足的地区，蔗茎细小，叶片窄而薄，且色黄，干物质积累少。

（三）空气

　　甘蔗对空气的需要主要表现在进行光合作用和呼吸作用上。空气中的二氧化碳和氧是甘蔗进行光合作用和有氧呼吸的主要原料。

（四）水分

　　原料蔗茎中，其水分含量高达 70%左右。在甘蔗生长过程中，每形成一份干物质，约需要 250 份水，可见甘蔗生长需水量之大。甘蔗生长期长、产量高，总的耗水量就多。试验表明，亩产 5t 以下的甘蔗，每吨原料蔗耗水 171.9t；亩产 5~10t 的甘蔗，每吨原料蔗耗水 128.8t；亩产 10t 以上的甘蔗，则每吨原料蔗耗水 99.7t。在生产实践中，在甘蔗全生育期灌溉 8 次，其中伸长期前灌溉 4 次，之后灌溉 4 次。

（五）土壤

甘蔗对土壤的适应性比较强，以黏壤土、壤土、砂壤土较好，土壤 pH 为 4.5~8.0，甘蔗都能生长，但以土壤 pH 6.5~7.5 最为适宜。

二、我国甘蔗生态区域

（一）适宜蔗区的划分

气温是影响甘蔗生产最主要的条件，气温是区别适宜种蔗区与不适宜种蔗区的最主要指标，一般以气温（包括积温）为主要指标，将蔗区划分为 3 种类型，即最适宜种蔗区、适宜种蔗区、次适宜种蔗区，如表 1-3 所示。

表 1-3　适宜甘蔗产业发展的气候条件

蔗区类型	年平均气温/℃	≥10℃积温/℃	≥20℃积温/℃	日较差/℃	降雨量/mm	低温情况
最适宜种蔗区	≥19	6500~8000	≥4500	≥12	≥1000	基本不出现-2℃冻害低温
适宜种蔗区	≥18	6000~6500	≥3600	≥10	≥800	出现-2℃频率在10%
次适宜种蔗区	≥16	5000~6000	≥3000	≥10	≥800	出现-2℃频率在30%以下

从全国甘蔗主产区来看：

（1）广西的最适宜种蔗区主要包括崇左、贵港、北海、钦州、防城港等市大部，南宁和梧州两市南部，右江河谷、澄江河谷等地。广西的适宜种蔗区主要包括梧州市大部、贺州市南部、南宁市北部和西部部分地区、柳州市南部、来宾市除东北部山区以外的大部地区、河池市东南部、百色市右江河谷海拔为 200~600m 的部分地区。

（2）云南的最适宜种蔗区主要包括滇西南的德宏、保山、临沧、普洱、西双版纳等蔗区和文山南部（富宁）等蔗区。云南的适宜种蔗区主要包括滇东南的弥勒、开远、蒙自、石屏，玉溪境内的新平蔗区、元江蔗区，大理鹤庆以及红河州的元阳、红河、金平等蔗区，以及昭通巧家等蔗区。

（3）广东的最适宜种蔗区主要在粤西地区，集中在遂溪、雷州、徐闻、廉江、麻章等地。

（二）蔗区生态的划分

根据作物生态区划的基本原理，以温度为一级指标，可把适宜种蔗区划分为 3 个气候带：北热带、南亚热带、中亚热带，如表 1-4 所示。再以年降水量、干燥度及农业意义为二级指标，划为两个类型区：即湿润区和半湿润区。按以上两级分类指标，综合地形、土壤、植被等因素，综合农业气候区划，可以将我国的蔗区划分为北热带湿润蔗区、北热带半湿润蔗区、南亚热带湿润蔗区、南亚热带半湿润蔗区、中亚热带湿润蔗区、中亚热带半湿润蔗区。

表 1-4 甘蔗生态区划与气候条件

蔗区生态类型	年平均温/℃	年≥10℃积温/℃	年≥20℃积温/℃	最冷月平均气温/℃	无霜期/d
北热带蔗区	≥20	≥7500	≥5000	≥15	365
南亚热带蔗区	≥18	6000~7500	≥4500	10~15	330
中亚热带蔗区	≥16	≥5000~6000	≥3600	8~10	280

我国蔗区按生态区划，结合区域发展，一般分为华南蔗区、西南蔗区、华中蔗区。

（1）华南蔗区：包括广西、广东、海南的北纬 24°以南地区，台湾全省，福建东南沿海等地区。

（2）西南蔗区：包括云南的大部分、贵州西部及西南隅、四川西部高原南部，南起北纬 23°，北至北纬 29°。西南蔗区海拔大部分在 400~1600m，大部分属亚热带季风气候。

（3）华中蔗区：位于北纬 24°以北、33.5°以南地区，包括浙江、湖南、湖北等部分地区。

我国的主产蔗区，主要分布在北纬 24°以南的热带、亚热带地区，包括广西、云南、广东等省（区）。20 世纪 80 年代中期以来，我国的蔗糖产区迅速向广西、云南等西部地区转移，截至 2015 年，广西、云南两省（区）的蔗糖产量已占全国的 85.7%，在中国的蔗区区域划分中，主要集中在北热带蔗区和南亚热带蔗区，其中广西、广东主要为北热带蔗区，云南主要为南亚热带蔗区。

参 考 文 献

秦文清, 1989. 中国甘蔗地理[M]. 北京：中国农业出版社.

苏广达, 叶振邦, 吴伯全, 等, 1983. 甘蔗栽培生物学[M]. 北京：轻工业出版社.

张跃彬, 2011. 中国甘蔗产业发展技术[M]. 北京：中国农业出版社.

《中国农业年鉴》编辑委员会, 2011. 中国农业年鉴[M]. 北京：中国农业出版社.

第二章 甘蔗育种进展概况

甘蔗是无性繁殖作物，随栽培年限的增加，各种种传病害在繁育过程中不断累积，从而导致品种种性退化。持续育成适宜当前生产模式和甘蔗生产环境的新良种，重点突破高产、高糖和抗逆等性状，是促进蔗糖产业健康可持续发展的重要基础。甘蔗育种包括有性杂交育种、转基因育种、分子标记辅助育种和诱变育种等。其中，杂交育种是最常用、最普遍、育种成效最大的方法，在我国育成的甘蔗品种中，通过有性杂交育成的甘蔗品种达98%以上。国内外甘蔗育种均以杂交育种为主，通过育种或引种的方式，甘蔗品种改良在不同国家的不同历史时期均发挥着重要作用。

第一节 甘蔗杂交育种起源

甘蔗杂交育种始于 1887～1888 年，荷兰人 F. Sotwedel 和英国人 J. B. Harrison 与 J.R. Boyell 相继在爪哇和巴巴多斯发现了甘蔗天然杂交形成的实生苗，此后，各产蔗国家无不以有性杂交（尤其是种间杂交）育种作为改良甘蔗品种的主要方法，创造出许多优良品种，为世界甘蔗育种事业奠定了基础。

在甘蔗实生苗被发现后约十年，甘蔗育种家 Jeswiet 首创了甘蔗高贵化育种法。在高贵化过程中，大茎、多汁、高产、高糖、抗逆性差的甘蔗热带种（$S.\ officinarum$）被称为高贵种（noble cane），而细茎、低糖、低产、抗逆性强、生势好的割手密（$S.\ spontaneum$）被称为野生种（wild cane）。利用高贵种和野生种两者杂交获得第一代高贵化杂交种 F_1，F_1 再回交高贵种获得第二代高贵化杂交种 F_2，F_2 再回交获得第三代高贵化杂交种 F_3。以此思路，他利用热带种（Black Cheribon）与割手密（Glagah）的天然杂交种 Kassoer（第一代高贵种）同 POJ100 回交，获得了 POJ2364（第二代高贵种）。1921 年，Jeswiet 利用 POJ2364 同另外一个热带种 EK28 回交，获得了一批第三代高贵化杂种，对 F_1、BC_1、BC_2 细胞学分析时发现 F_1 和 BC_1 配子结合后，高贵种亲本的配子染色体加倍，即高贵化过程把热带种的优良遗传物质加倍结合到新的杂交种中去，此为甘蔗高贵化育种的重要发现。采用高贵化选育出了蔗茎产量、含糖量兼顾抗逆性和适应性优越的 POJ2878。该品种的选育，是甘蔗热带种和割手密杂交取得的最大突破。POJ2878 在 1927～1930 年遍及爪哇，振兴了当地蔗糖业，后来成为全球甘蔗育种的最重要亲本。

19 世纪 20 年代，在印度哥印拜陀（Coimbatore）育成的 Co213、Co281、Co290 为具有热带种、印度种和印度野生种的三元杂交种，它们集爪哇、印度高贵种和印度种的抗病、高产、高糖为一体。这些品种不仅成为印度的主栽品种，而且被引种到南非、阿根廷、美国、中国、澳大利亚推广种植，成为世界性的品种，显示了三元杂交种广泛的适应性，这些品种也成为世界主要甘蔗育种场的重要杂交亲本。美国夏威夷以热带种、割手密、印度种、大茎野生种和中国种 5 个种杂交，育成 H32-8560、H49-5 等良种。世界各国都不惜巨资从事甘蔗杂交和新品种选育，并选育出一批产量高、品质优、抗性强的甘蔗新品种，促进了各国蔗糖业的发展。

甘蔗杂交育种需要有性杂交，而繁殖则是无性繁殖。品种内的每株甘蔗都是相同的基因型，除非偶然发生突变，否则基因非常一致。目前，世界各国育成的品种大多来自其中的 3～5 个甘蔗原种的杂交后代，继而进行品种间杂交和回交育成，基本上是同质遗传型组成品种的再组合，故导致甘蔗品种近亲繁殖、遗传基础狭窄、血缘相近，致使半个世纪以来甘蔗育种在产量、糖分和抗性等方面一直难有较大突破。

第二节　国外甘蔗育种进展

甘蔗新品种的选育和应用，是促进蔗糖业可持续发展的基础措施。各蔗糖生产国均高度重视甘蔗新品种的选育。在甘蔗新品种选育方面，从种质资源收集、评价、杂交利用，到杂交后代的选择，蔗糖主产国通过相关应用研究，均已形成了成熟的技术体系。一是在亲本信息方面，澳大利亚、巴西、美国等具有完善的亲本数据信息；二是在生产杂交花穗方面，注重杀雄以避免自交在大多育种程序中被应用，以及光周期诱导技术在美国、澳大利亚等国家应用；三是在选择技术方面，多采用家系评价结合单株选择的技术方法进行选择，并在此通过家系评价或经济遗传值估算亲本育种潜力；四是在育种策略方面，巴西、澳大利亚为典型的分区育种，从实生苗开始在不同区域选育新品种，印度、泰国和美国根据不同育种程序针对不同区域开展品种选育；五是在分子辅助育种方面，法国国际农业研究中心开发的 Bru1 褐锈病抗性分子标记在巴西、美国等国家甘蔗育种程序中被大量应用，用于评价亲本及后代褐锈病抗性。

根据国际甘蔗技术专家协会（International Society of Sugar Cane Technologists，ISSCT）网站品种志，全球设有甘蔗育种机构的国家有 56 个。巴西、泰国、印度、澳大利亚和美国等蔗糖生产大国均具备完善的甘蔗育种技术体系，各国均以自育种为主栽品种。如 RB、SP 和 CTC 系列为巴西的主栽品种；KK、K、LK 和 UT 等系列为泰国自育的主栽品种；Co 系列为印度的主栽品种；Q、KQ 系列为澳大利亚自育的主栽品种；CP、HoCP、L 等系列为美国自育的主栽品种。然而，也有部分国家和地区甘蔗育种起步较晚，目前仍然以引进品种为主。

根据联合国粮食及农业组织（FAO）统计资料分析，1961～2018 年，全球甘蔗平均亩产量由 3.41t 增加至 4.71t，亩产量增加 1.3t，按照 60% 的品种贡献率，其中育种贡献 0.78t。在过去的 58 年里，年甘蔗亩产量增加 22.41kg，年育种贡献为 13.45kg/亩。

一、巴西

（一）主要育种机构

巴西甘蔗种植面积和蔗糖产量常年稳居全球第一，近年来，甘蔗种植面积均稳定在

15000万亩以上。甘蔗育种受到巴西政府和制糖企业的高度重视，形成了RIDESA和CTC等大型甘蔗育种机构。RIDESA是巴西目前甘蔗育种规模最庞大的机构，在1990年接管了由PLANALSUCAR提供的30个甘蔗育种站后，形成了具有72个试验站的甘蔗育种机构，分布于联邦大学UFRPE、UFAL、UFPI、UFS、UFG、UFV、UFRRJ、UFMT、UFSCar和UFPR。另外一个较大的育种机构是COPERSUCAR，自1969年以来，一直受30余家糖厂资助开展甘蔗新品种选育，于2011年变更为CTC公司。

（二）主要育种技术

巴西在甘蔗品种选育方面，如种质资源的收集、杂交利用和后代群体选择均配备有完善的技术体系。在亲本选配方面，具有完善的数据库系统，CTC公司采用ProCruza软件对亲本数据进行管理和筛选利用。选配杂交组合时重点参考亲本蔗糖分、熟性、纤维性、倒伏性和对褐锈病、黄锈病、黑穗病等6种病害的抗性信息。在后代选择方面，采用家系评价和单株选择相结合的方法进行后代群体筛选，在病害抗性选择方面筛选较为严格；在育种策略方面，采用分区育种法，主要依据气象数据和土壤数据对区域进行划分，以选育适宜不同区域种植的甘蔗新品种。

（三）主要育种成就

通过甘蔗新品种的选育和应用，巴西甘蔗的亩含糖量得到显著增长，从1970年的247.5kg/亩增加至2011年的610kg/亩，年增长约8.84kg/亩，对巴西蔗糖和酒精生产做出了巨大贡献。RIDESA于1967年在Serra do Ouro，Murici，Alogoas建立杂交育种站，占地480亩，充分利用优越的开花条件，大量开展杂交花穗生产，已育成甘蔗品种78个，其中于1990年后育成59个。CTC公司在COPERSUCAR前期育种的基础上，育成了CTC1至CTC21号（截至2014年）。

如表2-1所示，巴西甘蔗种植面积最大的品种是RB867515，占全国甘蔗种植面积的26%，由RIDESA下属的UFV育成，该品种为中晚熟品种，但其抗病性强、高产、耐贫瘠。第二大甘蔗品种是RB966928，由RIDESA下属UFVPR育成，占全国甘蔗种植面积的10%，该品种早熟高糖且抗病性强，特别适宜机械化种植。第三大品种是SP81-3250，由CTC公司前身COPERSUCAR育成，为中熟高糖甘蔗品种，抗病性较强，但中感黄锈病。RIDESA育成的RB92579、RB855156和RB855453三个品种各占全国甘蔗面积的6%，其中，RB92579为中熟品种，RB855453为早中熟品种，RB855156为特早熟高糖品种。在熟性方面，这6个品种含有特早熟或早熟甘蔗品种2个，中熟和早中熟甘蔗品种3个，中晚熟品种1个；在抗病性方面，6个品种均表现出较强的抗病性，仅SP81-3250表现出中感黄锈病；6个品种中，RB867515和RB855156均以RB72-454作为母本杂交育成，两个品种的种植面积占全国种植面积的32%，遗传了其母本优良的适应性。

表 2-1 巴西主栽甘蔗品种

品种	种植面积占全国种植面积的比例/%	亲系	育种者描述	选育机构
RB867515	26	RB72-454×未知	中晚熟，高产，耐贫瘠；抗黄锈病、褐锈病、黑穗病和花叶病；抗白条病和宿根矮化病	RIDESA-UFV
RB966928	10	RB855156×RB815690	早熟，高糖；特别适宜机械化种植和收获；抗黄锈病、褐锈病、黑穗病和花叶病；抗白条病和宿根矮化病	RIDESA-UFVPR
SP81-3250	8	CP70-1547×SP71-1279	中熟，高糖；中感黄锈病、抗褐锈病、黑穗病、花叶病；耐白条病和宿根矮化病	COPERSUCAR
RB92579	6	RB75126×RB72199	中熟，高产；特别适宜灌溉区域种植；抗褐锈病、黑穗病和花叶病；中抗黄锈病；耐白条病和宿根矮化病	RIDESA-UFAL
RB855156	6	RB72-454×TUC71-7	特早熟，高糖，极易开花，宿根性强；抗黑穗病、褐锈病和花叶病；中抗黄锈病；耐白条病和宿根矮化病	RIDESA-UFSCar
RB855453	6	TUC71-7×未知	早中熟，高糖，极易开花，直立；抗黄锈病、褐锈病、黑穗病和花叶病；耐白条病和宿根矮化病	RIDESA-UFSCar

甘蔗新品种选育显著提高了巴西甘蔗单产。根据 FAO 数据统计，1961～2018 年，巴西甘蔗亩产由 2.90t 增加至 4.96t，每亩增 2.06t，过去的 58 年里年增约 35.52kg/亩，按 60%的品种贡献率，年育种的贡献为 21.31kg/亩。如图 2-1 所示，以十年为间隔，1961～1999 年的 4 个十年间，单产均有显著增幅，2000 年以来的两个十年间甘蔗单产无显著变化。

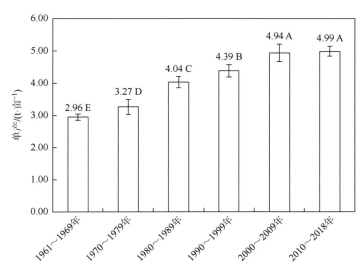

图 2-1 20 世纪 60 年代以来（十年为间隔）巴西甘蔗单产增幅

（数据来源于 FAO，不同大写字母代表差异在 0.05 水平下显著）

二、印度

（一）主要育种机构

印度甘蔗种植面积位于全球第二，据 FAO 数据统计，2018 年种植面积为 7095 万亩，甘蔗品种选育机构较多。哥印拜陀甘蔗育种研究所（Sugarcane Breeding Institute Coimbatore）成立于 1912 年，是历史较为悠久的甘蔗研究所之一。该研究所具有优越的自然开花条件，可以收集丰富的甘蔗种质资源，还建有国家甘蔗杂交亲本圃，大规模生产杂交花穗，并将杂交花穗分发至全国 22 个研究站和大学，年花穗提供量在 25kg 以上。由该机构提供杂交花穗育成的品种命名均以 Co 开头，Co 系列品种是在哥印拜陀杂交并在哥印拜陀选育的品种。其他 CoA、CoC、CoH、CoJ、CoLk、CoM、CoP、CoS、CoSe、CoSi、CoT、CoTL 和 CoV 等系列品种均采用哥印拜陀杂交花穗培育实生苗，在其他不同区域育种站或大学育成的品种。Co 后的大写字母为育种机构所在地区名的首个大写字母，如 CoM 系列品种由位于印度马哈拉施特拉邦（Maharashtra）的 Vasantdada 食糖研究所育成。此外，Bo 系列品种为印度比哈尔（Bihar）甘蔗研究站育成的品种。

（二）主要育种技术

印度甘蔗种质资源丰富，且建有全球甘蔗种质资源圃。依托优越的自然开花条件和种质资源优势，大量开展甘蔗杂交育种。印度杂交育种起步较早，创造了大量优良的甘蔗亲本，用于甘蔗新品种选育的亲本大部分为自育亲本。在育种策略方面，虽然杂交花穗主要来源于哥印拜陀，但大量新品种选育分布于全印度的主产蔗区，由当地试验站或大学进行新品种选育，有利于针对特殊气候环境和栽培习惯进行品种改良。在甘蔗品种选育过程中，采用家系选择和单株选择相结合的选择应用，同时，在品种选育的较早期阶段应注重生态适应性筛选，除高产、高糖性状的选择外，强调对抗倒伏性状、宿根性以及赤腐病和黑穗病抗性的筛选。

在印度，甘蔗品种选育从杂交到新品种示范推广约需 12 年，前 4 年在研究所内进行不同阶段的培育和试验，即杂交、实生苗第一无性世代和区域预试，类似中国的杂交杂种圃、选种圃和鉴定圃阶段；第 5 年各单位定名的品种参加由印度甘蔗育种研究所主持的全国甘蔗区域化试验，主持单位每年根据试验结果向糖厂、种植者协会推荐优良品种进行试种。由于测试手段先进，从第一无性世代开始检糖，保证了选择的准确性，因此比我国提前两年进行区试。印度对区试十分重视，选择有代表性的农业气候带设置固定的区试点。根据全印协作研究计划，通过"国家杂交圃"实施全国甘蔗杂交计划，杂交种子分散至各单位培育，最后通过全国联合区试，第 5 年向生产者推荐若干新品种，基本程序见表 2-2。第 6~12 年为试种、示范、推广阶段，如表 2-3 所示。

表 2-2　印度甘蔗杂交育种的基本程序

第 1 年	杂交	每年由国家杂交圃向研究所和各邦试验站提供 300 个杂交组合、20kg 左右杂交种子
第 2 年	实生苗	印度全国每年播种发芽 20 万～30 万苗，实生苗经过苗床和地面苗床假植后，按行距 0.9m、株距 0.5m 定植，顺序排列，生长 12 个月时，测定茎数、单茎重、锤度；一般入选 15%～20%
第 3 年	无性系预试	扩展的随机区组设计，单行区，行长 6m，每个区组设 6 个对照种，选择时以最高产或最高糖的对照种来衡量无性系，测定茎径、茎重，估计产量和蔗汁蔗糖分；一般入选 15%～20%
第 4 年	区域预试（PZVT）	随机完全区组设计，单行区 12m 行长或两行区 6m 长，重复两次；测定项目同上一年，也入选 15%～20%；入选的无性系给以"Co"号
第 5 年	区域品种试验（ZVT）	甘蔗育种研究所和各邦选育定名的品种，分别送到代表不同农业气候带的地区进行试验；随机完全区组设计，行长 6m，5 区组，3 次重复；每试点分早、中熟两组，测定项目除同上外，视育种要求而定；入选 10%～15%

表 2-3　试种、示范、推广

试验代号	试验地点										合计	
	半岛中心地带		半岛北部地带		东海岸地带		北部中心地带		西北地带			
	Coimbatore		Sameeerwadii		Mundianpakkam		Barachakia		Karnal			
	参选数（份）	入选数（份）	参选数（份）	入选数（份）	参选数（份）	入选数（份）	参选数（份）	入选数（份）	参选数（份）	入选数（份）	参选数（份）	入选数（份）
试验 1	97	10	155	10	60	2	20	3	28	4	360	29
试验 2	112	16	178	1	216	11	40	5	45	0	591	33

（三）主要育种成就

通过杂交育种，印度于 1918 年在 Punjab 育成了全国第一代杂交品种 Co205，随后育成的 Co281 和 Co290 不仅在印度被大面积推广应用，而且在澳大利亚、美国、南非和中国也被大面积推广应用。其他品种，如 Co270、Co331、Co419、Co421 和 Co475 先后作为主推品种在各国被大面积推广应用和作为亲本杂交利用。其中 Co419 曾是中国的主栽品种和主要甘蔗育种亲本。中国采用 Co419 作为父本与 PT49-50 杂交，育成了全国主栽品种桂糖 11 号。该品种于 1980 年育成，到 1985 年全国累计推广种植 5000 万亩。

印度育成的 Co312、Co313、Co419、Co421、Co453、Co527、Co740、Co997、Co1148、Co1158、Co6304、Co6415、Co6806、Co7219、Co7717、Co8021、Co62175 和 Co68032 在不同蔗区不同历史区域曾经为主栽品种。印度甘蔗品种布局的多样性较为丰富，但总体而言，Co0238、Co86032、CoA92082、CoM0265、CoS767、CoS8436 和 CoSe92423 是目前印度最主要的 7 大主栽品种（表 2-4）。Co86032 占印度热带蔗区甘蔗种植面积的 60%～70%，在一些省份如 Tamil Nadu 占 90%，此品种平均甘蔗亩产达 7.53t，亩含糖量达 1.0t，其宿根性强，适宜多种土壤类型；Co0238 适宜在亚热带蔗区种植，属于早熟甘蔗品种，该品种平均甘蔗亩产 5.41t，蔗糖含量 18.20%，中抗赤腐病、枯萎病、黑穗病，抗倒伏，且冬季宿根发株力强；CoM0265 适宜热带蔗区种植，甘蔗亩产潜力为 8.73t，蔗糖分可达 18.5%，且宿根性强，耐盐碱；CoS8436 作为主栽品种已四十余年，该品种约占亚热带蔗区种植面积的 8%，平均甘蔗亩产 5.11t，蔗糖分 17%～18%，对肥料极为敏感，在水肥条件好的蔗区增产潜力大；CoSe 92423 从 1993 年育成以来，占印度亚热带蔗区甘蔗种植面积的 20%，特别在印度中北部蔗区较受欢迎。该品种甘蔗亩产 4.67t，蔗糖分 17.50%，抗旱和抗倒伏；CoS767 主要种植于印度 Bihar、Uttar Pradesh 和 Haryana 蔗区，为中晚熟品种。

表 2-4　印度主栽甘蔗品种

品种	亲系	特性	育种机构
Co0238	CoLk 8102×Co775	适宜亚热带蔗区种植，早熟高产高糖；不开花，不倒伏；中抗赤腐病，抗黑穗病，抗旱性强，宿根性强	Sugarcane Breeding Institute，Coimbatore
Co86032	Co62198×CoC671	适宜热带种植，中晚熟高产高糖；抗倒伏，少量开花；中感赤腐病，抗黑穗病，抗旱，宿根性强，适宜多种土壤类型	Sugarcane Breeding Institute，Coimbatore
CoA92082	Co7704×CoC671	适宜热带种植，早熟高产高糖；极少开花，抗倒伏；中抗赤腐病，感黑穗病，抗旱，宿根性强	Coimbatore-Anakapalle
CoM0265	Co87044×未知	适宜热带种植，中晚熟高产高糖；极少开花，极少倒伏；中抗赤腐病和黑穗病，抗旱，宿根性强	Vasantdada Sugar InstituteManjari
CoS767	Co419×Co313	适宜亚热带种植，中晚熟高产高糖；开花，抗倒伏；感赤腐病和黑穗病，抗旱，宿根性强	UP Council of Sugarcane Research Shahjahanpur
CoS8436	MS6847×Co1148	适宜亚热带种植，中晚熟高产高糖；开花，感赤腐病和黑穗病，抗旱性中等，宿根性中等	UP Council of Sugarcane Research Shahjahanpur
CoSe92423	BO91×Co453	适宜亚热带种植，中晚熟高产高糖；开花，抗倒伏；中抗赤腐病，中抗黑穗病，抗旱，宿根性强	Genda Singh Sugarcane Research Institute；Genda Singh Sugarcane Breeding &Research Station

从主栽品种来看，通过甘蔗育种，印度主栽品种均由自育品种选育而成，且育成主栽品种的亲本重叠较少。而主栽品种以中晚熟品种为主，7 个主栽品种中 5 个品种为中晚熟品种，仅 2 个品种为早熟品种。在抗倒伏方面，7 个品种中有 5 个品种为抗倒伏品种；在适宜蔗区区分方面，7 个品种中有 4 个品种适宜在亚热带种植，3 个品种适宜在热带种植。

甘蔗新品种选育在提高印度甘蔗单产方面成效显著，根据 FAO 数据统计，1961～2018 年，印度甘蔗亩产由 3.04t 增加至 5.31t，亩产增加 2.27t，58 年来，年增幅约为 39.14kg/亩，按照 60%育种贡献率，品种选育年增产甘蔗 23.48kg/亩。如图 2-2 所示，1961～1999 年的 4 个十年间，每个十年间甘蔗产量均显著提高；1990～2010 年前的两个十年间甘蔗产量无显著差异，而 2010 年后的甘蔗平均单产显著高于 2000～2009 年的平均单产。

三、泰国

（一）主要育种机构

泰国是世界第二大食糖出口国。据 FAO 数据统计，自 2010 年以来，泰国甘蔗种植面积由 1514.4 万亩增加至 2018 年的 2058.3 万亩。甘蔗新品种的选育受到泰国政府和企业的

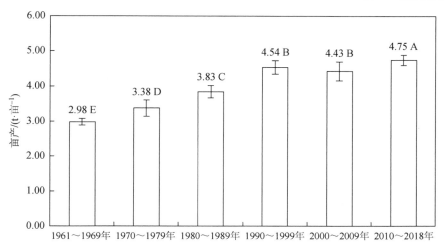

图 2-2　20 世纪 60 年代以来（十年为间隔）印度甘蔗单产增幅

（数据来源于 FAO，不同大写字母代表差异在 0.05 水平下显著）

高度重视。泰国有甘蔗育种机构 13 个，形成了区域性的甘蔗品种选育机构布局。其中，农业部和工业部下属育种机构实力最强。①KK 型甘蔗品种选育机构，泰国农业部大田与能源作物研究所孔敬府大田作物研究中心（KhonKaen Field Crops Research Center，KKFCRC）位于泰国东北部孔敬府，隶属于泰国农业部，主要负责东北部及旱区甘蔗新品种选育；②UT型甘蔗新品种选育机构，泰国农业部大田与能源作物研究所素攀府大田作物研究中心（Suphanburi Field Crops Research Center，SBCRC），主要为泰国具有灌溉条件的蔗区选育新品种；③K 型和 LK 型甘蔗品种选育机构，泰国工业部甘蔗糖业委员会 Kanchanaburi甘蔗糖业推广中心（Office of Cane and Sugar Board，OCSB）；④KU 型品种选育机构，泰国农业大学（Kasetsart University）；⑤泰国的制糖企业，有 3 家制糖企业开展新品种选育，其他企业大多承担类似甘蔗区域化试验的品种筛选和新品种示范的工作。

（二）主要育种技术

　　泰国农业部下属育种机构和工业部下属育种机构均建有完善的育种设施。在种质资源研究利用方面，KKFCRC 与日本国际农业研究中心长期合作，收集了泰国国内斑茅 130 份、割手密 470 份、地方品种 20 份和特异自育高代材料 100 份；在美国农业部的帮助下，引进了 450 份 CP、Co、Q 型等品种/种质，目前保育甘蔗种质资源共计 1170 份。通过多年杂交利用，形成了以 UT1 和 K84-200 为主的核心亲本，育成了一批高产、高糖、多抗的主推品种，如孔敬 3 号（K84-200 为父本）、LK92-11（K84-200 为母本）和 K88-92（UT1为母本）等。在杂交技术方面，主要依靠自然开花生产杂交花穗，光周期诱导技术研发及设施建设相对滞后，杂交过程中采用温水杀雄的方法保障杂交真实性。在后代选择技术方面，SBCRC 创制了甘蔗强宿根性早期选择技术，以及实生苗针刺接种筛选技术，为强宿根和抗黑穗病抗病育种提供了技术支持，同时，在品种筛选过程中对甘蔗主要病害的选择强度较高。在多用途甘蔗品种选育方面，KKFCRC 通过野生种质资源杂交利用，创制了一批高生物量的能源甘蔗品种；SBCRC 通过规范的鲜榨蔗汁品种选择技术，育成了一批适宜生产鲜榨蔗汁的甘蔗品种。

（三）主要育种成就

泰国甘蔗育种起步相对较晚，但育种成效显著，为泰国糖业发展提供了有力的科技支撑。1993～1994 年，因甘蔗草苗病（grassy shoot）在引进品种上大量爆发，严重威胁泰国糖业，而 OCSB 育成的抗病品种 K84-200、K88-92 和 K90-77 等有效缓解了该病害对糖业的危害。2006～2015 年，泰国农业部两个重大甘蔗遗传改良项目"泰国东北部甘蔗遗传改良（2006～2010）"和"泰国甘蔗遗传改良（2010～2015）"的实施，有力促进了泰国甘蔗育种。通过这两个项目的实施，育成了高产、高糖、多抗的孔敬 3 号（KK3），到 2016/2017 榨季，该品种种植面积占泰国全国甘蔗种植面积的 72.03%，种植面积达 1950 万亩。KK3 的推广应用大面积替代了空蒲心且蔗糖分低的 K88-92。

通过新品种选育，泰国已全部种植自育品种。如表 2-5 所示，KKFCRC 育成的 KK3 占全国甘蔗种植面积的 72.03%；OCSB 育成的 LK92-11 占全国甘蔗种植面积的 16.24%；K99-72、K88-92 和 K95-84 分别占 0.71%、0.62% 和 0.33%；SBCRC 育成的 UT12 和 UT5 分别占 2.45% 和 1.35%。其他 6.27% 的品种主要为即将淘汰的老品种和繁育示范的新品种，新品种中含 KK、UT、K、LK 系列，以及糖厂自育的 KSB 系列和泰国农业大学 KU 系列等。泰国甘蔗育种不仅为该国糖业做出了巨大贡献，同时，K84-200、K88-92 和 KK3 也是东南亚国家越南、缅甸和老挝的主栽品种。

表 2-5　泰国主栽甘蔗品种

品种	种植面积占全国种植面积的比例/%	亲系	育种者描述	选育机构
KK3	72.03	85-2-352×K84-200	高产、高糖，分蘖强，易脱叶，极少开花；严重干旱后宿根性差；中抗黑穗病和赤腐病	KhonKaen Field Crops Research Center，DOA
LK92-11	16.24	K84-200×Eheaw	高产、高糖，分蘖强，宿根性强；适宜灌溉区域，适宜在壤土和黏土种植；极少开花；抗赤腐病；耐旱性较差	Office of Cane and Sugar Board
UT12	2.45	Suphanburi 80 (85-2-352/K84-200) × UT 3	高产、高糖，不开花；适宜灌溉区域种植；耐旱性差；抗黑穗病和赤腐病	Suphanburi Field Crops Research Center，DOA
UT5	1.35	27-2-1033×多父本	高产、高糖，宿根性强，早花	Suphanburi Field Crops Research Center，DOA
K99-72	0.71	K84-200×Eheaw	高产、高糖，少花；适宜在灌溉区域种植；蔗茎易断裂；耐旱性差；抗黑穗病和赤腐病	Office of Cane and Sugar Board
K88-92	0.62	UT1×PL310	高产、低糖，耐旱性强，极少开花；肥沃蔗区易倒伏；抗黑穗病和赤腐病	Office of Cane and Sugar Board
K95-84	0.33	K90-79×K84-200	高产、高糖，少量开花；大茎，分蘖差；抗黑穗病和赤腐病	Office of Cane and Sugar Board

如表 2-5 所示，关键亲本 K84-200 和 UT1 的杂交利用，有力促进了泰国甘蔗育种。7 个主栽品种中，KK3、LK92-11、UT12、K99-72 和 K95-84 5 个品种为核心亲本 K84-200 的后代；K88-92 为核心亲本 UT1 的后代。在抗病性方面，通过新品种的选育有效降低了黑穗病和赤腐病对泰国甘蔗生产的危害。7 个主栽品种中，6 个为高产、高糖品种，6 个品种抗赤腐病，5 个品种抗黑穗病。

甘蔗新品种选育在提高泰国甘蔗单产方面成效显著，根据 FAO 数据统计，1961～2018 年，泰国甘蔗单产由 2.95t/亩增加至 5.07t/亩，58 年间亩产增加 2.12t，年增幅 36.55kg/亩，按品种 60% 的贡献率，每年育种贡献甘蔗产量 21.93kg/亩。如图 2-3 所示，以十年为间隔，泰国甘蔗单产显著提高，在以 K88-92 为主栽品种的年代，甘蔗亩产由 1990～1999 年的 3.42t 显著增加至 2000～2009 年的 3.98t，在 2010 年后，KK3 逐年替代了 K88-92，甘蔗亩产显著增加至 4.88t，平均产量提高至 900kg/亩。

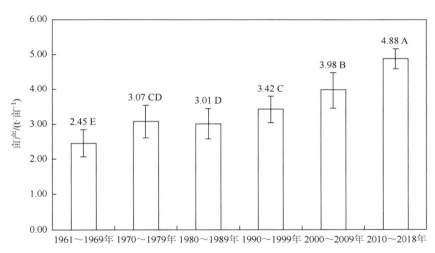

图 2-3　20 世纪 60 年代以来（十年为间隔）泰国甘蔗单产增幅

（数据来源于 FAO，不同大写字母代表差异在 0.05 水平下显著）

四、澳大利亚

（一）主要育种机构

澳大利亚为当今世界蔗糖业发达国家，甘蔗单产和甘蔗糖分皆处于世界最高水平。其主要甘蔗育种机构是 SRA（Sugarcane Research Australia），其前身是澳大利亚甘蔗试验总局（BSES）；此外，澳大利亚大型科研机构 CSIRO 在布里斯班和汤斯维尔开展甘蔗育种相关的基础研究，与 SRA 密切合作开展甘蔗新品种选育。

（二）主要育种技术

澳大利亚甘蔗育种技术较为先进，在种质资源评价利用、后代选择技术及策略等方面均具备系统的技术方法。在育种亲本方面，澳大利亚每年亲本数量约 3000 个，具有完善的亲本数据信息库，采用自然开花杂交和光周期诱导相结合的方式生产杂交花穗。常年配制组合数量为 2000～3000 个，其中，生产性组合约 1000 个，试探性组合为 1000～2000 个。在后代选择方面，一是采用家系评价结合单株选择的方法对后代群体进行筛选，结合经济遗传值进行筛选，较为重视糖分的遗传改良；二是在不同生态区设置育种点，由实生苗开始，在不同区域进行品种选育；三是注重抗病性的筛选，如对锈病、叶枯病、花叶病和宿根矮化病等的抗性筛选；四是注重基因环境互作的研究和在育种上的应用；五是不断尝试新技术在后代选择上的应用，先后尝试并应用了分子标记辅助育种法和高通量表型组学技术等对后代群体进行筛选。澳大利亚基本育种程序见图 2-4。

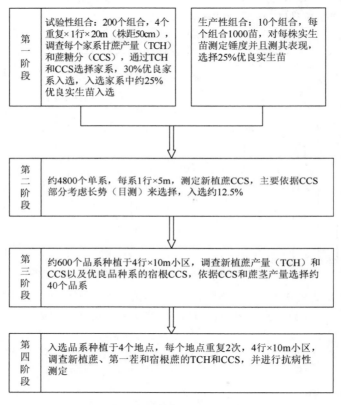

图 2-4　澳大利亚基本育种程序

（三）主要育种成就

澳大利亚是全球甘蔗出糖率最高的国家，主栽品种全部为其自育品种。由表 2-6 可知，Q208、KQ228、Q200、Q183、Q232、Q138、Q226、MQ239、Q186、Q231 和 Q240 是澳大利亚目前主栽品种。其中，种植面积占全国甘蔗种植面积 10%以上的品种有 4 个。Q208、KQ228、Q200 和 Q183 分别占全国甘蔗种植面积的 32.3%、17.6%、11%和 10.3%。除蔗糖含量的改良外，澳大利亚甘蔗育种对抗病性的改良也成效显著，主栽品种抗多种主要甘蔗病害。Q208适应性强,抗病性强,抗8种甘蔗病害,仅中感一种病害斐济病;KQ228是早熟高糖品种,抗5种主要甘蔗病害,中抗斐济病,感一种病害宿根矮化病;Q200是中晚熟高糖品种,抗9种甘蔗病害,中抗斐济病;Q183抗5种甘蔗病害,中抗白条病、宿根矮化病和黄斑病;其他主栽品种和新选育品种抗病性方面也比较突出,抗多种主要甘蔗病害。

表2-6 澳大利亚主栽甘蔗品种及新选育品种

品种	种植面积占全国种植面积的比例/%	亲系	特征及抗性	选育机构
Q208	32.3	Q135×QN61-1232	适应性强,抗褐锈病、枯条病、白条病、花叶病、黄锈病、赤腐病、宿根矮化病和黑穗病;中感斐济病	SRA
KQ228	17.6	QN80-3425×CP74-2005	早熟高糖;抗褐锈病、白条病、花叶病、赤腐病和黑穗病;中抗斐济病;感宿根矮化病	SRA
Q200	11.0	QN63-1700×N66-2008	中晚熟高糖;抗褐锈病、叶枯病、白条病、花叶病、黄锈病、赤腐病、宿根矮化病、黑穗病和黄斑病;中抗斐济病	SRA
Q183	10.3	Q124×H56-752	少量开花;抗褐锈病、斐济病、花叶病、黄锈病和黑穗病;中抗白条病、宿根矮化病和黄斑病	SRA
Q232	4.0	QN80-3425×QS72-732	易开花;抗枯条病、白条病、花叶病、黄锈病、赤腐病和黑穗病;中抗斐济病和宿根矮化病	SRA
Q138	2.4	QN58-829×QN66-2008	少量开花,蔗糖含量较低;抗褐锈病、枯条病、斐济病、白条病和黄锈病;中抗黄斑病;感花叶病、赤腐病、宿根矮化病和黑穗病	SRA
Q226	1.8	Q138×CP57-614	面积在下降;抗斐济病、白条病、花叶病、黄锈病、赤腐病和黑穗病;中抗宿根矮化病;感褐锈病	SRA
MQ239	1.8	Q96×MQ77-340	糖分低,抗白条病、赤腐病、宿根矮化病和黑穗病;感斐济病	SRA
Q186	1.2	Q117×QN66-2008	抗褐锈病、斐济病、白条病、花叶病、黄锈病、赤腐病、宿根矮化病;感黑穗病和黄斑病	SRA
Q231	0.7	QN85-1647×QS80-7441	早熟高糖;抗白条病、花叶病、黄锈病、赤腐病、宿根矮化病和黑穗病;中抗黄斑病;感斐济病	SRA
Q240	0.7	QN81-289×SP78-3137	高产、高糖;抗枯条病、白条病、花叶病、黄锈病、赤腐病、宿根矮化病和黑穗病;感斐济病	SRA
Q242	新品种	Q170×150	中晚熟高产,糖分中等;抗斐济病、白条病、花叶病、黄锈病、赤腐病;中抗枯条病和黑穗病;感宿根矮化病	SRA
Q249	新品种	QC83-625×QC90-289	中高产,糖分中等;抗斐济病、白条病、花叶病、赤腐病和黑穗病	SRA
Q250	新品种	QN79-183×QN89-1043	中高糖;抗白条病、花叶病和黑穗病;感斐济病	SRA
Q252	新品种	Q208×Q96	高糖,易开花;抗白条病、花叶病和赤腐病;中抗斐济病和黑穗病	SRA
Q237	新品种	Q120×CP57-614	早熟高糖;抗花叶病;中抗斐济病、赤腐病、宿根矮化病和黑穗病	SRA
Q238	新品种	Q138×155	高产、高糖;抗斐济病、白条病、花叶病、黄锈病、赤腐病和黑穗病;中抗宿根矮化病;感枯条病	SRA

澳大利亚蔗区条件较为优越，蔗区设备设施较为完善，甘蔗育种起步较早，效率较高，甘蔗单产整体水平较高。如图 2-5 所示，据 FAO 数据统计分析，以十年为间隔，1961～2018 年澳大利亚的甘蔗单产未如其他国家一样呈现显著的增加趋势。1961～1969 年澳大利亚的甘蔗平均单产达 4.98t，已经与其他食糖主产国如巴西、印度和泰国在 2010～2018 年的平均甘蔗单产相当。澳大利亚后面 5 个十年的平均甘蔗亩产在 5.3t 以上。

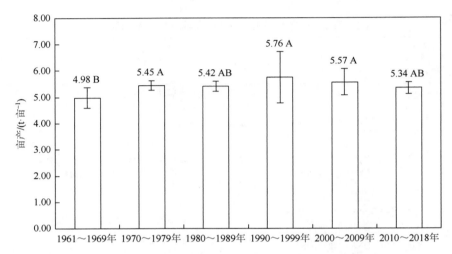

图 2-5　20 世纪 60 年代以来（十年为间隔）澳大利亚甘蔗单产增幅

（数据来源于 FAO，不同大写字母代表差异在 0.05 水平下显著）

增加单位面积蔗糖产量的途径主要有两种，一是通过提高单产，二是通过提高甘蔗糖分。据报道，增加相同蔗糖的产量，通过提高甘蔗糖分的生产效率是通过提高单产效率的 1.8 倍。因此，澳大利亚甘蔗育种较为注重甘蔗糖分的改良。如曾经的主推品种 Q96 在 60 周生长量时甘蔗糖分高达 19%。高糖育种为澳大利亚甘蔗出糖率做出了重要贡献，有力提升了澳大利亚蔗糖业竞争力。

澳大利亚甘蔗品种在机械化条件下选育和应用，可作为开展机械化新品种选育的重要亲本进行评价利用。云南省农业科学院甘蔗研究所通过多年与澳大利亚开展国际合作研究，从澳大利亚引进了 Q 型和 KQ 型甘蔗品种 60 余份，经评价筛选，部分品种已作为亲本在瑞丽杂交育种基地杂交利用。

五、美国

（一）主要育种机构

美国甘蔗主要种植于佛罗里达州、路易斯安那州、得克萨斯州和夏威夷等地区。美国甘蔗育种具有明显的区域性，即在各个甘蔗产区均具有相应的甘蔗育种机构。主要育种机构有：①位于佛罗里达州的 CP、CPCL 型甘蔗品种选育机构，美国农业部运河点甘蔗育种站（USDA-ARS Sugarcane Field Station）；②位于路易斯安那州的 Ho、HoCP 型品种选育机构，美国农业部甘蔗研究部（USDA-ARS Sugarcane Research Unit）；③位于路易斯安那州的 L、LCP 和 LHo 型甘蔗品种选育机构，路易斯安那州立大学农业中心（Louisiana State University Agricultural Center）；④位于得克萨斯州的 TCP 型选育机构，得州农工农业研究中心（Texas A&M AgriLife Research Weslaco Center）；⑤H 型选育机构，夏威夷农业研究中心（Hawaii Agriculture Research Center）；⑥世界甘蔗种质资源圃，农业部迈阿密亚热带园艺研究站（USDA-ARS Subtropical Horticulture Research Station）。其中，品种命名中"CP"意味着杂交花穗来源于运河点甘蔗育种站。

（二）主要育种技术

在杂交亲本方面，美国农业部在迈阿密建有世界甘蔗种质资源圃，此外，在轮回选择过程中，具有优良性状的新品种系再次作为亲本杂交，对主要育种性状进行改良，特别是高糖材料轮回选配。在杂交花穗生产方面，农业部运河点甘蔗育种站向全国主要育种机构提供杂交花穗，各育种机构向运河点提供计划杂交应用的亲本，运河点优越的自然开花条件和先进的光周期诱导设备，可大量生产杂交花穗，如 2013 年选配杂交组合 1631 个，生产杂交种子约 200 万，其中向外提供约 130 万，运河点保留 70 万，使用甘蔗亲本 296 个。在杂交组合选配方面，以完善的亲本信息为参考，含产量、糖分、抗性等重要性状数据，杂交过程中采用温水杀雄控制自交率。在后代筛选方面，采用家系评价和单株选择相结合的方法，其中，家系评价采用的是分级评价法，对每个家系生势、开花情况和抗病性等进行分级，并结合家系糖分性状评价家系及亲本。在抗病育种方面，一是对亲本材料进行多种病害抗性鉴定，完善亲本信息，如规范应用法国国际农业研究中心开发的 *Bru1* 褐锈病抗性标记对几乎所有褐锈病抗性进行鉴定；二是在品种选育试验的较早期阶段对参试品系进行多种病害抗性鉴定，为品种选育提供参考。

佛罗里达州美国农业部运河点甘蔗试验站是美国的甘蔗育种中心，主要从事甘蔗育种工作，著名的"CP"甘蔗品种就是由该试验站育成，其甘蔗杂交育种的基本程序如图 2-6 所示。

（三）主要育种成就

美国甘蔗育种具有典型的区域针对性，Ho、HoCP、L、LCP 和 LHo 型甘蔗品种在路易斯安那州育成，这些品种适宜该地区种植，因受低温霜冻影响，该地区甘蔗生长期较短，糖分积累较快，且耐霜冻性较强；而 CP、CPCL 和 CL 型品种主要在佛罗里达州推广种植，适宜在该区域泥炭土或沙土中种植；夏威夷育成的 H 型品种主要适宜在夏威夷岛屿种植。通过甘蔗新品种选育，美国主栽品种及育成主栽品种的亲本均为自育种。育成的自育种不仅是国内的主栽品种，而且是很多育种较为滞后国家的主栽品种，如 CP 型品种在哥斯达黎加、萨尔瓦多、危地马拉、洪都拉斯、尼加拉瓜、巴拿马和塞内加尔分别占 25%、70%、70%、60%、66%、15% 和 50% 的种植面积。CP、HoCP、Ho 系列品种还作为主要亲本在其他国家杂交利用。

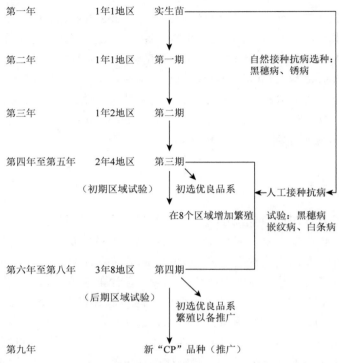

图 2-6　美国农业部运河点甘蔗试验场甘蔗育种程序

如表 2-7 所示，HoCP96-540、CP89-2143、L99-226、CP00-1101、CP88-1762、L01-299、CP96-1252、CL88-4730、CP01-1372、L01-283、HoCP00-950、L03-371 和 HoCP04-838 是美国主栽品种，其中，HoCP 和 L 型品种主要在路易斯安那州种植，CP 和 CL 型主要在佛罗里达州蔗区种植。种植面积最大的是 HoCP96-540，占全国甘蔗种植面积的 17.6%，其次是 CP89-2143，占全国甘蔗种植面积的 8.6%。在 13 个主栽品种中，高糖品种有 10 个，分别为 HoCP96-540、CP89-2143、L99-226、CP00-1101、L01-299、CP01-1372、L01-283、HoCP00-950、L03-371 和 HoCP04-838，占全国甘蔗种植面积的 61.9%；在路易斯安那州易发生霜冻，其推广种植的 7 个主栽品种中，有 4 个强抗寒品种，分别为 HoCP96-540、L01-299、L01-283 和 HoCP04-838。

表 2-7　美国主栽甘蔗品种

品种	种植面积占全国种植面积的比例/%	亲系	育种者备注	选育单位
HoCP96-540	17.6	LCP86-454×LCP85-384	特高产，含糖量高，甘蔗糖分中等，抗花叶病、黑穗病、叶条病、黄锈病，抗寒性强，但感褐锈病且易受甘蔗螟虫之害	USDA-ARS Sugarcane Research Unit
CP89-2143	8.6	CP81-1254×CP72-2086	高糖，产量中等，抗褐锈病，感黄锈病，抗黑穗病、白条病，中抗花叶病，中抗宿根矮化病，感黄叶病，自然条件下不开花	USDA-ARS Sugarcane Field Station
L99-226	7.7	CP89-846×LCP81-30	含糖量特高，产量中等，抗花叶病，感黑穗病，感白条病，感褐锈病，抗黄锈病，抗甘蔗螟虫，抗寒性差	Louisiana State University Agricultural Center

品种	种植面积占全国种植面积的比例/%	亲系	育种者备注	选育单位
CP00-1101	7.3	CP89-2143×CP89-2143	高糖，产量中等，抗褐锈病，感黄锈病，抗黑穗病，中抗白条病，抗花叶病，抗宿根矮化病，感黄叶病，自然条件下不开花	USDA-ARS Sugarcane Field Station
CP88-1762	6.8	CP80-1743×85P06	高产，糖分较低，中感褐锈病，感黄锈病，感黑穗病，抗白条病，抗花叶病，中抗宿根矮化病，感黄叶病，自然条件下极少开花	USDA-ARS Sugarcane Field Station
L01-299	6.8	L93-365×LCP85-384	含糖量高，特高产，甘蔗糖分中等，抗花叶病，感黑穗病，抗白条病，抗褐锈病，抗甘蔗螟虫，抗寒性强	Louisiana State University Agricultural Center
CP96-1252	6.2	CP90-1533×CP84-1198	蔗糖分中等，高产，感褐锈病，抗黄锈病，抗黑穗病，抗白条病，抗花叶病，抗宿根矮化病，感黄叶病，自然条件下易开花	USDA-ARS Sugarcane Field Station
CL88-4730	4.9	CL82-3160×CL78-1600	感褐锈病，感黄锈病，抗黑穗病，抗白条病，抗花叶病，感黄叶病，开花中等	U.S.Sugar
CP01-1372	4.8	CP94-1200×CP89-2143	高糖、高产，抗褐锈病，感黄锈病，中感黑穗病，中抗白条病，中抗花叶病，中抗宿根矮化病，感黄叶病，自然条件下不开花	USDA-ARS Sugarcane Field Station
L01-283	4.5	L93-365×LCP85-384	含糖量特高，产量中等；抗花叶病，黑穗病，白条病，感褐锈病，抗黄锈病，中抗螟虫，抗寒性强	Louisiana State University Agricultural Center
HoCP00-950	1.8	HoCP93-750×HoCP92-676	含糖量较高，产量中等，抗花叶病、黑穗病，中抗白条病，抗褐锈病，抗黄锈病，易受螟虫为害，抗寒性中等	USDA-ARS Sugarcane Research Unit
L03-371	1.4	CP83-644×LCP82-89	含糖量高，高产，抗花叶病、黑穗病、白条病，中抗褐锈病，抗黄锈病，感螟虫，抗寒性差	Louisiana State University Agricultural Center
HoCP04-838	1.4	HoCP85-845×LCP85-384	含糖量特高，特高产，甘蔗糖分中等，抗花叶病、黑穗病、白条病、褐锈病、黄锈病，抗甘蔗螟虫，抗寒性强	USDA-ARS Sugarcane Research Unit

美国甘蔗育种的区域针对性强，由表 2-7 的亲系中可知，在路易斯安那州种植的主栽品种多由 L、LCP 和 HoCP 等路易斯安那州育成的品种杂交育成，在佛罗里达州主栽的品种多由 CP 和 CL 型亲本育成。在轮回选择方面，采用曾经的高糖主栽品种 CP72-2086 育成高糖的主栽品种 CP89-2143，再采用 CP89-2143 育成了高糖的 CP00-1101 和 CP01-1372，这两个品种是佛罗里达州的主栽品种，占全国甘蔗种植面积的 12.1%；采用曾经的主栽品种 LCP85-384 育成 4 个路易斯安那州的主栽品种 HoCP96-540、L01-299、L01-283 和 HoCP04-838，占全国甘蔗种植面积的 30.3%。

在高产、高糖的基础上，美国甘蔗育种有力地促进了蔗糖产业在路易斯安那州易霜冻蔗区和佛罗里达州沙地蔗区的发展。如图 2-7 所示，20 世纪 60 年代美国甘蔗单产最高。因为 20 世纪 60 年代初期，夏威夷甘蔗种植面积几乎占美国甘蔗种植总面积的一半，夏威夷是全球甘蔗最高产的地区。据报道，在灌溉技术和夏威夷 H 系列品种应用的 1955～1981 年，夏威夷甘蔗平均亩产高达 13.8t，是 1908/1909 收获季甘蔗单产的 2.42 倍。随着佛罗里达州沙土甘蔗面积和路易斯安那州易霜冻蔗区面积的增加，全国平均单产在一定时期呈现略降趋势。但随佛罗里达州适宜沙土种植品种的选育如 CP07-2137，以及路易斯安那州抗寒品种的选育，其甘蔗单产在近 3 个十年间均呈现出一定的增加趋势（图 2-7）。

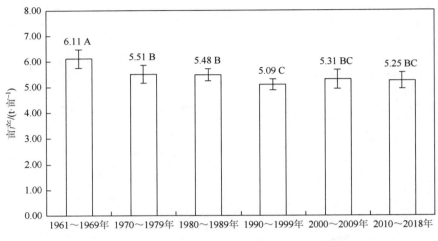

图 2-7　20 世纪 60 年代以来（十年为间隔）美国甘蔗单产增幅

（数据来源于 FAO，不同大写字母代表差异在 0.05 水平下显著）

六、其他国家

甘蔗新品种的选育和应用，是促进糖业健康可持续发展的重要基础，在蔗糖主产国均受到高度重视。在蔗糖主产国，政府或糖业企业高度重视甘蔗育种，大力推广应用自育品种。随着农业科学技术的发展进步和新品种的选育应用，大部分甘蔗生产国的甘蔗单产显著提高。

根据 FAO 数据统计，以 10 年为间隔，分析了全球及 9 个国家 1960～2018 年甘蔗单产变化。如表 2-8 所示，58 年来，全球甘蔗亩产增加 1.30t，年增产约 22.41kg/亩，年育种贡献约为 13.45kg/亩。而南非、津巴布韦和古巴甘蔗单产无明显变化甚至呈降低趋势。在 9 个国家中，单产增幅较大的国家有危地马拉、越南、缅甸和巴基斯坦，增幅大于全球平均水平，年育种贡献分别为 30.00kg/亩、21.41kg/亩、21.00kg/亩和 15.52kg/亩。

就自育种应用情况而言，据 ISSCT 统计，南非种植的全部为自育的 N 型甘蔗品种；古巴种植的全部为自育种，但对甘蔗单产无明显提升；墨西哥的主栽品种全部为自育种，对产量的年贡献低于全球平均水平，为 7.66kg/亩；津巴布韦主栽品种为南非选育的 N14，占全国甘蔗种植面积的 90%；巴基斯坦曾经以引进品种为主，目前，通过引进杂交花穗，育成了一批主栽品种如 HSF-240、SPF-234 和 NSG-59，分别占全国甘蔗种植面积的 24.3%、21.92% 和 18.50%，育种对甘蔗产量的年贡献相对较高；危地马拉主栽品种为美国的 CP 系列甘蔗品种和部分巴西品种，其中 CP 品种约占全国甘蔗种植面积的 70%，尽管以引进种为主，但该国甘蔗单产增加显著；越南和缅甸主栽品种以引进的泰国、印度品种为主，越南近年自育了一批新的 VN 系列甘蔗品种，而缅甸自育了一批新型的 PMA 系列甘蔗品种，这两个系列品种将有望成为越南和缅甸两国的主栽品种。

表 2-8　全球及部分甘蔗生产国家 20 世纪 60 年代以来甘蔗亩增产（t/亩）、年增产（kg/亩）及年育种贡献（kg/亩）

年代	全球	南非	津巴布韦	危地马拉	阿根廷	墨西哥	古巴	巴基斯坦	越南	缅甸
1960～1969 年	3.41	5.40	6.50	4.35	3.34	4.11	2.70	2.35	2.19	2.13
1970～1979 年	3.64	5.87	6.67	5.43	3.31	4.42	3.18	2.45	2.51	2.35
1980～1989 年	3.95	4.74	7.20	5.94	3.35	4.62	3.61	2.67	2.61	3.70
1990～1999 年	4.16	4.22	6.49	6.36	4.17	4.89	2.58	3.00	3.06	2.99
2000～2009 年	4.50	4.43	5.87	6.41	4.95	4.92	2.22	3.25	3.69	3.47
2010～2018 年	4.71	4.35	5.22	7.25	3.66	4.85	2.54	3.85	4.26	4.16
亩增产	1.30	—	—	2.90	0.32	0.74	—	1.50	2.07	2.03
年增产	22.41	—	—	50.00	5.52	12.76	—	25.86	35.69	35.00
育种贡献	13.45	—	—	30.00	3.31	7.66	—	15.52	21.41	21.00

注：数据来源于 FAO，育种贡献按照 60% 计算。

第三节　我国甘蔗育种进展

一、甘蔗育种技术进展

（一）种质资源收集全球第二，并创制了一批优良亲本

国家甘蔗种质资源圃始建于 1991 年，是由农业部（现农业农村部）委托云南省农业科学院甘蔗研究所建设和管理的国家级甘蔗种质资源基因库。以"甘蔗属复合群"为主要对象，通过野生资源的考察采集、地方品种的收集、国内品种的征集、国外品种的交换及引进等方式，对 30 多个国家和地区的甘蔗资源进行收集和安全保存，承担国内外甘蔗种质资源收集、引进、安全保存、鉴定评价、种质创新、品种登记、标准样品保存等长期基础性工作，并按规定提供种质资源和信息共享，为全国甘蔗育种研究和生产提供优质服务。目前，全圃共保存 6 个属 15 个种的甘蔗种质资源 3458 份，是我国规模最大、保存数量最多、属种最丰富的国家级甘蔗资源保存研究基地。"十三五"期间，该圃保存数量超过了美国，仅次于印度，居世界第二。

国家甘蔗种质资源圃利用野生种质资源创制了崖城系列亲本和云瑞系列亲本，其中，崖城 71-374、崖城 90-56、云瑞 05-292、云瑞 05-770 等重要亲本对糖分、抗性和农艺性状的遗传效应较高。崖城 71-374 已育成甘蔗品种 10 个以上。崖城 90-56 育成了适宜旱坡地种植的云蔗 05-51。同时，还创制了一批对等杂交亲本，如云蔗 16-1002、云蔗 16-1005 等新型亲本，以供杂交利用。

（二）实现了杂交花穗的规模化生产，为杂交育种提供重要保障

我国甘蔗育种的杂交花穗主要来源于建于 1953 年的广东省生物工程研究所（原广州

甘蔗糖业研究所）海南崖城甘蔗育种场和建于 1988 年的云南省农业科学院甘蔗研究所瑞丽甘蔗杂交育种基地，此外，广西壮族自治区农业科学院甘蔗研究所在海南建有杂交育种基地。以上杂交花穗生产基地常年种植的杂交亲本在 500 份以上。建立了标准化的甘蔗杂交制种生产流水线和标准化甘蔗杂交制种操作规程，建有规范的杂交花穗生产设备设施，采用光周期诱导技术，并结合自然开花情况，实现了杂交花穗的规模化生产，年生产杂交花穗能力在 3000 穗以上，为全国甘蔗杂交育种提供了重要基础保障。

（三）研发了高效的后代选择技术，大幅度提升育种效率

甘蔗是高度杂合的异源多倍体植物，双亲间杂交获得的群体通常具备较为广泛的分离，然而，仅有极少数单株具备优良的性状。为提高甘蔗品种选育效率，一是借鉴国外家系选择技术，研发了适宜中国育种目标的家系选择与单株单选相结合的育种技术，突破了对大量亲本遗传值评价的技术困难，提高了后代群体选择效率，同时，进一步将家系评价技术进行简化，由后代群体农艺性状调查改进为分级评价法，有效提升了亲本评价和后代选择效率；二是经创新形成了集宿根性、多种病害抗性筛选为一体的早期选择技术，在甘蔗实生苗大田移栽前对宿根发株能力进行测试，并在可控条件下接种主要甘蔗病害，在大田移栽前或杂种圃阶段有效淘汰感病单株，提高了宿根性及抗病甘蔗育种效率；三是针对云南蔗区生态环境的多样性，采用分区育种的方法，在云南 6 个蔗区同时开展甘蔗新品种选育，育成了云蔗 15-505 等优良新品系。通过育种技术创新，在降低育种成本的同时，有效缩短了甘蔗育种年限至 6～8 年。

二、甘蔗育种进展

（一）近年育成注册登记甘蔗品种 54 个，国外注册登记 4 个

截至 2019 年 11 月，国内注册登记的甘蔗新品种 54 个（图 2-8）。其中，采用杂交育种育成品种 53 个，采用辐射育种育成品种 1 个。广西壮族自治区农业科学院甘蔗研究所注册登记的数量最多，为 18 个；云南省农业科学院甘蔗研究所注册登记 14 个；福建农林大学注册登记 11 个；广东省生物工程研究所注册登记 4 个；其他育种机构注册登记的品种数量为 1～2 个。

云南省农业科学院甘蔗研究所在国外注册登记的甘蔗新品种有 4 个，其中，在美国注册登记 3 个，分别为云蔗 05-51、云蔗 08-1609 和云蔗 01-1413，其中，云蔗 05-51 是首个国内育成、国外注册登记的甘蔗新品种，此外，云蔗 89-7 于 2019 年在缅甸通过审定。

在注册登记的甘蔗品种中，部分品种种性具有较大突破性。如采用含有云南割手密血缘的崖城 90-56 作为母本与新台糖 23 号杂交，育成了高产、高糖、抗逆性强的云蔗 05-51，旱坡地高产特性取得显著突破，在云南耿马蔗区百亩连片单产高达 9.2t，突破了我国无灌溉区甘蔗单产记录；采用作为母本蔗糖分遗传效应高的云蔗 94-343 和作为父本蔗糖分遗传效应高的粤糖 00-236 育成了全国最甜的甘蔗品种云蔗 08-1609，该品种最高糖分达 19.2%。

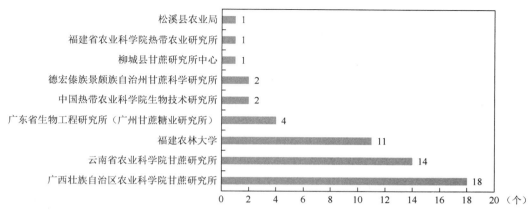

图 2-8　截至 2019 年 11 月各育种单位甘蔗新品种登记数量

（数据来源于全国农技推广中心）

（二）十个主栽品种中，自育品种占 8 个

如表 2-9 所示，目前我国甘蔗主栽品种以自育种为主，按照生产占有面积，十个主栽品种依次为桂糖 42 号、新台糖 22 号、柳城 05-136、粤糖 93-159、粤糖 94-128、新台糖 25 号、粤糖 55 号、粤糖 86-368、桂糖 46 号和川糖 79-15，自育品种占全国种植面积的 57.02%。十个主栽品种中，桂糖 42 号、新台糖 22 号、柳城 05-136、桂糖 46 号是广西蔗区的主栽品种；新台糖 22 号、柳城 05-136、粤糖 93-159、粤糖 86-368、新台糖 25 号、川糖 79-15 是云南蔗区的主栽品种；粤糖 94-128 是广东湛江蔗区的主栽品种。此外，新品种云蔗 05-51、云蔗 08-1609 在云南蔗区推广种植面积呈上升趋势；桂糖 58 号在广西蔗区推广种植面积呈上升趋势，有望成为下一个主栽品种。

从主栽品种亲系分析（表 2-9），我国十个主栽品种总面积较大的桂糖 42 号和柳城 05-136 均为主栽品种新台糖 22 号的后代，遗传了其亲本的适应性，但在甘蔗糖分上没有较大突破；桂糖 46 号是主栽品种新台糖 25 号的后代；粤糖 93-159 和粤糖 55 号为主栽品种 CP72-1210 的后代。育种亲本以引进亲本为主，育种机构自育品种（系）作为亲本杂交利用仍有巨大潜力。

表 2-9　我国种植面积前十位主栽品种及其占比

序号	品种	亲系	种植面积占全国种植面积的比例/%
1	桂糖 42 号	新台糖 22 号×桂糖 92-66	22.79
2	新台糖 22 号	新台糖 5 号×69-435	20.92
3	柳城 05-136	CP81-1254×新台糖 22 号	18.57
4	粤糖 93-159	粤农 73-204×CP72-1210	8.51
5	粤糖 94-128	湛蔗 80-101×新台糖 1 号	2.02
6	新台糖 25 号	79-6048×69-463	1.91
7	粤糖 55 号	粤农 73-204×CP72-1210	1.9
8	粤糖 86-368	台糖 160×粤糖 71-210	1.2
9	桂糖 46 号	粤糖 85-177×新台糖 25 号	1.1
10	川糖 79-15	川糖 61-380×川糖 4 号	0.98

（三）新品种选育应用大幅度提高我国甘蔗亩产

甘蔗新品种的选育和推广应用，大幅度提升了我国甘蔗单产。从近期甘蔗单产来看，根据 FAO 资料统计（表 2-10），自 2010 年以来，我国甘蔗单产呈逐年稳步增长趋势。2010 年甘蔗亩产为 4.38t，低于全球平均水平的 4.74t，与其他甘蔗种植面积排名全球前 6 的国家相比较，甘蔗单产低于巴西、印度、泰国和墨西哥。通过新品种的推广应用，到 2018 年，我国甘蔗亩产达 5.13t，高于全球平均水平的 4.84t，高于其他甘蔗种植面积排名全球前 6 的 4 个国家，仅略低于印度。自 2010 年以来，品种对增产的贡献为 0.45t/亩，高于另外 5 个甘蔗种植大国，高于印度的 0.38t/亩，高于巴基斯坦的 0.34t/亩和泰国的 0.32t/亩，为品种对甘蔗单产贡献最高的国家。

表 2-10　全球甘蔗种植大国（前 6）甘蔗亩增产（t）及品种贡献（t/亩）比较

年度	巴西	印度	中国	泰国	巴基斯坦	墨西哥	全球
2010	5.27	4.67	4.38	4.54	3.49	4.78	4.74
2011	5.10	4.62	4.43	5.08	3.73	4.64	4.69
2012	4.95	4.78	4.57	5.12	3.68	4.62	4.69
2013	5.02	4.55	4.71	5.05	3.84	5.21	4.72
2014	4.71	4.70	4.76	5.11	3.67	4.96	4.64
2015	4.95	4.76	4.84	4.48	3.86	4.87	4.70
2016	5.01	4.69	4.91	4.48	4.13	4.82	4.70
2017	4.96	4.65	5.08	5.02	4.14	4.92	4.72
2018	4.96	5.31	5.13	5.07	4.06	4.82	4.84
亩增产	—	0.64	0.75	0.53	0.57	0.04	0.10
品种贡献	—	0.38	0.45	0.32	0.34	0.02	0.06

注：数据来源于 FAO，品种贡献按照增幅的 60% 计算。

根据 FAO 数据统计（图 2-9），自 1961 年以来，每十年全球甘蔗单产均较上一个十年显著增长，我国自 20 世纪 80 年代开始，甘蔗单产显著增长，然而，我国甘蔗亩产长期低于全球平均水平，直到 2010~2018 年我国平均甘蔗单产才超过全球平均水平，2010 年以来，也是我国自育品种占比增速最快的时期。通过相关性分析发现，全球甘蔗平均单产与我国平均单产的相关系数高达 0.98，达极显著水平（$P<0.001$），可见我国甘蔗单产的增加显著提高了全球平均亩产。

1961~2018 年的 58 年间，中国甘蔗亩产由 1961 年的 1.51t 增加至 2018 年的 5.13t，亩增产 3.62t，年增产 62.41kg/亩，年育种贡献增产 37.45kg/亩，为全球甘蔗主产国（2018 年种植面积前十的国家）增幅最高的国家。

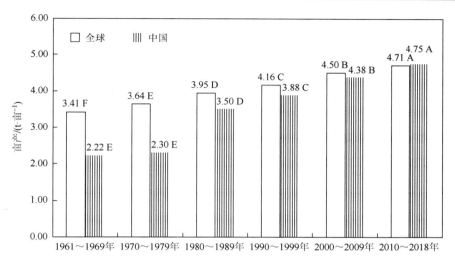

图 2-9 20 世纪 60 年代以来（十年为间隔）全球及中国甘蔗单产

（数据来源于 FAO，同一系列不同大写字母代表差异在 0.05 水平下显著）

参 考 文 献

轻工部甘蔗糖业研究所夏威夷糖业考察组，1983. 夏威夷甘蔗糖业考察报告[J]. 甘蔗糖业（3）：29-69.

FAOSTAT，[2020-2-6]. http://www.fao.org/faostat/en/#home.

Inman-Bamber G，Jackson P，Bonnett G，et al, 2011. Have we reached peak CCS?[J]. International Sugar Journal，113（1345）：798-803.

Márcio Henrique Pereira Barbosa，Marcos Deon VilelaResende，Luiz Antônio dos Santos Dias，et al.，2012. Genetic improvement of sugar cane for bioenergy：the Brazilian experience in network research with RIDESA[J]. Crop Breeding and Applied Biotechnology S2：87-98.

Nair N V，2008. Sugarcane breeding institute，Coimbatore：a perspective[J]. Sugar Tech.，10（4）：285-292.

第三章　抗逆甘蔗杂交育种亲本体系

　　亲本材料是选育优良甘蔗品种的物质基础，没有好的亲本材料就无法进行优良品种选育，没有亲本材料的创新，更难以选育出突破性的品种。综观甘蔗杂交育种的历程，每一次育种上取得的重大进展都源于亲本的突破。

　　人类利用甘蔗发展制糖技术虽有数千年的历史，但是一直到 20 世纪初，各国制糖原料甘蔗只采用竹蔗、芦蔗、Uba 和 Badila 等原种，或是采用 Greole 和 Bourbon 等天然杂交种。1887～1888 年，荷兰人 F. Sotwedel 和英国人 J.B. Harrison 与 J.R. Boyell 相继在爪哇和巴巴多斯发现了天然甘蔗实生苗，开创了甘蔗杂交育种新纪元。高产、高糖、多抗甘蔗品种的育成，奠定了现代蔗糖产业发展的基础。

第一节　甘蔗杂交育种亲本体系建立

一、种间杂交奠定了现代甘蔗杂交育种亲本体系基础

　　由于萎缩病（sereh disease）在爪哇严重影响甘蔗产业的发展，1885 年，Sotwedel 首先尝试了热带种与斑茅（S. arundinaceum）的杂交，1887 年尝试了热带种与割手密（S. spontaneum）的杂交，均未取得实质性的进展，但是这却为开展种间杂交研究工作奠定了基础和积累了经验。1893 年，Moquette 和 Wakker 利用热带种黑车利本（Black Cheribon）和卡苏亚（Kassoer）进行杂交，后来证实 Kassoer 是热带种与割手密的天然杂交 F_1。1897 年，Kobus 成功获得热带种与印度种的 F_1，1911 年，Wilbrink 再次成功利用 Kassoer 与热带种杂交，1916 年，Jeswiet 利用热带种与 Wilbrink 获得的实生苗回交（Heinz，1987）。Jeswiet 首创了甘蔗高贵化（noblization）育种法，为甘蔗品种改良开辟了新途径，相继育成了 POJ2714、POJ2725、POJ2878、POJ2883 等一系列世界有名的品种。其中，POJ2878 由于其优越的种性，1929 年占据了爪哇甘蔗种植面积的 90%，并成为世界各国甘蔗杂交育种的重要亲本，为甘蔗育种的发展做出了重要贡献。

　　开展种间杂交的时间上，印度虽然稍晚于爪哇，但印度最先育成三元杂交种，扩大了甘蔗品种的适应性。Venkatraman（1922 年）在印度 Coimbatore 利用 J.P. Kobus 杂交育成的 POJ213 同 C.A. Barber（1916 年）杂交育成的 Co205、Co206（Vellai×Chunnee）再次进行杂交，得到 Co281 和 Co290 等具有热带种、印度种和印度野生种的三元杂种，Co281 和 Co290 的育成创造了甘蔗种间杂交另一个成功的例子（陈如凯等，2011），Co281、Co290 等品种不仅成为印度的主要经济栽培品种，同时还成为甘蔗杂交育种中世界性的优良亲本，同样为甘蔗育种的发展做出了重要贡献。

　　由于夏威夷的生态环境特殊，甘蔗生长期可达 24 个月以上，因此，需要育成适应这

种环境的甘蔗品种。在 POJ 和 Co 系列品种的基础上，不断增加"种"的新血缘，以获得异质性更大的杂种，其做法是：以含热带种-割手密种血缘的 POJ2878 为母本，与印度种的第一代 Co213 为父本进行杂交，育成了含热带种-割手密种-印度种血缘的 H32-8560，之后 H32-8560 再与大茎野生种的第二代 H34-1874 杂交，育成了含热带种-割手密种-印度种-大茎野生种血缘的 H37-1933。H37-1933 再与含中国种的 H44-3340 杂交，获得了含热带种-割手密种-印度种-大茎野生种-中国种血缘的 H49-5，上述品种不仅是优良的生产品种，同时也是夏威夷和其他国家甘蔗育种的重要育种亲本。

　　甘蔗种间杂交的成功开创了甘蔗有性杂交育种的新时期，近百年来，生产上逐步以杂交品种代替了 20 世纪的原种。杂交品种所包含的"种"的血缘数也不断增加，这样使甘蔗的抗性提高，单位面积产糖量也随之增加。如我国台湾地区，自 1902 年以来，甘蔗栽培品种不断更替，这些栽培品种所含有的"种"的血缘数也渐次增加，从而使单位面积的产糖量显著提高（表 3-1）。

表 3-1　台湾地区甘蔗品种和更替品种含有甘蔗"种"血缘及其产糖量

品种	最高峰年份	甘蔗"种"的血缘数	平均产糖量/(t·hm^{-2})
竹蔗	1902～1906	1	2.13
玫瑰竹蔗	1910～1917	1	2.88
POJ161	1922～1926	2	4.34
POJ2725	1930～1935	2	8.84
F134	1953～1954	3	9.70
NCO310	1956 以后	3	10.30
F146	1956 以后	4	12.52
F152	1956 以后	4	13.52

二、品种间杂交丰富了现代甘蔗杂交育种的亲本库

　　通过种间杂交，POJ2878、Co281、Co290 等一批品种育成，不仅为甘蔗产业提供了优良品种，也为世界甘蔗育种提供了优良亲本，相继育成的一大批优良品种不仅可以在生产上推广应用，同时也扩大了甘蔗杂交育种的亲本库。

　　印度尼西亚（爪哇）以 POJ2878 为亲本育成了 POJ3016、POJ3067 等优良品种，其中，POJ3016 在爪哇占据优势达几十年，1960 年，该品种占印度甘蔗种植面积的 30.87%，是种植面积最大的品种，同时作为亲本利用，育成了 Ps8、Ps35、Ps41 等著名品种。在印度，利用 POJ2878 育成了 Co419（POJ2878×Co290）、Co421（POJ2878×Co290）和 P4383（POJ2878×Co299）等一系列著名品种和亲本，之后利用 P4383 育成了 Co1148（P4383×Co301），1983 年 Co1148 占印度甘蔗种植面积的 40%。在夏威夷，利用 POJ2878 和 Co213 育成了 H32-8560，该品种既是优良商业品种又是优良亲本，在此基础上相继育成了 H39-7022、H44-3098、H44-2774 等一批品种和亲本。美国 CP 系列品种利用 Co206、POJ213、Co281、

POJ2878 等一批优良亲本，直接或间接育成了 CP34-120、CP49-50、CP65-357、CP72-1210 等一批优良品种和亲本。在巴巴多斯，利用 POJ2878 育成了 B37172，该品种是许多蔗区的推广品种，宿根性强且抗旱；利用 Co421 育成了 B52298，该品种于 1984 年在伯利兹岛推广面积占全国种蔗面积的 43.9%。澳大利亚利用 POJ2725 和 Co290 育成了 Q50，该品种综合性状好、生长快、不耐旱，但抗倒伏、宿根性好；利用 Co270 育成了 Tritont 和 Pindar（1960～1965 年，该品种推广面积占全国种蔗面积的 20%）。在巴西，利用 Co290、Co419、POJ2878 等亲本育成了 CB41-76、CB45-3、CB46-47 和 NA56-79，其中 NA56-79 在 1980～1981 年分别占巴西圣保罗州甘蔗种植面积的 33.6% 和 39.5%。在南非，利用 Co421 和 Co312 育成了 NCo310 和 NCo376。南非育成 NCo310 后，很快推广种植，NCo310 是南非 20 世纪 50～60 年代的主要商业品种，NCo310 作为优良品种和世界知名的亲本被广泛利用。

三、甘蔗种质资源的搜集利用，拓宽现代甘蔗育种亲本体系遗传基础

种间杂交的成功开启了甘蔗杂交育种的辉煌，为现代甘蔗杂交育种奠定了良好的亲本基础。虽然品种间杂交能快速获得优良的生产品种，但也造成了遗传基础狭窄、亲本间血缘网络化严重等问题。Areceneaux（1976）和 Pricce（1967）分析了现代甘蔗杂交品种的育成情况，并指出了现代甘蔗杂交品种所面临的遗传基础有限的问题。在种质资源中，热带种利用的个数相对较多，但与数量众多的热带种资源相比，也仅仅是利用了极少比例。Areceneaux（1976）指出，1940～1964 年共有 19 个热带种被成功应用于甘蔗杂交育种，但在育成和推广应用并且能够追溯到亲系的 340 个品种中，应用成功的 19 个热带种中的 3 个就育成 57% 的品种。

20 世纪 60 年代，各国甘蔗育种家深感甘蔗栽培品种遗传背景狭窄，重视收集甘蔗种质资源，通过杂交和回交创制优异亲本材料。国际甘蔗技师协会（ISSCT）先后 3 次大规模组织考察收集活动，一是 20 世纪 60 年代在印度尼西亚，二是 20 世纪 80 年代在新几内亚，三是 20 世纪 70 年代在泰国，收集到的种质材料保育在美国和印度两大国际种质资源搜集中心。

我国拥有丰富的甘蔗种质资源。1975 年，由云南、广西的甘科所及广东海南甘蔗育种场派出专人，在云南南部和西部的 37 个县进行收集。1976 年，继续由各省（区）甘蔗专业所（场）及有关高等农业院校派出专人组成专业队伍，在云南的西双版纳、金沙江流域一带（包括四川省的部分县）进行采集工作（云南省甘蔗科学研究所选育种组，1977）。1985～1993 年，我国在全国范围内进行了 10 次省际和 5 次云南省内的采集考察。地域跨越北纬 18°～40°、东经 91°～122°、海拔 0～5008m，到达了滇、黔、川、藏、甘、陕、豫、冀、鲁、皖、浙、赣、鄂、湘、闽、粤、桂、琼、京、沪等 21 个省（自治区、直辖市），横跨了黄河、长江、珠江、怒江、澜沧江及其支流，翻越了白茫雪山、东达山、米拉山等十余座海拔在 4000m 以上的高山。可谓东起东海之滨，西攀世界屋脊，南下天涯海角，北迄华北平原之端，还深入到越南、老挝、缅甸和印度与我国接壤的边境线，行程达 55063km。我国几次大规模的甘蔗种质资源收集以及后来持续不断的引进和收集保存为我国甘蔗种质创新研究和杂交育种充实了种质基础。

第二节　我国抗逆甘蔗杂交育种亲本体系

我国于 1952 年冬季首次在海南南部开展甘蔗杂交试验，1953 年建立海南甘蔗育种场，从而开创了我国的甘蔗杂交育种事业。到 2009 年，通过对 186 个我国自育品种及其亲本的系谱进行分析，已有 93 个亲本育出了品种，但是不同亲本育成品种的数量差别非常大，其中由 CP49-50、F134、Co419 和 CP72-1210 等 21 个亲本共育成了 163 个品种，占被统计品种数的 87.63%，这 21 个亲本可认为是我国过去五十多年甘蔗育种的骨干亲本（表 3-2）。

表 3-2　我国使用的 21 个骨干亲本

亲本名	育成品种数/个	亲本名	育成品种数/个
CP49-50	38	Co1001	6
F134	38	桂糖 11 号	6
Co419	25	粤糖 57-423	6
CP72-1210	17	云蔗 65-225	6
川蔗 2 号	15	ROC1	6
NCo310	13	粤糖 59-65	5
F108	12	科 5	4
华南 56-12	10	CP67-412	3
崖城 71-374	9	POJ2878	3
粤农 73-204	9	华南 56-21	3
CP28-11	8	累计	242

注：表中各亲本育成品种累计为 242 个，去除重复（表中的亲本间配成组合产生的后代）后为 163 个。

按 CP49-50、F134、Co419 和 CP72-1210 等 21 个骨干亲本开始使用或主要使用的年代，我国甘蔗亲本的更替大致可分为 3 个阶段，第 1 阶段以 POJ2878、F134、CP49-50、F108、Nco310、Co419 和 CP28-11 等早期引进的品种作亲本为主要标志，这些亲本自 20 世纪 50 年代初建立海南甘蔗育种场后即开始使用，而且多数也是重要的推广品种；第 2 阶段形成了以自育品种为主的亲本结构，这一阶段的骨干亲本包括川蔗 2 号、粤糖 57-423、华南 56-12、粤糖 59-65、云蔗 65-225 和 Co1001，这些亲本于 20 世纪 60～70 年代开始使用，直至 20 世纪 90 年代仍保持较高的使用率；第 3 阶段则有大量于 20 世纪 70 年代以后选育和引进的品种（系）进入杂交亲本行列，如 CP72-1210、崖城 71-374、粤农 73-204、桂糖 11 号、ROC1、CP67-412 和科 5 等，在第 3 阶段使用的亲本中，新引进的 CP 系列品种、海南甘蔗育种场利用当地野生种质创新的亲本材料以及台湾地区育成的新台糖系列品种的使用，对扩大栽培品种的遗传基础、提高育成品种的产量和糖分方面都起到了重要的作用。

在 21 个骨干亲本中 F134、CP49-50、Co419、CP72-1210、NCo310、F108、CP28-11、

崖城 71-374 等 10 个亲本，育种效率高，成为中国甘蔗有性杂交育种半个世纪以来的十大亲本。

甘蔗亲本反复杂交，有用基因资源已被不断发掘，要提高杂交育种效益，需创制和发掘新型的骨干亲本。近年来，我国甘蔗育种科技工作者在发掘新型亲本中做了大量工作，取得了较大成绩。表 3-3 为近年使用较多、育种效果较好的 10 个亲本。其中，如利用 CP84-1198 为亲本育成了桂糖 35 号、桂糖 40 号等，利用 ROC25 育成了云蔗 06-407、云蔗 03-258 和中蔗 9 号等，利用 ROC1 号育成了桂糖 44 号等，利用粤农 73-204 育成了粤糖 93-159、粤糖 00-236 和粤糖 55 号等，利用 ROC22 育成了桂糖 42 号、桂糖 49 号、柳城 03-1137、柳城 03-182、柳城 05-136 和海蔗 22 号等，利用粤糖 85-177 育成了桂糖 46 号、桂糖 58 号等，利用 ROC23 育成了云蔗 05-51、云蔗 05-49 等。

表 3-3　新型甘蔗育种亲本及育种效果　　　　（单位：个）

编号	亲本	有效利用时间	作母本育成品种	作父本育成品种	合计
1	CP84-1198	1999 年～	1	8	9
2	ROC1	1991 年～	4	4	8
3	粤农 73-204	1989 年～	7	1	8
4	ROC10	1995 年～	4	3	7
5	ROC22	2002 年～	1	6	7
6	ROC25	1999 年～	4	2	6
7	科 5	1991 年～	0	5	5
8	粤糖 85-177	1996 年～	4	1	5
9	粤糖 91-976	2002 年～	5	0	5
10	ROC23	2002 年～	2	1	3

邓海华等（1996）对我国育成的 100 个自育甘蔗品种进行了血缘关系分析，其中有 98 个含有 POJ2878 的血缘，63 个含有 F134 的血缘，而含有 CP49-50、Co419、F 108 和 NCo310 血缘的分别为 26 个、24 个、27 个和 18 个。100 个自育种甘蔗品种中，至少有 7 个共同的祖先，遗传基础差异较小，共祖现象十分突出，亲缘关系非常密切。可以说，当前甘蔗栽培品种和常用的生产性杂交亲本都有近亲关系，这种现象今后也将不可避免。加强野生种质利用和引进异质性高的甘蔗品系，将是拓宽栽培品种的遗传基础、取得甘蔗育种新突破的重要途径。

第三节　"甘蔗复合体"野生种质资源创新利用

甘蔗育种上，把甘蔗属和与其亲缘关系较近且与甘蔗育种关系较大的近缘属植物蔗茅属、硬穗茅属、河八王属和芒属一起合称为"甘蔗属复合体（Saccharum complex）"，为了拓宽栽培品种的遗传基础，增加亲本血缘异质性，我国甘蔗育种工作者在细茎野生种（割手密)、大茎野生种、斑茅、滇蔗茅等野生种质资源的创新利用方面做了大量的研究工作并取得重要进展。

一、甘蔗细茎野生种（割手密）（*Saccharum spontaneum* L.）

割手密是甘蔗育种的重要基础种质，是甘蔗属及其近缘属种中最有育种价值和研究价值的野生种之一（李杨瑞，2010）。割手密的染色体数 $2n=40\sim128$，几乎所有的现代甘蔗栽培品种中都含有割手密血缘（Zhang et al.，2016），甘蔗染色体约 $10\%\sim20\%$ 的染色体来自割手密（D'Hont et al.，1996）。割手密种质资源的收集、研究和利用始终是甘蔗杂交育种研究工作的重要内容。与国外一样，我国割手密在甘蔗育种中的创新利用进展也优于其他类型的野生资源。

20 世纪 50～90 年代以来，轻工业部甘蔗糖业研究所海南育种场开展了利用野生种质拓宽遗传基础的研究，其中对割手密的杂交利用最有成效，育成一大批具有海南割手密血缘的"崖城"系列优良甘蔗育种新材料（李杨瑞，2010），如崖城 71-374（粤糖 54-153×崖城 58-47），是崖城割手密的第二代。全国各育种单位利用崖城 71-374 育成了通过鉴定或审定的甘蔗新品种 8 个，桂糖 96-44、川糖 89-103、赣南 95-108、桂糖 94-119 等优良品种都是其子代。一大批新近创制的、含我国割手密血缘的优良创新亲本如崖城 94-46、崖城 94-49、崖城 94-8 等也已提供杂交利用，有力地支撑了我国甘蔗杂交育种的进程。

云南省农业科学院甘蔗研究所依托国家甘蔗种质资源圃和内陆型甘蔗杂交育种站（云南省农业科学院甘蔗研究所瑞丽甘蔗育种站）在割手密创新利用方面做了大量卓有成效的研究工作。云南省农业科学院甘蔗研究所在 1998～2003 年利用细茎野生种 36 个、细茎野生种的 F_1 29 个、细茎野生种的 BC_1 8 个，分别与热带种、地方种、栽培亲本杂交或回交，获得 159 个杂交组合和 25828 株实生苗，选育出野生性强、分蘖多、宿根性强等综合性状优良的杂交后代 F_1 191 个、BC_1 43 个、BC_2 49 个（王丽萍等，2006）。

云南省农业科学院甘蔗研究所瑞丽站（农业部内陆型甘蔗杂交育种基地），自 1988 年建站至今，始终致力于原生地为云南内陆的甘蔗野生种质资源优良基因的发掘和利用研究。通过对野生种质资源的创制和利用，育成了含云南珍贵野生血缘的甘蔗新品种云蔗 99-155（含云南蛮耗割手密血缘，云南省审定）和云蔗 05-596（含云南蛮耗割手密血缘和云南富宁斑茅血缘，云南省审定）等一批优良品种，并持续不断地创制出云瑞 95-128、云瑞 03-393、云瑞 05-292、云瑞 05-770、云瑞 10-299 等一批优良创新亲本以提代杂交利用。2019～2020 年度杂交季向全国育种单位提供了利用含有云南珍贵野生种质资源的创新亲本达 120 份，为我国甘蔗杂交育种遗传基础的拓宽做出了重要贡献。

二、甘蔗大茎野生种（*Saccharum robustum*）

我国台湾地区甘蔗育种的巨大成就说明大茎野生种具有巨大的育种潜力。台湾甘蔗研究所于 1939 年开始利用大茎野生种，1946 年发现大茎野生种 F_2 材料 PT43-52 抗风能力特强，之后以 PT43-52 及其后代为亲本育成了一系列重要的甘蔗新品种，最重要的是 F146、

F152、F160、F172、ROC1、ROC5、ROC10、ROC16、ROC22 等，这些品种都曾经在台湾地区甚至我国大陆被大面积推广应用，而且也是我国各育种机构常用的重要亲本（李杨瑞，2010）。

轻工业部甘蔗糖业科学研究所海南甘蔗育种场自 20 世纪 70 年代中期起，曾多次利用大茎野生种，先后入选崖城 75-20、崖城 75-280、崖城 75-273、崖城 80-142、崖城 80-143、崖城 95-4、崖城 96-37、崖城 96-39、崖城 75-20 和崖城 96-48 等杂种后代。此外，广州甘蔗糖业研究所利用大茎野生种的后代 PT40-388 育成了崖城 73-226 和湛蔗 80-101 等优良亲本材料，并育成了 79-177 等著名推广品种（李杨瑞，2010）。

云南省农业科学院甘蔗研究所在大茎野生种创新利用方面也取得了重要进展。1998～2002 年，利用大茎野生种 57NG208 与热带种杂交和回交创制和筛选出一批优良种质。云 2000-505、云 2000-506、云 2000-530 是大茎野生种与热带种的 BC_1，其生势强、中大茎，有效茎数达 125070～150075 条/hm^2，高产、高糖（14.09%～14.67%）。热带种与大茎野生种的 BC_1，如云 2002-105、云 2002-107、云 2002-112、云 2002-115 等材料，1 月份锤度达 23.0%～24.4%（王丽萍等，2003）。对甘蔗大茎野生种 57NG208 的 17 个杂种后代进行评价，筛选出云野 2004-305、云野 2004-329、云野 2004-226、云野 2003-154、云野 2004-122、云野 2004-153 等多份综合性状较好的创新种质提供进一步杂交利用（陆鑫等，2008）。此外，在 2008～2018 年的十一年时间中，云南省农业科学院甘蔗研究所瑞丽育种站以大茎野生种 57NG208 为核心创新种质，先后与含割手密、斑茅等含野生种质血缘的甘蔗亲本进行远缘杂交，创制了一批云瑞系列甘蔗亲本（俞华先等，2019）。

三、斑茅（*Saccharum arundinaceum* Retz.）

斑茅（*Saccharum arundinaceum* Retz.）是甘蔗的近缘属植物，具有生长旺盛、抗旱耐贫瘠、抗病抗虫性强、适应性广、生态竞争能力强等优异性状。因此，斑茅越来越受到国内外甘蔗界育种家的重视，育种家们期望通过甘蔗与斑茅远缘杂交，将斑茅的特异性状导入甘蔗，寻求甘蔗育种新的突破（王勤南等，2017）。

广州甘蔗糖业研究所海南甘蔗育种场从 20 世纪 50 年代中期起开展斑茅与甘蔗远缘杂交利用的研究，但直到 2001 年才突破甘蔗与斑茅杂交第 1 代杂种（F_1）杂交不孕的难题，获得了第 2 代杂种（BC_1），2003 年成功育成了一批第 3 代杂种（BC_2）。现已将回交世代推进到 BC_5，保存了大量的育种中间材料，并已筛选出农艺性状较优的含斑茅血缘的甘蔗优良亲本，供给全国各育种单位利用（王勤南等，2017）。海南甘蔗育种场亲本简介显示，崖城 04-55、崖城 05-150、崖城 05-64、崖城 05-92、崖城 06-111、崖城 06-140、崖城 06-164、崖城 06-92、崖城 07-65 等一批优良的含斑茅血缘的创新材料向全国育种单位提供利用。

云南省农业科学院甘蔗研究所于 20 世纪 90 年代初就开始了对斑茅的研究利用，特别是 90 年代后期，随着设备设施、杂交技术的不断改进和完善，利用斑茅与甘蔗热带种、栽培种杂交，利用斑茅 F_1、BC_1 与栽培种回交获得了一些斑茅的 F_1、BC_1、BC_2 优良创新种质，为选育具有抗逆性、适应性和宿根性强的优良亲本和优良品种奠定了良好的基础（王丽萍等，2007）。1994～2005 年，每年从 4 月、8 月份开始，进行光周期诱导开花处理，诱导难开花的热带种及栽培种开花并与斑茅及其 F_1、BC_1 杂交和回交了 202 个杂交组合，获得了 78 个有种子的 F_1、BC_1、BC_2 杂交组合，培育实生苗 3260 株，入选 53 个组合，筛选出了 206 个 F_1、BC_1、BC_2 杂交后代，其中，F_1 为 99 个，BC_1 为 39 个，BC_2 为 68 个，使斑茅杂交后代的回交利用获得突破性进展，为选育具有斑茅血缘且具有抗逆性、适应性和宿根性强的甘蔗优良品种奠定了坚实的基础。十余年来，利用斑茅及其 F_1、BC_1 47 个，其中，云南斑茅 23 个，海南斑茅 6 个，广东斑茅 1 个，广西斑茅 1 个，福建斑茅 1 个，斑茅 F_1 12 个，斑茅 BC_1 3 个（王丽萍等，2007）。通过多年努力，云南省农业科学院甘蔗研究所育成了云瑞 05-790、云瑞 06-2416、云瑞 06-2421、云瑞 06-8270、云瑞 06-8362、云瑞 10-509 等一批含斑茅血缘的优良创新材料，并向全国育种单位提供利用。

四、滇蔗茅（*Erianthus rockii* Keng）

滇蔗茅是我国独有的甘蔗近缘野生种，仅产于我国的云南、四川、西藏，生长于海拔 500～2700m 的干燥山坡草地，具有抗旱、抗寒、耐粗生、宿根性强以及较强的锈病抗性等优良特性（王丽萍等，2008）。

从 1998 年开始，云南省甘蔗研究所开展了大量的滇蔗茅杂交利用工作，通过利用甘蔗属热带种、地方种、杂交品种与滇蔗茅进行人工杂交，获得了甘蔗与滇蔗茅属间远缘杂交 F_1 材料，是甘蔗与蔗茅属远缘杂交研究中除斑茅、蔗茅之外取得的另一突破（陆鑫等，2012）。2001～2004 年，利用光周期诱导热带种开花，与滇蔗茅花期相遇，杂交组配了 11 个组合（花穗），培育实生苗 421 株，入选 F_1 单株 32 个，单株平均入选率 7.6%。2004～2006 年，利用滇蔗茅真实杂交种 F_1 与优良栽培种回交获得 8 个组合（花穗），培育实生苗 447 株，入选 BC_1 单株 44 个。通过田间试验评价，滇蔗茅 BC_1 的株高、茎径、锤度等性状较祖父本滇蔗茅有所提高，说明滇蔗茅植株较矮、茎细、锤度低等不良特性通过远缘杂交和回交后，容易改良且改良速度较快（王丽萍等，2008）。陆鑫等（2016）对滇蔗茅的创新后代进行抗锈病评价，筛选出云野 09-648、云野 09-653、云野 09-637、云野 09-638、云野 09-622、云野 09-618 等多份高抗锈病的创新种质。

第四节　抗逆亲本创制新思路的探讨与尝试

一、亲本系统培育的类型

吴才文（2005）从甘蔗亲本创新的意义着手，把亲本创新归纳为亲本改良、新亲本的创制和独立亲本系统的培育三个类型，并探讨了不同亲本类型的培育方法。

（一）改良型亲本的获得

改良型亲本是亲本改良的结果，由于现有亲本存在某些不良性状，通过杂交输入新的血缘而使得部分性状得以改进。其特点是以现有亲本为基础。其方法是通过与高糖或高产品种杂交改良糖分或产量性状，通过与野生种杂交提高品种的适应性、抗寒性及宿根性。亲本的改良是最容易、最简单，也是目前最常用的方法，但由于血缘基础没有大的改变，培育出突破性品种的可能性最低。

（二）新亲本的创制

创制新亲本是指利用新的原种杂交，产生新的工农艺性状较优的可用于生产或继续杂交利用的品种/亲本。要获得一个与原亲本有差异的亲本很容易，但要获得一个全新的亲本比较困难，要获得一个在血缘上有较大突破的亲本更难。其方法是，用完全独立于现有亲本系统的原种种间杂交。其缺点是，杂交利用的原种数量少，不能自成一个体系，如崖城58/47。其优点是，进一步与原种的后代杂交，可培育出新的亲本系统（目前未见报道），与现有亲本杂交可获得改良型的亲本（如湛蔗74/141、崖71-374即为崖城58/47与现有亲本杂交后形成的改良型亲本）。其局限性是，与现有亲本杂交易于培育出新的品种（目前为止以崖城58/47及后代为亲本已培育出二十多个品种），但难于培育出突破性的品种。

（三）独立亲本系统的培育

独立亲本系统的培育指培育出包涵4个以上新原种（不同于POJ和Co系统中已用过的原种）所形成的亲本系统。其特点是，在还没有发掘利用的新原种中获得高糖、高产基因源，从野生种质中发掘优良的抗源。其依据是，高贵化育种理论及突破育种的实践，分析高贵化理论后提出所培育出的所有突破性亲本/品种中（如：POJ2878、Co419、F134、CP49/50），其父母本的异质性皆高达90%以上。其方法是，原始始祖应对等杂交，用产生的两个高贵化的亲本/品种继续杂交，然后获得更高贵化的品种，原始始祖的血缘比例相当。其优点是，独立亲本系统培育的过程，就是产生大量突破性品种的过程，且原始始祖性状越优良，随着杂交的原始始祖个数的增加，从理论及实践上看，后代出现更为优良的品种的可能性就越大。其缺点是，培育难度大、所需时间长，且由于存在优良甘蔗原种及其 F_1、F_2 代，存在孕穗难、抽穗难、开花难、花粉发育不良、花期不相遇、杂交不易成功、结实率低和发芽差等一系列问题，使得大量优良原种难以利用。

二、斑茅割手密复合体的创制研究

斑茅和割手密是重要的甘蔗野生种质，分别属于蔗茅属和甘蔗属，两者各有不同的优良性状和不利性状。张革民等（2009）创新研究思路，利用斑茅与割手密进行杂交，获得了斑茅割手密复合体，再利用该复合体与甘蔗进行杂交，并对其杂种真伪进行形态鉴别和分子鉴别，对其花粉染色体进行观察，对其体细胞染色体进行计数，并初步推断出其染色体传递方式。结果如下：

（1）以斑茅作母本与割手密杂交，出现大量母本自交后代，极少出现真杂种后代，表明其杂交结实率极低，但获得的真杂种（斑茅割手密复合体，下称斑割复合体）花粉量大、发育率高。

（2）斑割复合体兼具双亲（斑茅和割手密）的优点，其生势、茎径接近于斑茅而优于割手密，其蒲心程度、57 毛群表现偏向割手密而明显轻于斑茅。

（3）利用甘蔗品种（系）作母本与斑割复合体杂交易获得杂种后代，并且其杂种 F_1 大多花粉发育较好（染色率高）、花粉量大，但组合间有差异。

（4）甘蔗品种（系）与斑割复合体杂交获得的 F_1 后代，其生势、茎径接近甚至优于甘蔗与斑茅的杂交 F_1 也明显优于甘蔗与割手密的杂交 F_1，其蒲心、叶鞘包茎程度明显轻于甘蔗与斑茅的 F_1 并且无 57 毛群。

（5）根据染色体观察结果，斑茅 GXA87-36 染色体数为 40，割手密 GXS79-9 为 56，其复合体 GXAS07-6-1 为 48，初步得出斑茅、割手密杂交的染色体传递方式为"$n+n$"；甘蔗品种（系）与斑割复合体杂交，其染色体传递方式亦为"$n+n$"。

此后，高轶静等（2012）通过分子标记技术，对 3 个栽培品种（粤糖 93-159、桂糖 01-53、桂糖 02-761）作为母本分别与 GXAS07-6-1（斑茅、割手密的真实杂交种）杂交获得的杂交后代进行真实性鉴定，鉴定出 34 个真实杂交种，为进一步综合利用斑茅、割手密的优异基因改良甘蔗品种提供了优良的创新种质。黄玉新等（2016）以上述 3 个杂交组合 F_1 后代进行染色体遗传分析，推断出甘蔗与斑割复合体杂交亲子间的染色体基本按"$n+n$"方式传递，同时可能存在部分染色体加倍的现象，它们的杂种 F_1 核型均为较原始的染色体 2B 类型。张保青等（2016）对斑割复合体及其杂交后代的生物量及根系性状进行了研究，表明参试的斑割复合体及其与甘蔗杂交、回交获得的 F_1 代材料以及 BC_1 代在株高、茎径、单茎重和叶面积上都表现出比其亲本甘蔗有更大的优势，根系重量和活力都略有增加，地上部分生物产量上均表现出超亲效应，其超亲效应与绿叶面积的超亲表现相关性显著。周珊等（2019）研究了斑割复合体在杂交利用过程中的斑茅、割手密野生特异基因在各世代的遗传规律，斑茅特异位点在 F_1、BC_1 和 BC_2 3 个世代的平均遗传率分别为 8.25%、1.90% 和 0.63%，割手密特异位点在 F_1、BC_1 和 BC_2 3 个世代的平均遗传率分别为 16.98%、2.40% 和 0.21%，特异遗传物质均呈逐代减少趋势。研究表明，经过 3 代的遗传重组，斑割复合体后代的遗传物质与斑割复合体相比已发生了很大的改变。

三、割手密种质资源群体改良

割手密（*Saccharum spontaneum* L.）是甘蔗属及其近缘属种中最有育种价值和研究价值的野生种之一。割手密的染色体数 $2n=40\sim128$，几乎所有的现代甘蔗栽培品种中都含有割手密血缘，甘蔗染色体 10%～20% 的染色体来自割手密。割手密种质资源的收集、研究和利用始终是甘蔗杂交育种研究工作的重要内容。

在割手密的创新利用方式上，将割手密作为父本，与热带种或栽培品种杂交，再逐代回交，一直是割手密创新利用的主要方式。但直接应用于杂交的割手密是自然选择的结果，且每次杂交只能导入一个割手密的血缘。割手密在甘蔗杂交育种中的巨大育种潜能尚未充分发挥。割手密的染色体数和遗传多样性研究表明，割手密种群体内不仅染色体数目的类型多样，还具有丰富的遗传变异，这为割手密群体改良及其育种潜力的进一步发掘利用奠定了遗传基础。

云南省农业科学院甘蔗研究所刘家勇等提出了针对割手密的传统利用方式，以逆向的研究思路，采用轮回选择技术，在割手密应用于种质创新之前，对割手密进行群体改良，创制不仅含多个割手密血缘且性状更为优良的聚合体，之后再适时将性状得以提升的割手密聚合体应用于种质创新。基于此研究思路，在国家自然科学基金项目（31960448）的资助下，相关的研究工作正在系统开展，研究结果将会陆续报道。

甘蔗热带种资源的群体改良有一个成功的例子，对甘蔗杂交育种有重要影响。被誉为"蔗王"的POJ2878不仅是优良的品种，同时也是优良的亲本，衍生于它的甘蔗品种不计其数。追溯其亲系（图3-1）可发现，其父本为EK28，属4个热带种的改良后代，即含有4个热带种的血缘。这一成功的例子不仅可为割手密种质资源育种潜力的进一步发掘提供借鉴，同时也可为大茎野生种、蔗茅、滇蔗茅、斑茅等野生种质资源育种潜力的进一步开发利用提供借鉴。

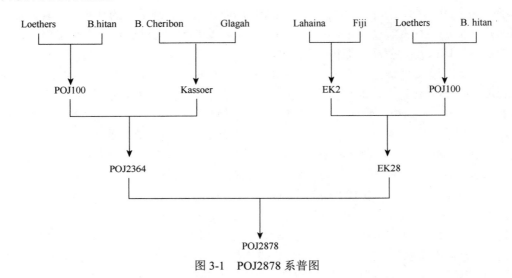

图 3-1　POJ2878 系普图

参 考 文 献

陈如凯，许莉萍，林彦铨，等，2011. 现代甘蔗遗传育种[M]. 北京：中国农业出版社.

邓海华，周耀辉，许玉娘，等，1996. 我国主要甘蔗杂交品系血缘分析[J]. 甘蔗糖业（06）：1-8.

高轶静，方锋学，刘昔辉，等，2012. 甘蔗与斑茅割手密复合体杂交后代的分子标记鉴定[J]. 植物遗传资源学报，13（05）：912-916.

何顺长，杨清辉，肖凤迥，等，1994. 全国甘蔗野生种质资源的采集和考察[J]. 甘蔗，1（1）：11-17.

黄玉新，罗霆，刘昔辉，等，2016. 甘蔗与斑茅割手密复合体（GXAS07-6-1）杂交后代的染色体遗传分析[J]. 热带作物学报，37（02）：220-225.

李杨瑞，2010. 现代甘蔗学[M]. 北京：中国农业出版社.

陆鑫，蔡青，王丽萍，等，2008. 大茎野生种57ng208杂种后代综合评价[J]. 中国糖料（03）：15-17.

陆鑫，苏火生，林秀琴，等，2012. 甘蔗野生种滇蔗茅种质创新利用研究ii——滇蔗茅F₁群体重要农艺性状的遗传分析[J]. 湖南农业大学学报（自然科学版），38（02）：121-124.

陆鑫，毛钧，林秀琴，等，2016. 甘蔗野生种滇蔗茅种质创新利用研究iv——应用灰色多维度分析法综合评价滇蔗茅 f_1 育种潜力[J]. 中国糖料，38（01）：1-4.

彭绍光，1990. 甘蔗育种学[M]. 北京：农业出版社.

王丽萍，范源洪，蔡青，等，2003. 甘蔗种质资源杂交利用研究进展[J]. 甘蔗（03）：17-23.

王丽萍，马丽，夏红明，等，2006. 甘蔗细茎野生种（*S. spontaneum*）在杂交育种中的利用[J]. 中国糖料（01）：1-4.

王丽萍，蔡青，范源洪，等，2007. 甘蔗（*Saccharum*）与斑茅（*Erianthus arundinaceus*）远缘杂交利用研究[J]. 西南农业学报（04）：721-726.

王丽萍，蔡青，陆鑫，等，2008. 甘蔗近缘属野生种滇蔗茅（*Erianthus rockii*）的种质创新利用[J]. 中国糖料（02）：8-11.

王勤南，谢静，张垂明，等，2017. 含斑茅血缘甘蔗亲本及组合经济育种值评价[J]. 热带作物学报，38（07）：1274-1279.

吴才文，2005. 甘蔗亲本创新与突破性品种培育的探讨[J]. 西南农业学报，18（6）：858-861.

吴才文，赵培方，夏红明，等，2014. 现代甘蔗杂交育种及选择技术[M]. 北京：科学出版社.

杨清辉，李富生，何顺长，2016. 甘蔗野生种质资源考察和研究[M]. 昆明：云南科技出版社.

俞华先，桃联安，田春艳，等，2019. 大茎野生种57ng208在云瑞系列亲本创制中的利用[J]. 中国糖料，41（02）：1-7.

云南省甘蔗科学研究所选育种组，1977. 甘蔗亲本资源采集工作情况报导[J]. 甘蔗糖业（01）：9-11.

张保青，周珊，杨翠芳，等，2016. 斑割复合体及其杂交后代的生物量及根系性状[J]. 中国农业大学学报，21（04）：18-25.

张革民，2009. 斑茅割手密复合体创制及其与甘蔗杂交F₁的染色体计数和形态表现[C]. 2009 中国作物学会学术年会. 中国广东广州.

张琼，齐永文，张垂明，等，2009. 我国大陆甘蔗骨干亲本亲缘关系分析[J]. 广东农业科学，10：44-48.

周珊，高轶静，张保青，等，2019. 斑茅割手密复合体杂交利用过程野生特异基因遗传分析[J]. 植物遗传资源学报，20（03）：718-727.

Areceneaux G，1976. Cultivated sugarcanes of the world and their botanical derivation[J]. Proc.Int.Soc.Sugar Technol.，12：844-854.

D'Hont A，Grivet L，Feldmann P，et al.，1996. Characterisation of the double genome structure of modern sugarcane cultivars (Saccharum spp.) by molecular cytogenetics[J]. Molecular & General Genetics Mgg，250（4）：405-413.

Heinz D J，1987. Sugarcane improvement through breeding[M]. Amsterdam-Oxford-New York-Tokyo.

Pricce S，1967. Interspecific hybridization in sugarcane breeding[J]. Proc.Int.Soc.Sugar Technol.，12：1021-1026.

Zhang J，Sharma A，Yu Q，et al.，2016. Comparative structural analysis of Bru1 region homeologs in Saccharum spontaneum and S. *Officinarum*[J]. Bmc Genomics，17（1）：446.

第四章 抗逆高产高糖杂交育种甘蔗

甘蔗遗传育种包括有性杂交育种、转基因育种和诱变育种等。甘蔗有性杂交育种是通过品种间杂交创造新变异而选育甘蔗新品种的一种方法，是目前世界上最常用、最普遍、育种成效最大的一种方法。在我国育成的甘蔗品种中，通过有性杂交育成的甘蔗品种达98%以上（吴才文等，2014）。

第一节 甘蔗育种目标和亲本选择

甘蔗新品种的培育是为蔗糖产业发展服务的。在培育甘蔗新品种的过程中，育种工作者需将具体的育种工作与生产中品种存在的问题和产业发展的需求紧密联系起来，确定当前和将来需要什么样的品种，即育种目标。亲本作为甘蔗杂交育种物质基础，亲本的选择和杂交组合的选配在实现既定的育种目标中发挥重要作用。

一、育种目标

（一）高产、高糖和宿根性强

高产、高糖和宿根性强是对甘蔗新品种的基本要求。产量和蔗糖分事关种蔗效益和加工效益，在品种改良的过程中，育种工作者需要考虑产量与蔗糖分之间的协调，即需要兼顾蔗农和制糖企业的利益。随着蔗糖产业的发展，对蔗糖分的要求也越来越高，不仅熟期要早，同时在整个榨季期间，蔗糖分要持续上升、不回糖。甘蔗是宿根作物，宿根年限越长，生产成本越低，蔗农的种蔗收益也越高，宿根性差的品种的宿根产量得不到保证。同时，随着机械化的不断推广应用，对品种的宿根性也提出了更高要求。因此，在甘蔗品种遗传改良过程中，需要不断加强新种质的创制和育种新技术的应用，才能为蔗糖产业的持续发展提供坚强的品种技术支撑。

（二）抗病性

甘蔗杂交育种史，也是甘蔗抗病育种史。世界主要的植蔗国普遍认为，甘蔗糖业生产最大的威胁是来自甘蔗病害。由于使用抗病品种是解决大多数甘蔗病害问题的最经济而有效的方法，因此，世界主要植蔗国都非常重视甘蔗的抗病育种，无论什么规模的甘蔗育种计划，无不把品种的抗病性这一重要的性状考虑在内。

甘蔗是我国主要的糖料作物，由于甘蔗花叶病、黑穗病、宿根矮化病、梢腐病、锈病、褐条病等主要病害频繁发生，严重影响了甘蔗的品质和产量，导致宿根年限缩短、品种种性退化。甘蔗病害是影响我国甘蔗安全生产的一个重要因素，因此，提高甘蔗的抗病性是我国甘蔗育种的重要目标，只有不断培育和应用抗病品种才能确保我国蔗糖产业持续健康发展。

（三）抗虫性

甘蔗抗虫育种研究远不如抗病育种那样深入，然而虫害同样对甘蔗的产量和品质以及宿根性产生重要影响，例如螟虫、金龟子、蚜虫等。甘蔗新品种的培育过程中，在不同的选育阶段，对品种的抗虫性均给予了高度重视并施加了选择压力，不断选育抗虫品种。随着现代分子生物学技术的不断发展和完善，转基因技术已在甘蔗抗虫品种的培育研究中发挥了重要作用并取得了重要进展。

（四）抗逆性

干旱和冻害是我国甘蔗生产中重要的非生物胁迫因子。由于甘蔗比较效益相对较低，种植区域立地条件相对较差，加之近年来气候异常，干旱和冻害在我国云南、广西等主要产蔗区频繁发生，严重影响了我国蔗糖产业的安全生产。

我国旱地蔗面积比例大，影响甘蔗生产的旱害主要是冬春干旱和秋旱。冬春旱及秋旱对甘蔗的下种、萌芽分蘖、伸长均有不利的影响，直接导致甘蔗长势差，单产和含糖量减少，严重制约着甘蔗产业的发展。在冻害方面，播种期遇到低温霜冻，易导致种芽冻死、出苗率低、基本苗不足，致使甘蔗单产、总产下降，蔗农歉收，糖厂制糖原料不足；甘蔗成熟期遭遇低温冻害，会导致甘蔗糖分下降、糖厂减产减收，同时导致留种困难、宿根蔗发苗率低、种苗质量变差等。因此，加强甘蔗品种抗旱（寒）能力、甘蔗抗旱（寒）种质资源研究与利用，选育抗旱（寒）品种并进行合理布局，对确保甘蔗生产以及蔗糖产业的稳定发展具有重要意义。

（五）抗除草剂

杂草管理是甘蔗生产中获得高产的重要环节。人工除草不仅增加了甘蔗的生产成本，而且劳动效率低下。除草剂的使用可提高杂草管理的效率，大大降低甘蔗的生产成本。通常情况下，除草剂的使用往往与现代农具配合应用，由于在除草剂的喷施过程中不可避免地会伤及甘蔗，因此，培育对除草剂不敏感或伤害小的甘蔗品种是现代甘蔗杂交育种过程中重要的目标。

（六）适宜机械化管理和收获

随着大量农村劳动力转移到第二、三产业，我国南方蔗区劳动力普遍短缺，甘蔗机械化作业将成为我国甘蔗生产的发展趋势。甘蔗机械化作业，特别是机械化收获，需要筛选出适宜机械化的甘蔗新品种。机械化生产品种与传统品种相比的特别之处在于，一是适应宽行距、甘蔗分蘖力强，在宽行距下能保证甘蔗每亩基本苗量；二是在甘蔗伸长初期植株柔韧性好，机械化中耕培土作业不易折断；三是植株直立抗倒，能确保机械化收获效率；四是宿根蔗发株好、蔸耐碾压，不因机械收获而影响宿根发株；五是脱叶性好，机械收获含杂量低，原料蔗对制糖工艺影响小。国家甘蔗产业技术体系启动以来，育种单位已开始重点选育适宜机械化的良种，目前已筛选出一批分蘖性和宿根性强、抗倒伏、适宜宽行种植的机械化生产品种。

二、亲本选择

杂交亲本的选择和组合的选配是甘蔗杂交育种的关键环节。选育一个优良的甘蔗品种必须经过杂交、选择、鉴定和繁殖等一系列复杂的过程，在这一过程中存在许多不确定性，如亲本的利用、组合的选配、后代的培育、选择方法和鉴定等。实践证明杂交亲本的选择和组合的选配是决定能否培育出优良的甘蔗品种的关键。杂交亲本、组合配合得越好，后代出现优良变异的机会就越多，就能够选育出越多的品种，后代品种的突破性就越强。相反，如果亲本选择不正确、组合选配得不好，就难以培育出好的品种，造成人力、物力和财力的浪费。因此，正确地选择亲本、合理地选配组合，是甘蔗杂交育种的关键环节。亲本的选择直接影响育种效益，甘蔗育种中选择亲本的原则是一定的，但由于育种目标不同且选择亲本时的重点不同，反映在育种效果上也不尽一致。

（一）增加亲本的血缘，选配异质性大的杂交组合

甘蔗亲本的异质性，主要来源于甘蔗属的不同热带种、印度种、中国种、细茎野生种和大茎野生种。目前，随着属间远缘杂交不断取得新进展，蔗茅、斑茅和滇蔗茅等野生种质的血缘也在不断渗入甘蔗品种中，甘蔗品种的种性不断取得突破。双亲间血缘异质性越大、杂种后代的遗传内容越丰富、基因重组数越多，杂种优势就越强。突破性品种的培育依赖于突破性种质的发掘。19 世纪末至 20 世纪初是甘蔗亲本大量创制的时期，人们通过自然授粉、人工杂交及人工选择等创制和选择了许多种间和种内含有 2 个原始始祖的基础种质，如 POJ100 和 EK2 是两个热带种种内杂交产生的基础种质，Kassoer 为热带种与爪哇割手密的种间杂交产生的重要基础种质，这些基础种质由于没有血缘交叉且异质性大，通过对等杂交育成了许多突破性的甘蔗品种，如 POJ2878 和 Co290 等。继续杂交和回交利用，育出了一大批世界性的甘蔗品种/亲本 Co419、NCo310、CP49-50、F134 和桂糖11 号等。但是有些亲本相互杂交没有培育出新品种，如桂糖 11 号和 F134 间杂交就没培育出优良品种，因为它们是全同胞后代，亲本相同，只是其父母本进行了交换；另外，Co419 与 CP49-50 间直接杂交在我国也培育出了 12 个优良品种，但它们直接杂交的后代之间相互杂交也没培育出一个品种，虽然亲本性状优良，但没有异质性，后代也难以培育出优良品种。因此，不断增加新的血缘，充分利用那些还没有被利用过的新的优良种质，有利于培育出更优良的甘蔗品种。

（二）根据育种目标选择亲本选配杂交组合

甘蔗品种生长时间长，一般长达 1 年或 1 年以上的时间，一个品种要在一个蔗区推广应用，不仅要适应该蔗区一年四季各个季节的自然气候条件，而且还要适应该蔗区各种非生物的自然灾害，如干旱、寒害和台风等，以及生物灾害，如虫害、病害、草害及鼠害等。因此，甘蔗品种的区域性较强，不同蔗区由于环境条件以及生产力水平、耕作制度的不同，对良种有不同的要求，同时也有不同的育种目标。要选育出适合于当地蔗区生产条件和制糖工艺要求的新良种，必须按育种目标的要求选择亲本，配制组合。如云南蔗区旱坡地占蔗区总面积的 80%，但土壤瘠薄、灌溉条件差、耕作粗糙、管理水平低，对这类蔗区就要选育耐旱、耐瘠、宿根性好的品种，选择亲本也要注意这些特性。如云南利用 ROC25 作亲本选育出的云蔗 03-194、云蔗 03-258 和云蔗 06-407 不仅抗旱性好、宿根性强，其适应性也不错，目前正在蔗区旱坡地区快速推广应用。同时，云南还有 20% 的蔗区水肥条件好、自然气候好，是云南的高产、高糖区域，甘蔗育种还必须重视这一区域甘蔗生产的发展，因此，还要注意选择生产潜力大、产量高、糖分高的优良品种，如利用 ROC10、CP72-1210、ROC22 选育出云蔗 99-91、云蔗 94-375 和德蔗 03-83 等品种。

（三）选择优良性状多且性状互补性好的亲本选配组合

性状互补要根据育种目标抓住主要矛盾，特别是要重视限制产量和品质进一步提高的主要性状。一般来说，首先要考虑产量构成因素的互补，当育种目标要求的产量因素结构是有效茎、大茎型并重类型，可采用大茎型与多茎型相互杂交；其次要考虑影响稳产的性状，如抗病性、抗旱性、抗寒性，以及品质性状的互补性等。当育种目标要求在某个主要性状上要有所突破时，则最好选用的双亲在这个性状上表现都较好并又有互补作用。但是，双亲优缺点的互补是有一定限度的，双亲之一不能有缺点太严重的性状，特别是在重要性状上更不能有难以克服的缺点，同时，亲本间的互补性状也不宜过多，以免造成杂种后代分离严重、分离世代增加的现象，从而延长育种的年限。若不良性状对当地甘蔗生产影响不大时，育种专家在选配组合时也可以不考虑该性状对后代的影响，如澳大利亚甘蔗生产上没有黑穗病病源，只要不带进病源，生产上就不会发病，选择亲本时可不考虑亲本对黑穗病的抗性。生产上任何品种都不可能十全十美，一般既有优良性状，也有不良性状，当某一亲本缺乏某一性状时，就应选择具有这一性状的另一亲本选配组合，这样不良性状在双亲间相互弥补，就可能选育出性状更为优良的品种。

（四）选择当地优良的生产品种作为亲本

品种对外界条件的适应性是影响丰产、稳产及品质性状的重要因素。杂种后代能否适应当地条件和亲本的适应性关系很大。适应性好的亲本可以是农家种，也可以是国内改良种和国外品种。在自然条件比较严酷，受寒、受旱等影响较大的地区，因当地推广品种经历了长期的自然适应和人工选择，往往表现出比外来品种更强的适应性，所以在这种地区最好用推广品种作亲本，它们对当地自然条件有一定适应性，可保持大多数的优良特性，有利于性状的逐代积累，符合世代前进的规律，易于培育出更优良的栽培品种。因此，从当地主推品种及其后代中发掘优良亲本可有效提高育种效益。如云南已培育出甘蔗优良品种 32 个，其使用的 31 个亲本中就有 19 个作为品种在生产上被大规模推广应用，其他的亲本均为性状互补的引进种或野生血缘的后代，既选育出了更为优良的品种，也增加了育出品种的适应性，而且丰产性也比较好。

（五）选用生态类型遗传差异大、亲缘关系较远的亲本材料相互杂交

不同生态型、不同地理来源和不同亲缘关系的品种，由于亲本间的遗传基础差异大，杂交后代的分离比较广，易于选育出性状超越亲本和适应性比较强的新品种。甘蔗杂交育种实践证明，一般情况下，利用外地不同生态类型的品种作为亲本，容易克服用当地推广品种作亲本的某些局限性或缺点，增加成功的机会。如在我国甘蔗杂交育种育成的 240 余个甘蔗品种中，有 200 个品种的亲本组合都是直接使用国外品种与国内品种杂交育成，其余的 40 个品种均含有国外种血缘。同时，也不能过于追求双亲的血缘差异，遗传差异越大，定会造成杂交后代性状的分离越大，如属间杂交。分离世代延长也会影响育种的效率，如甘蔗属内原种或杂交后代种与斑茅杂交了半个世纪，至今还没育出一个优良品种。云南农业大学利用崖城 89-8 与昆明蔗茅杂交，只育出了云农 01-58 一个品种，其只在高海拔有较好表现，海拔降低种性表现会下降，推广价值不大。一般以超亲育种、培育突破性甘蔗品种为目标而选配亲本时，甘蔗属内种间杂交大多要求双亲的遗传差距越大越好。同时需指出，早期甘蔗育种所指的地理远缘或地理差距有时虽可反映其遗传差异，但两者之间并无直接联系。尤其是近年相互引种频繁，世界各地常常共享种质资源，许多品种经过多次改良以后，已很难从地理位置上判断其亲缘关系的远近。因此，亲本间的遗传差异不能完全取决于亲本来源地理距离的远近。

（六）杂交亲本应具有较好的配合力

亲本本身优良性状多、缺点少，是选择亲本的重要依据，但并非所有优良品种都是优良亲本。如 20 世纪 60 年代，广西甘蔗研究所培育的优良品种桂糖 11 号，曾在我国主产蔗区大面积种植，许多单位用它作亲本，选配出许多杂交组合，但获得成功的很少。有时一个本身表现并不突出的品种却是好的亲本，如我国广东农业科学院培育的华南 56-63 本身并非优良品种，也没有在生产上广泛应用，但用它作为亲本与其他品种杂交，在我国北缘蔗区育成了不少高产、优质、抗寒性强的优良品种。近年来在甘蔗的杂交育种中，引入了配合力、育种值和经济育种值等概念，通过评价亲本的配合力、育种值和经济育种值使筛选优良亲本、选配组合取得了较大进展，如云南甘蔗研究所利用 R 软件，通过家系评价法筛选出了一批宿根性强、抗旱、高产、高糖的甘蔗亲本，选配杂交组合育出的第一个甘蔗品种云蔗 06-407，不仅产量高、适应性强、稳定性好、抗旱性好，而且育种时间大

幅度缩短，提高了育种效益。因此，甘蔗育种工作者除要注意品种本身的优缺点外，还要通过杂交育种实践，借助现代科学技术筛选出好的亲本，才能获得较好的育种结果。

第二节　杂交育种程序

　　育种程序是甘蔗育种工作者为了实现育种目标所采取的技术路线，对于甘蔗常规杂交育种而言，各甘蔗育种国根据自己的育种目标和实际情况，采用相应的育种程序。总体而言，各国之间的育种程序虽然大同小异，但各具特色。我国各甘蔗育种单位均采用基于"五圃"选育的育种程序，见表4-1。经过"五圃"选育出表现优异的材料进行省份区试或国家区试，然后进行品种审（鉴）定，进而在生产上推广应用。

表 4-1　甘蔗品种有性杂交选育程序

年序	阶段	设计要求	主要工作
第 0 年	亲本圃	父、母本桶栽或大田种植，桶栽行距 1.8～2.0m，大田种植行距 1.0～1.5m	父、母本亲本材料秋冬种植，配置组合及实施杂交
第 1 年	杂种圃	实生苗，单株植，一般不留宿根	
第 2 年	选种圃	单行，行距 0.9～1.1m，行长 1.5～3m，无重复，每隔 10～20 个单系设一个对照，新植 1 年，宿根 1 年或无	淘汰低产、低糖、早开花、绵心和空心严重、在自然条件下感染重要病害的单株或单系
第 3 年	鉴定圃	2～4 行区不等，行长 6～10m，每隔 5 个品系设对照，无重复，新植 1 年，宿根 1 年或无	
第 4 年	预备品比圃	4 行区，小区面积约 33m^2，3 次重复，新植 1 年，宿根 1 年	6～12 月测月生长速度；从 10 月起每半个月进行一次蔗糖分化验，研究品种（系）蔗糖分积累曲线，进行抗黑穗病和花叶病等人工抗性鉴定
第 5～6 年	品比圃	8～10 个品系为宜，4～6 行区，小区面积约 33m^{2}以上，3 次重复以上，新植 2 年，宿根 2 年，优良品种边试验边繁殖	
第 7～8 年	区域试验	4～6 行区，小区面积约 33m^{2}以上，3 次重复以上，新植 2 年，宿根 1～2 年，6～10 个生长点，优良品种加速繁殖	生态适应性和稳定性测定，法定资质单位进行品质化验，抗旱、抗病性检测
第 9～10 年	生产试验	小区面积 333m^{2}以上，1～3 次，新植 1～2 年，宿根 1～2 年，6～10 个生态点，优良品种加速繁殖	调查工农艺性状表现，研究良种良法配套栽培技术
第 10 年	新品种审（鉴）定与产业化		品种审（鉴）定申请，良种配套栽培技术研究制定，良种基地建设，良种繁育与产业化

　　甘蔗品种的经济性状是受遗传基础与环境因素共同作用的结果，而不是遗传基础或环境因素单独影响的单一表现。因此，甘蔗有性杂交后代的选择要根据育种目标采取定向选择的方法，从大量实生苗中选育出所需要的品种。培育出一个新的甘蔗品种一般需要十年或者更长时间。世界上甘蔗品种培育的方法总体上可分为单株选择和家系评价单株选择两种方法，两种方法的主要区别在于评价的方法和选择手段，育种程序基本相似。不同阶段试验内容及选择标准，见表4-2。

表 4-2　不同阶段试验内容及选择标准

时间	试验内容	选择标准
第 1～2 年	杂种圃，单株种植或丛植，栽种规模不等，多数选宿根，少量选新植。单株选择：试验设计为顺序排列，不设重复，对田间试验地没有特殊要求。家系评价：3 次重复设计，要求试验地均匀一致（入选单系可以命名编号）	株高、茎径、有效茎、锤度、糖分、开花及自然病害发生情况等，淘汰空心、蒲心、水裂、开花早、开花多或自然病害发生重等劣质性状多的品系
第 2～4 年	第一期品系试验，1～3 次重复，新植及宿根均入选（有时入选品系开始命名编号）	产量（株高、茎径、有效茎，下同）、锤度、糖分、开花及自然病害发生情况等，淘汰空心、蒲心、水裂、开花早、开花多及自然病害发生重的品系等
第 3～5 年	第二期品系试验，试验面积较第一期大，1～3 次重复，新宿根入选（部分种苗数量多的品种直接升级进入预备品比或品比试验）	单位面积产量、糖分、含糖量、田间综合表现等，淘汰空心、蒲心、水裂、开花早、开花多、细茎及自然病害发生重等品系
第 4～7 年	第一期品比试验，3 次重复，新植 1 年，宿根 1 年	产量、糖分、含糖量等，淘汰空心、蒲心、水裂、开花早、开花多、糖分低、细茎、倒伏、宿根差等不良性状多的品系。用人工接种或自然感病的方法对重要病害（黑穗病、嵌纹病、眼点病、黄点病等）进行抗病性鉴定
第 5～8 年	第二期品比试验，小区面积较第一期大，3 次重复，新植 1 年，宿根 1 年。优良品种可以边试验边繁殖	产量、糖分、含糖量等，淘汰空心、蒲心、水裂、开花早、开花多、糖分低、自然病害发生重、细茎、倒伏、宿根性差等不良性状多的品系。用人工接种或自然感病的方法对重要病害（黑穗病、嵌纹病、眼点病、黄点病等）进行抗病性鉴定
第 6～9 年	不同地点的区域试验，3 次重复，新植 2 年，宿根 2 年。优良品种繁殖	产量、糖分、适应性、丰产性等，淘汰综合性状差、稳定性差的品系
第 7～10 年	不同地点的生产示范，2～3 次重复，新植 2 年，宿根 2 年。优良品种加速繁殖	各地加速繁殖产量、糖分、综合性状优良、稳定性好的品种
第 8～12 年	新品种鉴（审）定、推广应用	推广应用

一、第 1～2 年（杂种圃）培育选择

（一）种子播种及管理

甘蔗种子细小、千粒重轻、有绒毛、内含养分少，给实生苗的培育带来困难。采用常规育苗方法经常导致种子易感染霉菌、出苗率低、幼苗弱、易感病死亡，因此，必须先进行育苗。育苗的基质要求疏松、肥沃，有条件时一般采用家禽厩肥、猪栏肥堆沤发酵 3～5 个月，充分发酵后，晒干、压碎、过筛后，按照有机质：生土 = 1：1 混匀，灭菌，然后晾干，按照（有机质＋土）：普钙（过筛）= 5：1 混匀作为育苗基质；也可直接购买有机质土，或从养分丰富的生土（未种甘蔗的土块）中取土，蒸汽（蒸煮，或用 120℃高压锅加压）灭菌 2h 或用必速灭（98%～100%）颗粒剂杀灭土壤病菌和杂草种子。播种根据种子发芽率决定播种量，一般每平方米控制在 1500 苗以内为宜，播种前宜将种子浸泡于浓度为 0.2%升汞溶液中 5min 进行消毒杀菌，然后用适量的细土把种子搓散，均匀播种于播种箱内，播种后薄盖细土，喷水湿透，盖膜保温；播种后前 2 天温度保持在 30～36℃，种子可萌动发芽；发芽后温度宜保持在 25～30℃，为保持土壤湿度，根据情况宜在上午或下午喷水

1 次，甚至上、下午各喷水 1 次，并间隔 2 天喷施 0.5%多菌灵防止霉菌发生，其间可视情况用 0.01%尿素喷施，随着苗龄的增加，施肥浓度可逐次增大，但最高不能超过 0.1%；当实生苗苗根长至 3～5 条、苗龄达到 4～7 叶时，随时都可进行假植；当幼苗长至 8 或 9 叶、少数开始分蘖时，可以使用 N∶P∶K＝1∶1∶1 的复合肥，溶为液体浇淋，全面补充幼苗所需养分，满足幼苗生长对营养的需求。

（二）实生苗假植

　　甘蔗实生苗是否需要假植需要根据不同的情况来定，且其假植方式在各地也略有不同。若后期为手工定植，则不一定需要假植，但若因甘蔗种子细小、混合不匀、发芽试验结果不准而导致播种箱实生苗密度与预期存在较大差异，当实生苗数量每平方米超过 1500 苗时往往需要假植或匀密补稀，反之可以不假植；若后期为机械定植，栽种时苗龄要求较大且带有较多分蘖，因此均需假植。假植方式有营养钵或盘假植和苗床假植。
　　营养钵或盘假植：调节好基质，创造肥沃的土壤条件，每钵或每穴假植一苗，定植大田时可以连根带土，提高成活率，该法既适宜于机械单株定植，也适宜于人工定植。
　　苗床假植：选择水源好、土质好、便于管理的田块作为假植地，精耕细作苗床地，在细碎的表土上盖一层腐熟的有机肥料与泥土拌匀后耙平，苗床宽 1.0～1.5m，长度因地形而定。假植时幼苗多带土，剪去叶尖，植后及时淋足定根水，可保证成活率达 95%以上。假植成活后加强田间管理，注意施肥，防治病虫害。

（三）定植

　　当实生苗直接生长或假植后生长到一定苗龄时，需定植到大田。定植时间根据栽种方式的不同，苗龄大小可以不同，但标准是幼苗处于分蘖期或分蘖前期且不能拔节。手工定植时假植幼苗可以小些，假植后 1 个月左右即可定植。由于云南实生苗培育处于春季干燥季节，雨水少、空气湿度低、生长慢，为了抢节令定植，避免因假植形成的缓苗期，一般在播种密度合适时不假值；机械定植一般要求苗龄较大且带有较多分蘖，假植时间可达 2 个月以上。为了保证成活率，定植一般选择阴雨天气，在定植前剪去叶尖，定植规格各地有所不同，国内人工定植株距一般为 30cm 以上，行距约 100cm；国外机械定植株距可达 50cm，行距 150cm 以上。定植后加强田间管理，注意施肥除草防治病虫，务求实生苗正常生长，以利后期选择。
　　定植方式：单株选择技术与家系选择技术有所不同，单株选择一般采取顺序定植方式，不同组合可以定植在不同田块，不同田块管理方式可以不一致；家系选择要求栽种核心试验，所有评价组合（家系）按随机区组设计，核心试验地田间管理要求均匀一致，以利于组合评价；但各组合家系剩余实生苗可以定植在不同田块，田块管理方式可以不完全一致。

（四）选择

　　实生苗的选择标准和方法，根据育种目标、生态条件及生产水平的不同而有所不同。

影响品系入选的因素有：单株有效茎、茎径、生长势、田间锤度、病虫害、孕穗开花及空蒲心等。为了确保品种的宿根性，国外甘蔗育种单位均以选宿根为主，自 21 世纪初，国内主要甘蔗育种单位均逐渐将选新植改为选宿根。

单株选择：将单株有效茎数多、中至中大茎、植株生长势好且直立、田间锤度高（田间锤度与甘蔗糖分呈显著的正相关，甘蔗糖分是构成蔗糖产量的重要因素，在选择农艺性状好的基础上，田间锤度为重要的淘汰指标）、实心、无主要病虫害等因素综合考虑来选择。

家系评价单株选择：根据家系（组合）的群体表现（产量、糖分、田间锤度及病虫害等），采用一定的方法对家系进行评价，根据评价结果首先选择优良家系，淘汰不良家系。然后根据入选家系的表现差异，确定各家系的入选率，根据入选率从家系中筛选优良单株。优良单株选择方法同人工单株选择方法，但在淘汰家系中即使有个别单株表现较好，也不予选择（详见第七章）。

二、第 2～5 年（品系）选育

从杂交种圃中选出来的优良单株或单系，亦称为品系。杂交种圃选新植时，入选材料进入选种圃（第一年品系试验），因种苗数量少，种 1 或 2 行，行长 3m，1 次重复，试验设计按 8～10 个品系栽种 1 个对照种的顺序排列；选宿根时，只有发株数好的品系才入选，因此，种苗数量增加，种植行数、行长及对照种设计同新植，但多数品系皆可种 2 次重复，少数品种甚至可种 3 次重复；云南省农业科学院甘蔗研究所近年来采取 1 次重复留宿根，在更大范围再次观察品种的宿根性，确保入选材料宿根性优良；2 或 3 次重复为试验观察和种苗繁殖。鉴定圃（第二年品系试验）种苗数量有所增加，种 2～4 行，行长 6～8m，2 次重复；杂交种圃选宿根时，经 1～2 年选种圃试验，许多品系已可以直接越级（不需进行此阶段试验）进入预备品比试验，在品系选育过程中，锤度高、茎径较大、生长势好、无病虫发生、不开花或迟花、无空蒲心及无水裂，且蔗茎产量较同熟期对照种高的品系即可入选，有条件时全部或部分重复留宿根继续试验。

三、第 4～8 年（品比试验）选育

从品系试验筛选出的优良品系，得到进一步试验和繁殖，种苗数量增加，经预备品比、1 或 2 个点的品比试验，同时进行工农艺性状分析测定。田间设计采用随机区组 3 次重复设计，调查项目与品系试验基本相似，甘蔗糖分分析从成熟初期（11 月）至收获前（翌年 4 月）每月 1 次。根据调查数据结合品系试验新宿根表现进行综合分析，凡是蔗产量或糖产量高于对照品种，或蔗产量和糖产量与对照品种相当，甘蔗糖分高于对照品种，且综合性状表现优良、经抗病性鉴定（抗黑穗病、嵌纹病、眼点病、黄点病等鉴定）达到要求的优良品系入选下一级区域试验，对蔗产量或糖产量显著高于对照的品种进行种苗繁殖；收获后继续保留宿根，观察其宿根性。

四、第 6~12 年（区试及生产试验）选育

经品比试验入选的品系放在若干个不同土壤类型和气候条件的蔗区中进行区域试验，验证参试品系在不同生态条件下的生产性、抗逆性、宿根性和适应性。在特定蔗区表现优良的品系将被选育，繁殖种苗，进入更大面积的生产试验；同时，开展与良种相配套的栽培技术研究，研究品种的丰产潜力，向用户（制糖企业、种蔗农户）展示示范优良品种，使用户充分认识品种的丰产性、宿根性、抗病性、抗逆性及在生产上可以大面积推广的优势，为良种的推广奠定基础。通过生产试验，新品种的工农艺性状优良，比对照品种增产、增糖或抗性突出的品种即可申请对其进行技术鉴定或审定，云蔗 06-407 因各圃表现优良，四年时间就完成了品比试验，2009 年被推荐参加国家区域试验预备试验，2012 年就完成了所有试验，2013 年通过了国家甘蔗新品种鉴定，是我国目前育成并通过鉴定育种时间最短的品种。甘蔗杂交育种程序见图 4-1。

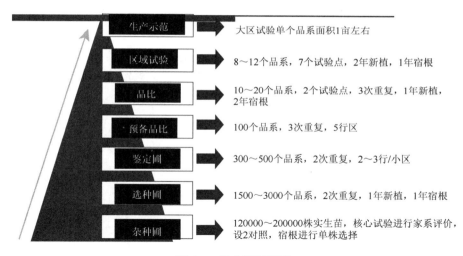

图 4-1　基本育种程序

第三节　田间选择技术

甘蔗杂交育种的田间选择过程实际上就是通过甘蔗在田间生长的表现对甘蔗杂交后代的择优汰劣过程，包括实生苗的优良单株选择和选种圃、鉴定圃、品比试验区的品系选择都是甘蔗杂交育种的重要环节。一个甘蔗品种的种性优劣只有通过在田间生长才体现，甘蔗生长受到自然气候条件、栽培管理措施、土壤肥力等因素影响，需要应用田间选择技术进行甄别。甘蔗杂交后代的群体十分浩大，而且表现差异很大，既要控制少量入选个体，又要确保不漏选优良材料等，需要育种人员不断实践、总结和完善甘蔗田间选择技术。

一、甘蔗田间选择的理念

纵观我国甘蔗品种的选育和推广历程，甘蔗新品种的更新往往以突破性品种的选育成功为标志，因此，育种人员在田间选择过程中必须坚定贯彻既定的育种目标，从大局上把握选择技术和路线，树立全新的理念以指导技术的运用和创新。

（1）站在蔗农和企业的角色去选择蔗种。蔗农喜欢选择高产、容易管理的品种，而糖厂等加工企业则偏重于蔗糖分的提高。作为育种者，双方都要考虑在没有达到双方都满意的情况下，退一步从双方妥协可接受的角度去考量，不能达成共识则这一选种目标不成立。

（2）甘蔗田间选择是选"帅才"不是选"将才"，只有"帅才"才有可能成为品种。从数以万计甚至数十万计甘蔗杂交后代（实生苗）中选择少量单株材料，要敢于加大选择压力，选不出不要勉强，否则，选了一大批材料，浪费了大量人力和财力，结果还是没有选出优良品种。

（3）必须从生产应用的全局去评价甘蔗品种。试想，一个品种的缺陷在 10 亩田里可能没有什么突出表现，但扩大至 10000 亩、100 万亩，情况就不同了。如甘蔗糖分，在广西如果提高 1 个百分点（绝对值）就有可能增加 30 亿元以上的经济效益。再比如甘蔗脱叶性不好，每亩至少要增加 2 个工日，如果推广 100 万亩，就可能会增加 2 亿元的生产成本，会抵冲约 10%的增产量。

二、甘蔗田间选择的一般原则

甘蔗田间选择是以选择成果来验证选择方法，没有一成不变的规则和技术路线，选择技术会因人、因地而不同，但是从甘蔗杂交育种基本理论和原理出发，甘蔗田间选择仍有一些共性，一般原则为：

（1）判断真假杂交原则。掌握熟知杂交亲本的特征特性，甘蔗杂交产生的种子，有的是杂交种而有的是自交种，一般而言，选择倾向于父本特征和性状甘蔗杂交后代，更能增加选择成功的概率。

（2）对比品种原则。以本地主推品种或当家品种为对照，一定要明确可比条件和可比性、可参考产量、经济性状的对比情况或部分农艺性状的对比情况。

（3）全期跟踪观察原则。甘蔗的种植周期为 3~5 年，单季的生长期达 1 年以上，所以从生产实际来看，甘蔗的田间选择期至少为 3 年，换言之，对目标品种材料的跟踪观察期应在 3 年以上。如果单单以某一阶段的甘蔗生长表现去判断甘蔗品种的种性优劣是不切实际的。甘蔗田间选择没有固定的选择时期，各个阶段都要观察，特殊性灾害气候更应该及时跟踪观察。

（4）与生产实际参照原则。甘蔗育种的最终目标是为生产服务、为大田生产提供优良蔗种，如果在选择过程中脱离了生产实际就等于"闭门造车"，育种人员必须对本地的甘蔗生产情况了如指掌，才能掌握选择目标对象的种性表现，如测验一个目标品系的蔗糖分，尽管比对照品种有大幅度的提高，但如果比当时的糖厂蔗糖分还要低，就没有多大利用价值。

三、甘蔗主要农艺性状的田间评价

甘蔗农艺性状主要是指影响甘蔗栽培、生产管理、经济性状、品种特性、环境适应性等生长特性的总称，主要体现在甘蔗生长发育、外观品相、糖分、产量性状、栽培适应性等项目。

甘蔗的种性由二十多项主要农艺、工艺性状体现，甘蔗杂交育种的目标就是把这些性状不断优化并高度集合到一个品种身上。"木桶理论"同样适用于甘蔗品种的选育，任何一项农艺性状出现重大缺陷都会成为短板，将导致选择目标品种的淘汰。基于上述理由，甘蔗田间选择的基本原理就是对甘蔗的多项农艺性状逐项进行观察分析其田间表现，对品种材料进行评价和筛选。

（一）甘蔗主要农艺性状的田间评价与选择尺度

甘蔗的生长发育状况受栽培和管理措施的影响重大，田间选择应因时、因地而变，要根据选种目标和对照品种的表现对评价指标和选择尺度做相应调整，如表 4-3 所示。

表 4-3　甘蔗主要农艺性状的评价与选择

农艺性状	评价方法与指标	选择尺度
田间锤度	折算蔗糖分不低于当地糖厂的榨季平均蔗糖分。前期和后期高于对照品种，中期可持平或相当。 同一品种在无病虫为害、生长正常情况下，个体间田间锤度差异出现大于 4 个百分点，则表明该品种的糖分稳定性差。 同时测量新植蔗和宿根蔗，前期宿根蔗和新植蔗测量值之差不超过 2 个百分点	生长势强，蔗茎均匀，蔗茎细密可将评价标准降低 0.5～1 个百分点，糖分稳定性差应予淘汰
产量结构	茎长：在中茎或中大茎的前提下，甘蔗茎长的理想高度是新植蔗 280～300cm，宿根蔗 300～320cm，要求节间均匀，节间长度以 12～15cm 为宜。 茎径：在以人工砍收为主兼顾机械收获的生产模式下，蔗茎以中大茎（茎径 2.6～3.0cm）为理想。如蔗茎小，蔗茎多，甘蔗生长后期个体间水分竞争激烈，容易出现早衰或蒲心。 茎数：以旱地甘蔗为例，新植蔗有效茎以 3500～4000 条/亩、宿根蔗以 3800～4200 条/亩为理想，最关键的指标是蔗茎的均匀度和整齐度	产量结构的选择适用于品种（品系）观察试验。茎长、茎径和茎数的变化是互作将就的，在把握茎长、茎径、茎数在理想范围内，掌握蔗茎均匀度和整齐度为要旨
宿根性	新植蔗：分蘖粗壮，出苗偏离主茎较远，成熟期在通透良好条件下"冬笋"萌发。 一年宿根蔗：萌芽整齐，有效发株苗率>120%，出苗偏离老蔸较远，成熟期在通透良好条件下"冬笋"萌发。 二年宿根蔗：发株整齐，浮根苗少，有效发株苗率>100%，出苗偏离老蔸较远，蔗茎的茎径无明显变小	宿根蔗发株率低于 100%，应淘汰。出苗细弱、浮根苗多应淘汰。正常年份，一年宿根蔗产量低于新植蔗产量的应淘汰

续表

农艺性状	评价方法与指标	选择尺度
抗旱性	苗期：新植蔗萌芽整齐，种根发达，在连续 15 天无降雨的旱情下，无明显萎蔫。 伸长拔节期：长势旺盛，大小茎现象不明显，节间均匀，在连续 15 天无降雨的旱情下，基部老叶逐步枯黄，鞘头部叶环距缩短不明显。 成熟期：叶片逐步往上枯黄，能保持 5 片青叶，蔗茎无蒲心	对旱地甘蔗而言，甘蔗品种的抗旱性能尤为关键，不达指标即予淘汰
耐寒性	偏北蔗区和高纬度蔗区有霜冻或低温冰冻，必须严格考察甘蔗品种的抗寒性以确保生产安全，主要以甘蔗受重大霜冻、低温冰冻后，解剖蔗茎观察水煮状轻、梢头不软腐，蔗糖分下降慢，宿根发株好为耐寒	一般而言，直立抗倒，蔗茎细密、坚实，蜡粉较厚，叶片大小适中的品种相对较抗旱
抗螟害性能	在甘蔗品种对比试验中，以螟害率衡量甘蔗抗虫性似乎有些偏差，在没有其他品种的条件下，螟虫可无选择地为害。因此，应以甘蔗植株对螟虫为害的保护反应作为评价指标。危害甘蔗节没有表现畸形的为佳。 苗期：螟虫为害造成枯心苗，要观察其分蘖的发生情况及补偿能力。中后期应观察甘蔗受螟虫为害后，节间是否出现畸形、节间缩短，解剖受害节间受赤腐病的感染情况。观察梢部受螟虫为害的死尾、断尾情况	甘蔗受螟虫为害后，节间畸形、节间缩短，解剖受害节间受赤腐病的感染严重。梢部受螟虫为害的死尾、断尾多为不抗螟虫为害应予淘汰
对除草剂敏感性	不同的甘蔗品种对除草剂的敏感性差异较大，这为选择对除草剂敏感性弱的甘蔗品种提供了可行路径。目前生产上常用的商品除草剂多为莠灭净、莠去津、二甲四氯、乙草胺、硝磺草酮除草剂的混合成分，甘蔗对除草剂的敏感性是指对这些除草剂的耐药程度。 重度敏感：蔗地施药后，出现严重药害，蔗苗枯黄失绿，严重萎蔫，生长停滞，甚至植株枯死。 中度敏感：蔗苗枯黄失绿，心叶畸形，生长缓慢。药后 15～20 天可恢复生长。 轻度敏感：蔗苗青绿，心叶生长缓慢，生长缓慢。药后 15～20 天可恢复生长	重度敏感型实行"一票否决"；中型敏感型如成茎率高品种可保留观察，选择轻敏感型品种
抗倒伏性	甘蔗倒伏性是指一般栽培管理条件下，甘蔗生长后期遇雨水或微风影响出现倒伏的特性，与受台风影响相区别。在推进甘蔗生产机械化和轻简化栽培的趋势下，甘蔗的抗倒伏性能对品种选择更加重要。 甘蔗的抗倒伏性能与生长特性、蔗茎长度、株型结构、茎纤维分、根系发达程度、萌芽特性等密切相关。 容易倒伏品种：蔗株斜生，甘蔗纤维分低，观察人员用指甲可扎裂蔗茎，节间较长，蔗茎纤细、变形弯曲，蔗叶长大，蔗株梢头部大，蔗株着生于浅土层。 抗倒性强品种：蔗株直立，甘蔗植株基部粗大，蔗茎硬度较大，节间长度适中，梢头部与基部相等或略小，呈塔形，蔗株根系发达，并着生于较深土层	选择抗倒伏性强的品种，对不抗倒伏品种要及时淘汰。田间选择要"一看、二摇、三砍"，看长相是否直立，是否厚实，是否扎得稳，摇动蔗株是否有回弹力，砍蔗株截面是否紧密
加工工艺适应性	甘蔗加工工艺适应性与田间选择的相关性状主要体现在 3 个方面：①甘蔗的出汁率；②蔗汁的纯度；③甘蔗梢头部与甘蔗茎长的比值。甘蔗的出汁率通过取样锥大致可以判断，蔗汁纯度通过手持式锤度计的透亮程度可以判断，蔗梢头部过长会影响产糖率	注意淘汰出汁率低和梢头部过长的品种，用手持式锤度计观察蔗汁，混浊过大的品种要淘汰
抗黑穗病	感黑穗病品种对生产安全隐患极大，品种选择上要认真把关，株系选择对感病单株一律淘汰，品系选择要在宿根蔗上鉴定，严格控制病株率在 2%以下	对目标品种进一步鉴定，选择高抗型品种
抗叶部病害	甘蔗的叶部病害主要有赤腐病、轮斑病、紫斑病、褐条病、锈病、鞘腐病等，不同品种对叶部病害的抗性差异显著，选育抗病品种是防治叶部病害的唯一办法	感锈病、赤腐病的品种予淘汰，轮斑病、紫斑病、褐条病发生严重的品种必须淘汰
成熟性	在广西主要蔗区，甘蔗成熟期的冬季多低温阴雨天气，迟熟品种难以达到糖分积累的条件，因此，在品种布局上应该以早熟品种为主。早熟品种不等于早孕穗开花品种，而是早期达到工艺成熟的品种	选择工艺成熟而生理不成熟的品种，淘汰早孕穗开花品种

续表

农艺性状	评价方法与指标	选择尺度
萌芽率	甘蔗的萌芽率与气候因素、栽培管理、种植时期、蔗种质量等密切相关，不同品种的萌芽性能差异较大，一般对萌芽性能好的品种评价是：蔗种的根萌动快，发根整齐，双芽段无差异地同期出苗	选择种根发根整齐、萌芽整齐的品种
分蘖性能	判断甘蔗的分蘖性能是否优良需要观察分蘖的成茎率和成茎质量。优良分蘖性能表现为：分蘖苗粗壮，出苗离母株较远，母株形成分蘖后，在一定的时期内拔节进度慢，而分蘖苗则生长迅速，同期拔节生长	选择分蘖性能优良、分蘖率适中的品种
蔗芽萌动情况	有的品种，尽管其他性状优良，但是蔗芽会在 2 月下旬即大量萌动，影响到生产留种和造成糖分快速下降。这与品种特性有关	萌芽早的品种应予淘汰
脱叶性	无论是机械收获或是人工砍收，脱叶性好的品种对提高砍收效率是显著的，一般认为脱叶性好的品种每亩省工至少 0.5 个工日以上，社会效益十分显著。甘蔗的脱叶性与品种特性有关，也与栽培管理有关，一般分难脱叶、易脱叶、自行落叶三种类型	选择易脱叶或自行落叶类型

（二）甘蔗株型选择技术

甘蔗是禾本科作物，有着禾本科作物的许多共性。水稻、玉米等作物品种的改良都在株型选择方面获得了重大成功。水稻品种改良的第一次变革是通过矮秆化之后实现的，在杂交水稻改良方面更加完善了株型选育；杂交玉米单产的跨越式提高也是依靠紧凑型品种的研发和应用。基于作物株型对品种改良的重要性，提出甘蔗株型选择技术。

1. 甘蔗株型选择的概念

甘蔗株型是指甘蔗各器官的长相和长势，甘蔗株型选择就是根据甘蔗根、茎、叶的长相和长势表现，选择出理想株型和态势良好的甘蔗新品种，实现对光、温、水等资源条件的高效利用，获得合理的甘蔗高产群体结构和较高的甘蔗经济产量。

2. 甘蔗株型的构成因子与功能的关系

1）叶片

叶片是甘蔗植株的制造工厂，叶片形态的空间分布影响甘蔗光合作用效率和水分利用率。叶片角度过大、叶片平展，容易造成甘蔗个体间互相荫蔽；叶片着生角度小、叶片直立，个体间叶片重叠，不利于充分利用阳光，如果叶环距小，叶片分布空间小，叶片容易互相荫蔽，光合作用效率低；叶片厚大则不利于甘蔗群体空间发展。

2）蔗茎

蔗茎是甘蔗的营养器官，是甘蔗植株的仓库，是支撑甘蔗空间发展的支柱。小茎不足以支撑太大的空间，大茎则蔗株内源与库的矛盾突出，个体与群体生长不协调。蔗茎倒伏则完全阻断甘蔗空间的发展。

3）根

甘蔗的根扎根于土壤，外表难以观察，但是通过甘蔗植株生产状态可以作出基本判断。叶片青绿，倒1～3叶叶环距大，说明植株生长旺盛、根系发达。基部节气生根粗大与根系发达密切相关。

3. 甘蔗的理想株型

由于甘蔗生长期长、生物产量高，空间结构更加复杂，株型的表达时期界限不明显，株型的构成因子既互相影响又共同作用，因此，甘蔗的理想株型要在蔗糖分符合要求的前提下，以对光照和水分的高效利用为核心，要形态功能相符，与当地生态气候条件相适应，具体体现在以下3个方面：

1）叶片结构与空间分布合理

叶色浓绿至青绿，叶片着生角度为35°～40°，厚度适中，于叶鞘至叶尖1/5处开始弯垂，使植株株型有较好的展度。叶片长度为叶鞘5倍以下，叶鞘基部与茎周长相当或略小，脱叶性良好。枯死老叶呈黄白色，无病斑。第一张完全叶至第四张完全叶的叶环距变化小，平均距离不小于10cm。笔者在观察中发现，理想的叶片在特征方面，叶片表现蜡质感明显，呈油亮色，颜色变化为青绿—浓绿—墨绿，至老叶衰老前仍保持墨绿，枯死后为干净的黄白色，表现为"长得清秀，死得干净"的优良特性，这或与叶片的营养物质和营养元素得到充分转移有关。

2）茎结构及空间分布

群体间蔗茎均匀、整齐，分蘖茎蔗茎大于或等于母茎，蔗茎直立，中大茎，基部粗大，节间均匀，节间长度12～15cm，宿根蔗茎长300cm左右，蜡粉发达，芽体大小适中，不易"树上发芽"，成熟期有2～3个"成熟节"（节间明显缩短且明显增粗）。

3）茎叶比值

甘蔗的茎叶比值是株型选择的重要方面，是区别于蔗与草的重要指标，关系到甘蔗的经济产量系数。良好株型的成熟期甘蔗品种，蔗茎产量与生物产量的比值，新植蔗应大于82%，宿根蔗应大于85%。

4. 甘蔗株型选择的问题与讨论

甘蔗株型选择技术的研究目前尚未形成系统的理论，理想株型的构建模型还没有建立，与其他前沿学科，如植物生理生化等没有产生融合，还有许多问题值得探索和讨论。

1）需要深入研究和完善的领域

（1）甘蔗理想株型的模型构建，要根据不同的生态区域形成不同的生态模型。

（2）研究甘蔗遗传构成（血缘）与理想株型的关系，提高甘蔗育种效率和质量水平。

（3）研究甘蔗理想株型个体与群体、群体与环境的相互关系，形成选择方向和应用方向。

（4）从甘蔗生理生化（如光合作用）的方向等研究甘蔗理想株型对光照、水分的高效利用，提高甘蔗理想株型品种的生产性能。

2）甘蔗株型选择与选择技术的融合问题

甘蔗株型选择技术与"家系选择技术""五圃制选择技术"等可以互相融合，对实生苗早期选择来说，株型选择技术可以为甘蔗株系的取舍提供更多的充分理由。

甘蔗理想的株型见图 4-2。

分蘖良好的株型

柳城05-136的株型

理想的茎结构

理想的叶冠层

叶型和叶色

图 4-2　理想的株型

第四节　抗逆杂交育种实例

广西是我国主要的甘蔗产区，已经连续 30 年甘蔗种植面积和总产量居于全国首位，产蔗量、产糖量连续多年占全国总量的 65% 左右，但是 2004～2015 年的相当长的时间内，主栽品种新台糖 22 号的种植面积占全广西甘蔗种植总面积的 60%～70%，部分蔗区甚至达到 90%以上。2000 年以来，随着广西蔗区旱地甘蔗种植面积不断增大，蔗区干旱瘠薄，氮肥利用率低，机械化生产水平低等问题十益突出，使蔗糖产业效益低下，缺乏国际竞争力。

　　针对上述突出问题，广西农业科学院甘蔗研究所的王伦旺育种科研团队开展甘蔗育种技术和优异亲本材料创新，选育及推广适合机械化收获和氮高效利用的固氮品种等系列技术攻关，历时 15 年，育成了抗逆、高产、高糖、抗倒性强、适合机械化收获、宿根性好的桂糖 42 号、桂糖 46 号、桂糖 47 号和桂糖 51 号等突破性的优异新品种。

一、育成的主要品种特性

（一）桂糖 42 号

　　桂糖 42 号以中国主栽品种新台糖 22 号为母本，以特早熟、高糖、宿根好、抗旱、高抗花叶病和黄叶病的骨干亲本桂糖 92-66 为父本，进行亲本组合，聚合了新台糖 22 号的高产、易脱叶、适应性广和桂糖 92-66 的早熟、高糖、宿根好等优良性状。

　　该品种具有较强的生物固氮力，氮素利用率高，在低氮条件下的根、茎、+2 叶的固氮酶活性分别为 135.2nmol(C_2H_4)·g^{-1}(FW)·h^{-1}、166.3nmol(C_2H_4)·g^{-1}(FW)·h^{-1} 和 57.8nmol(C_2H_4)·g^{-1}(FW)·h^{-1}，总氮利用率为 377.36mg/mg；与传统种植习惯比，亩节约氮肥 20～30kg，是中国自主选育的获得大面积推广应用的第一个氮高效利用的固氮甘蔗品种；桂糖 42 号中试示范中比主栽品种新台糖 22 号增产甘蔗 16.7%，蔗糖分提高 0.71 个百分点，见图 4-3；其抗旱力、耐寒性、抗倒性（图 4-4）、宿根性比新台糖 22 号强，既适合人工砍收，也可采用机械收获。桂糖 42 号在 2019 年已成为广西乃至全国种植面积最大的甘蔗品种，改变了品种单一化的局面，使广西 2019～2020 年榨季平均产糖率达 13.11%，同比提高 1.52 个百分点，创历史新高。

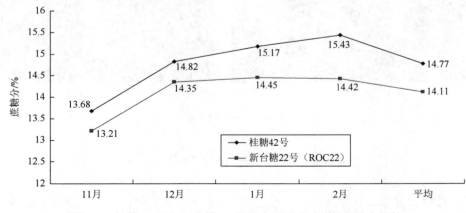

图 4-3　桂糖 42 号与新台糖 22 号在广西区域试验的蔗糖分比较

图 4-4　桂糖 42 号（左）抗倒伏能力强于新台糖 22 号（右）

（二）桂糖 46 号

桂糖 46 号聚合了母本粤糖 85-177 的高产、稳产、中大茎、直立、抗倒伏和父本新台糖 25 号的高糖、宿根好、易剥叶等优良性状，表现高产、稳产、高糖、宿根好、中到中大茎、中早熟、易脱叶、易砍收，既可人工砍收，又适合机械收获。在 2013～2014 年广西甘蔗品种区域试验中，桂糖 46 号平均产蔗量为 7632kg/亩，比对照新台糖 22 号增产 21.1%；11 月至翌年 2 月平均蔗糖分为 14.40%，比对照新台糖 22 号高 0.16 个百分点；平均亩含糖量为 1099.3kg/亩，比对照新台糖 22 号增产 22.5%。

（三）桂糖 47 号

桂糖 47 号来自宿根性强、耐机收碾压能力较强的组合粤糖 85-177×CP81-1254，表现中茎、有效茎多、分蘖力强、中早熟、高糖、高抗黑穗病，具有很强的耐机收碾压力、宿根能力和抗倒性，特别适合全程机械化生产。在 2013～2014 年广西两年新植一年宿根甘蔗品种区域试验中，桂糖 47 号平均产蔗量为 6790kg/亩，比对照新台糖 22 号增产 10.6%；11 月至翌年 2 月平均蔗糖分为 14.44%，比新台糖 22 号高 0.2 个百分点。其中宿根平均产蔗量为 7159kg/亩，比新台糖 22 号增产 21.8%；11 月至翌年 2 月平均甘蔗蔗糖分为 14.54%，比对照高 0.25 个百分点。在连续两年使用联合收割机进行机收碾压的条件下，桂糖 47 号宿根发株、株高、茎径、有效茎、产蔗量、蔗糖含量与人工收获差异不显著，第 2 年宿根产蔗量还能达到 6780kg/亩，含糖量为 1021kg/亩，与人工砍收的相当，达到并超过国际上先进产蔗国家的机收蔗平均 5.5t/亩的产蔗水平。

（四）桂糖 51 号

桂糖 51 号的亲本组合为 ROC20×崖城 71-374。该品种植株直立、整齐、均匀，茎圆筒形，中大茎，实心，易剥叶，早熟，高糖，丰产，宿根性强，有效茎多，在抗病性、抗倒性和宿根能力等方面优于对照新台糖 22 号，中抗黑穗病、抗梢腐病，适合机械化生产。在 2014～2015 年度广西两年新植一年宿根甘蔗品种区试中，桂糖 51 号株高中等（289cm），茎径 2.72cm，比对照新台糖 22 号粗 0.07cm；有效茎达 4847 条/亩，比对照多 646 条/亩；出苗率中等（59.5%），宿根发株率（139.8%）和分蘖率（61.8%）比对照高。抗病能力比较突出，黑穗病（1.60%）和梢腐病（3.00%）的田间发病率均明显低于对照；抗倒能力优于对照。桂糖 51 号平均蔗茎产量 6844kg/亩，比对照增产 2.49%，其中宿根蔗茎产量 7249kg/亩，比对照新台糖 22 号增产 12.25%；平均蔗糖分为 14.09%，比对照新台糖 22 号高 0.36 个百分点。

（五）桂糖 58 号

桂糖 58 号来自宿根性强、耐机收碾压能力较强的亲本组合粤糖 85-177×CP81-1254，表现中大茎、有效茎多、分蘖力强、中早熟、高糖、高抗黑穗病、易脱叶、宿根性和抗倒性强，适合机械化生产。2016～2018 年广西甘蔗品种区域试验一年新植二年宿根的平均产蔗量为 7259kg/亩，比对照新台糖 22 号增产 29.4%（图 4-5），平均蔗糖分为 14.99%，比对照新台糖 22 号高 0.63 个百分点（图 4-6）。

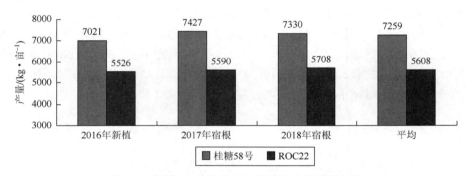

图 4-5　桂糖 58 号在广西区域试验中的甘蔗产量

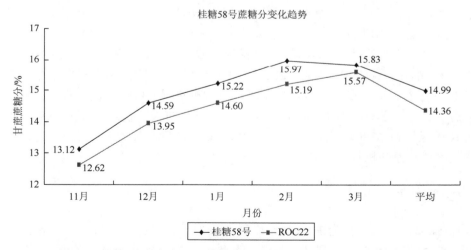

图 4-6　桂糖 58 号在广西区域试验中的甘蔗蔗糖分（1 新 2 宿结果）

以上品种的育成和推广解决了广西甘蔗生产中推广减肥栽培和机械收获时均缺乏优异品种支持的问题，促进了我国甘蔗种植业朝着减肥、减药、机械化生产等节本增效的方向可持续发展。

二、育种采用的技术路线与技术原理及试验方案

通过甘蔗有性杂交技术，采用世代前进法创制早熟、高糖、高产等不同类型的优异亲本；按性状互补原则配制杂交组合，通过基因分离和重组获得具有聚合各目标性状基因的杂交种子后代群体；从杂种圃等低级圃起就分别在低氮胁迫和机械收割碾压的条件下，对不同杂交组合家系群体进行评价和选拔获得优异无性系（品系）；在高级圃和不同生态区域比较试验阶段，根据基因与环境互作的结果，进行评价和选择得到适合机械化生产，具有较强氮高效利用（固氮）能力的早熟、高糖、高产、稳产、宿根性好、抗旱抗倒性强的桂糖 42 号等新品种；在不同蔗区进行中试示范，针对新品种的不同性能特点，研究形成良种茎尖脱毒健康种苗生产技术和高产、高效配套栽培技术，为良种推广提供支撑。桂糖系列新品种育种技术路线见图 4-7。

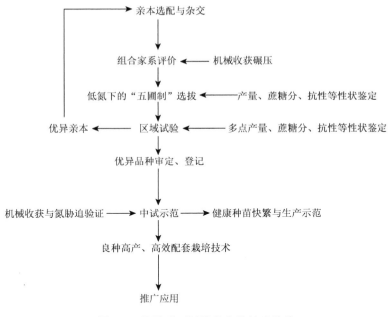

图 4-7　桂糖系列新品种育种技术路线

（一）氮高效利用（固氮）甘蔗育种

分别在广西南宁市的甘蔗试验场的黏壤土和隆安县丁当镇的红壤旱地建立低氮胁迫甘蔗育种试验基地，面积 60 亩。在相当于正常施氮水平的 25%（10kg 尿素/亩）的低氮胁迫条件下开展"五圃制"育种工作（磷、钾肥保持正常施用水平），对甘蔗组合

家系进行评价试验，筛选优异亲本组合和无性系后代，测定低氮胁迫条件下优异品系＋2 叶的固氮酶活性，再经过区域试验，选育出具有氮高效利用（固氮）能力的优良甘蔗品种进行品种审定或者登记。获得的氮高效利用（固氮）优异亲本组合继续用于后续的杂交育种。

（二）固氮酶活性和氮高效利用能力测定试验

优异甘蔗品种（系）在温室桶栽低氮胁迫（相当于亩施 10kg 尿素，磷、钾肥按正常水平施用。即每桶施 1.03g 尿素/30kg 干土，每桶施钙镁磷肥 15.5g，氯化钾肥 3.1g）试验条件下，测定根、茎、叶不同部位的固氮酶活性和总氮利用率，分析比较各品种（系）的固氮和氮高效利用能力。

（三）适合机械化生产的甘蔗育种

在机械化收获碾压的条件下，开展"五圃制"育种，对甘蔗组合家系进行评价试验，筛选耐机械化收获碾压的优异亲本、组合和无性系后代；优异品系经过区域试验，选育出适合机械化生产的优良甘蔗品种进行审定或者登记。获得的耐机械化收获碾压的优异亲本和组合继续用于后续的杂交育种工作。

（四）对优异品种（系）在田间进行不同施氮水平 1 年新植 1 年宿根试验，评价其固氮能力

以正常施氮水平（亩施 40kg 尿素）为对照，设计相当正常施氮水平的 25%（亩施 10kg 尿素）、50%（亩施 20kg 尿素）、75%（亩施 30kg 尿素）和 0 氮肥的不同施肥水平处理；各处理的磷肥（钙镁磷 150kg/亩）、钾肥（氯化钾 30kg/亩）按正常用量水平统一施用。对优异品种在不同施氮肥水平下的农艺性状、产量性状和甘蔗蔗糖分进行测定、分析与评价。

（五）对优异品种（系）进行耐机械化收获碾压能力的评价试验

新植蔗种植采用大型拖拉机犁地耙地，并采用联合播种机一次性完成开行（行距 1.2m）、施肥和播种；宿根蔗采用破垄施肥机进行破垄施肥管理。试验地面积 6 亩。试验设机械收获（机收）与人工砍收（人工）2 个处理，分别于新植蔗砍收、宿根蔗砍收期，采用凯斯 4000 联合收割机收获其中的 4 亩，人工收获 2 亩，使用车载移动称重系统装置测定甘蔗实际产量，两处理都是采用机械化的方式进行破垄、施肥、喷药（无人机技术）、中耕培土，施肥用药量一致，且同时进行，并与常规生产方法相同。

（六）优异品种的中试与示范和推广

对通过审定或者登记的优异品种进行中试与示范，针对良种的不同性能特点，开展茎尖脱毒组培健康种苗快繁技术研究与示范；在不同类型蔗区建立试验、繁殖、示范基地，开展生产适应性试验和植期、种植密度、施肥水平、除草剂、病虫害、机械化生产等试验示范，研究形成与良种相适应的茎尖脱毒健康种苗快繁技术和良种高产高效配套栽培技术，为新品种推广提供技术和种苗支持。

三、选育研究形成的主要成果

（一）创立了氮高效利用（固氮）甘蔗育种技术体系，筛选出氮高效利用（固氮）优良甘蔗亲本组合 28 个，培育出氮高效利用（固氮）甘蔗优异品系 7 个

团队在育种研究中创立了基于低氮胁迫的氮高效利用（固氮）甘蔗育种技术体系，该技术的主要特点在于创造性地提出了从亲本筛选、杂种圃到品种比较圃的各个育种阶段都是在低氮胁迫（亩施 10kg 尿素）下进行试验、评价和定向选拔，有利于获得氮高效利用（或者固氮）的优异品系，并最终育成新品种，突破了我国甘蔗杂交育种长期在高氮肥条件下进行的传统做法。在相当于正常施氮水平的 25%（10kg 尿素/亩）的低氮胁迫条件下，2003～2018 年先后对 525 个组合家系进行评价与筛选试验，获得氮高效利用（固氮）优良新亲本组合 28 个：ROC22×桂糖 92-66、桂糖 04-107×桂糖 04-120、桂糖 05-3595×ROC22、桂糖 05-3595×福农 40 号、桂糖 93-102×粤糖 91-976、桂糖 04-2258×CP94-1340、粤糖 85-177×桂糖 02-901、桂糖 03-1403×粤糖 85-177、桂糖 03-1403×RB72-454、粤糖 91-976×桂糖 92-66、ROC24×云蔗 89-351、ROC11×崖城 58-47、粤糖 85-177×CP81-1254、ROC1×桂糖 92-66、桂糖 00-122×粤糖 85-177、崖城 94-46×ROC22、粤糖 91-976×桂糖 06-1215、RB72-454×桂糖 06-1215、桂糖 94-119×桂糖 06-1215、粤糖 85-177×桂糖 92-66、粤糖 85-177×桂糖 00-122、桂糖 94-119×ROC25、粤糖 85-177×ROC25、桂糖 04-107×粤糖 91-976、桂糖 96-44×桂糖 06-1215、桂糖 96-167×桂糖 00-122、桂糖 06-1215×ROC22、桂糖 04-107×ROC22。

2016～2018 年在隆安丁当基地对项目组前期育种研究获得的品系，以 B8、B9 和 ROC22 为对照，在相当于正常施氮水平的 25%（亩施 10kg 尿素）的低氮胁迫下，进行 1 年新植 1 年宿根田间比较试验。获得优良品系 7 个：桂糖 06-2081、桂糖 06-1215、桂糖 06-98、桂糖 11-2011、桂糖 11-1076、桂糖 13-567、桂糖 13-1213 等。这些品系在低氮条件下，宿根性好、有效茎多，+2 叶固氮酶活性达到 $46.7\sim70.1\text{nmol}(C_2H_4)\cdot g^{-1}(FW)\cdot h^{-1}$，生物固氮能力强，亩甘蔗产量 6.63～7.81t，亩含糖量 1t 以上（见表 4-4、表 4-5），与传统常规种植相比节氮 50% 以上，以上品系已经参加了国家或者广西的甘蔗品种区域试验。

表 4-4　高效利用（固氮）优异甘蔗品种（系）的农艺性状（1 新 2 宿根平均）与固氮酶活性

品种（系）	发芽率/%	宿根发株率/%	分蘖率/%	株高/cm	茎径/cm	亩有效茎数/条	+2 叶固氮酶活性/[nmol(C$_2$H$_4$)·g^{-1}(FW)·h^{-1}]
桂糖 13-567	62.3	105	87.5	311	2.68	4618	66.2
ROC22	68.7	74	32.1	322	2.74	3878	45.3
桂糖 13-1213	62.5	125	64.6	319	2.83	4518	46.7
桂糖 06-98	55.6	145	94.6	302	3.01	4069	59.3
桂糖 06-1215	74.6	155	78.5	309	2.84	4836	55.6
桂糖 11-2011	64.1	93	80.2	316	2.85	4355	48.9
桂糖 06-2081	58.8	114	82.3	314	2.93	4211	69.7
桂糖 11-1076	60.0	153	46.2	339	2.94	4110	70.1
B8	67.5	157	96	314	2.77	4088	56.3
B9	54.2	192	111	321	2.73	4119	53.2

表 4-5　氮高效利用（固氮）优异甘蔗品种（系）的产蔗量、甘蔗蔗糖分（1 新 2 宿根平均）

品种（系）	亩产/(t·亩$^{-1}$)	对比 ROC22/%	甘蔗蔗糖分/%	亩含糖量/(t·亩$^{-1}$)	对比 ROC22/%
桂糖 13-567	6.63	11.9	15.09	1.00	19.2
ROC22	5.93	0.0	14.17	0.84	0.00
桂糖 13-1213	7.81	28.8	14.52	1.13	35.1
桂糖 06-98	7.39	22.3	15.21	1.12	33.8
桂糖 06-1215	7.39	22.3	15.56	1.15	37.0
桂糖 11-2011	7.41	22.6	14.99	1.11	32.3
桂糖 06-2081	7.05	17.2	15.02	1.06	26.1
桂糖 11-1076	7.61	25.7	14.83	1.13	34.4
B8	6.81	13.4	14.01	0.95	13.6
B9	6.92	15.1	14.22	0.98	17.1

（二）创立了适合机械化收获的甘蔗育种技术体系，获得强宿根性、耐机收碾压的优异亲本组合 23 个和桂糖 47 号等品种

创立了适合机械化收获的甘蔗育种技术体系，即：包括筛选适合的亲本和组合，从实生苗杂种圃阶段就引入机械收割碾压，在机械收割后的杂种圃宿根中进行组合家系评价和优异株系的选拔，并在后续的育种圃中继续在机械收割的条件下选择优异无性系和新品种的技术体系。其主要技术特点是增加宿根性、抗倒性和耐机收碾压的早期选择压力，改变了在鉴定圃、比较圃之后才评价其宿根性和在已育成品种的基础上才进行机械化收获性能评价和筛选的传统做法，更有利于获得适合机械化收获的优异品种。2006～2017 年先后对 998 个甘蔗杂交组合的实生苗群体开展机械收割碾压与人工砍收对比评价试验（图 4-8），首次获得强宿根性、耐机收碾压的优异亲本组合 23 个，这些组合

的耐机收碾压指数都在 1 以上且宿根丛有效茎多，优良株系入选率 3.1%以上，其中的粤糖 85-177×CP81-1254 组合耐机收碾压指数最高（表 4-6），培育了桂糖 31 号、桂糖 47 号等宿根性强、抗倒伏能力强的适合机收碾压的优异品种。

图 4-8 实生苗机收与人工砍收对比试验

表 4-6 适合机械化收获的优异甘蔗亲本组合

亲本组合	宿根丛有效茎/株	株高/cm	茎径/cm	田间锤度/%	单株入选率/%	机收丛锤重/kg	人工砍收丛锤重/kg	耐碾压指数
粤糖 85-177×CP81-1254	3.5	269	2.78	18.8	7.4	5.1	2.9	1.8
福农 02-6427×ROC22	2.3	273	2.63	18.3	3.3	3	2.1	1.4
ROC24×云蔗 89-351	2.4	289	2.64	18.2	5.2	3.3	2.4	1.4
桂糖 94-119×桂糖 06-1215	3.7	277	2.66	19.5	3.2	5.1	3.4	1.5
崖城 94-46×ROC22	2.7	268	2.67	18.4	5.4	3.5	2.2	1.6
粤农 73-204×CP72-1210	2.5	260	2.82	18.9	4.3	3.7	2.3	1.6
粤糖 00-236×ROC22	2.9	262	2.7	19.1	6.4	3.8	3.5	1.1
桂糖 00-122×粤糖 93-159	2.6	277	2.57	21.1	4.3	3.3	2.4	1.4
德蔗 93-88×福农 02-6427	2.1	271	2.65	18.9	3.3	2.7	2.4	1.1
粤糖 91-976×粤糖 00-319	2.2	287	2.66	18.5	4.2	3.1	2.9	1.1
粤糖 85-177×ROC22	3.3	267	2.8	18.6	3.3	3.5	2.5	1.4
赣蔗 14 号×ROC22	3.5	275	2.68	19.1	4.1	4.8	3.9	1.2

亲本组合	宿根丛有效茎/株	株高/cm	茎径/cm	田间锤度/%	单株入选率/%	机收丛锤重/kg	人工砍收丛锤重/kg	耐碾压指数
HoCP92-684×桂糖 92-66	2.5	266	2.69	20.3	5.4	3.3	2.5	1.3
湛蔗 92-126×CP72-1210	2.3	258	2.71	18.6	3.3	3.4	2.8	1.2
桂糖 04-2258×桂糖 00-122	2.7	260	2.72	19.5	4.2	3.6	3.3	1.1
ROC20×崖城 71-374	2.4	275	2.59	18.6	4.3	3.0	2.9	1.0
粤糖 94-128×ROC26	2.3	272	2.69	19.9	3.5	3.5	3.3	1.1
内江 86-117×桂糖 00-122	3.7	259	2.74	18.5	3.4	3.7	3.6	1.0
粤糖 91-976×ROC22	2.2	277	2.68	18.6	3.1	3.4	3.1	1.1
内江 86-117×桂糖 02-901	2.3	267	2.89	19.7	4.2	4.0	3.5	1.2
桂糖 97-69×桂糖 03-591	2.8	266	2.93	19	4.2	5.0	4.4	1.1
川糖 89-103×粤糖 00-236	2.9	281	2.72	18.4	3.2	4.7	4.2	1.1
桂糖 02-761×桂糖 04-1001	2.9	281	2.66	19.4	3.9	4.5	3.9	1.2

（三）筛选出桂糖 92-66 等桂糖系列优异骨干亲本 9 个

桂糖 92-66 是 1992 年初以粤糖 83-257 为母本，崖城 71-374 为父本进行有性杂交，通过"五圃制"育种途径于 1999 年培育成的特早熟特高糖亲本，其 10 月中下旬的甘蔗蔗糖分可达到 14.0%～14.5%甚至以上。1996 年 12 月份曾经测得其甘蔗蔗糖分达到 19.21%，当时为地处亚热带地区的广西蔗区测得的最高纪录，高抗花叶病和黄叶病，中抗黑穗病，中至中大茎，有效茎数中等，宿根性好。桂糖 92-66 的花粉量大，且育性高，可育（黑色染色率）率达到 50%～60%（图 4-9），既可做母本，也可作父本利用。自 2003 年起，以

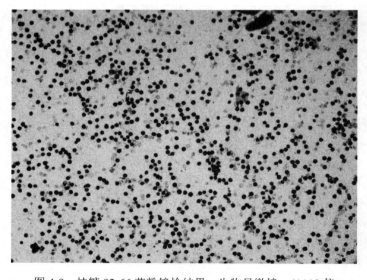

图 4-9　桂糖 92-66 花粉镜检结果，生物显微镜：4×10 倍

桂糖 92-66 为高糖亲本配制甘蔗杂交组合累计 311 个，选育出了以桂糖 42 号为代表的 6 个优良甘蔗新品种和 4 个新品系（图 4-10），桂糖 92-66 已经成为我国利用频率和效率均比较高的骨干亲本。其他的骨干亲本还包括高产、适应性广、抗旱的桂糖 73-167，特早熟、高糖、宿根好、抗寒的桂糖 00-122 等。其余详见表 4-7。

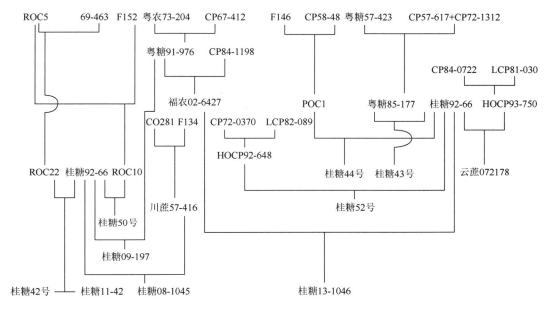

图 4-10　以桂糖 92-66 为亲本杂交选育出的新品种和新品系的系谱

表 4-7　筛选出的 9 个桂糖系列骨干亲本的优异性能与育种效果

亲本名称	亲本来源	进入亲本圃年份	优异性能特点	育成品种、品系、亲本次数
桂糖 92-66	YT83-257×YC71-374	2000	特早熟、高糖、宿根好、抗旱、高抗花叶病和黄叶病	19
桂糖 73-167	CP49-50×CO419	1988	高产、适应性广、抗旱	9
桂糖 00-122	CP80-1018×CP88-2032	2010	特早熟、高糖、宿根好、抗寒	6
桂糖 89-5	桂糖 73-167×崖城 62/40	2001	高产稳产、强宿根、抗旱、抗寒	4
桂糖 94-119	赣蔗 75-65×YC71-374	2003	强宿根、高糖、抗旱、抗寒	4
桂糖 94-116	桂糖 71-5×崖城 84-153	2005	早熟、高糖	3
桂糖 96-211	Pindar×桂糖 73-167	2009	高产稳产、强宿根、抗寒	3
桂糖 02-761	崖城 94-46×ROC22	2011	早熟、高糖、强宿根、高抗黑穗病、抗梢腐病、抗寒	3
桂糖 02-901	ROC23×CP84-1198	2011	特早熟、高糖	3

（四）根据历年家系组合评价和育种试验结果，构建了不同类型的桂糖系列亲本群9个，提高甘蔗杂交育种的效率

（1）特早熟、高糖亲本群包括：桂糖92-66、桂糖00-122、桂糖02-901；

（2）早熟、高糖亲本群包括：桂糖94-116、桂糖02-761、桂糖04-1001、桂糖041545、桂糖0932；

（3）强宿根亲本群包括：桂糖89-5、桂糖92-66、桂糖94-119、桂糖96-211、桂糖00-122、桂糖02761、桂糖041045、桂糖041545、桂糖061721、桂糖09250等；

（4）高产稳产亲本群包括：桂糖89-5、桂糖96-211、桂糖08120、桂糖081589、桂糖09250、桂糖0932、桂糖09255等；

（5）高抗黑穗病亲本群包括：桂糖061215、桂糖061721、桂糖02761、桂糖081589、桂糖08120等；

（6）抗梢腐病亲本群包括：桂糖041045、桂糖041545、桂糖02761、桂糖041001、桂糖09250、桂糖092526、桂糖09255等；

（7）抗旱亲本群包括：桂糖73-167、桂糖92-66、桂糖89-5、桂糖94-119、桂糖041001、桂糖041045、桂糖061215等；

（8）抗寒亲本群包括：桂糖00-122、桂糖89-5、桂糖94-119、桂糖96-211、桂糖02761、桂糖041545、桂糖061215等；

（9）抗倒伏亲本群包括：桂糖04-1001、桂糖061721、桂糖081589、桂糖041545、桂糖092526。

通过不同类型亲本群的构建，将切实提高今后我国甘蔗育种的效益，根据育种目标，有针对性地从不同类型的亲本群中挑选目标亲本，根据性状互补的原则进行组配杂交，可减少盲目性，增加准确性，进而提高甘蔗杂交育种的效率。

参 考 文 献

邓宇驰，王伦旺，黄家雍，等，2017. 甘蔗品种桂糖46号的选育及高产栽培技术[J]. 中国种业（10）：66-68.
邓宇驰，王伦旺，经艳芬，等，2018. 甘蔗新品种桂糖51号的选育[J]. 中国糖料，40（5）：10-12.
李奇伟，陈子云，梁洪，2000. 现代甘蔗改良技术[M]. 广州：华南理工大学出版社.
王伦旺，李杨瑞，何为中，等，2007. 以茎尖组培苗检测甘蔗体内内生固氮菌的固氮活性[J]. 植物生理学通讯，43（1）：65-69.
王伦旺，李杨瑞，杨荣仲，等，2010. 不同甘蔗基因型对低氮胁迫的响应[J]. 西南农业学报，23（2）：508-514.
王伦旺，廖江雄，谭芳，等，2015. 邓宇驰高产高糖抗倒伏甘蔗新品种桂4号的选育及高产栽培技术[J]. 南方农业学报，46（8）：1361-1366.
王伦旺，邓宇驰，谭芳，等，2019. 机械化生产对桂糖47号宿根能力的影响与分析[J]. 西南农业学报，32（9）：2163-2166.
王伦旺，廖江雄，谭芳，等，2019. 甘蔗新品种'桂糖42号'对不同施氮水平的响应[J]. 热带农业科学，39（5）：17-20.
王伦旺，邓宇驰，谭芳，等，2020. 甘蔗亲本桂糖92-66的种性特点与利用效果[J]. 江苏农业科学，48（6）：86-91.
吴才文，赵俊，刘家勇，等，2013. 现代甘蔗业[M]. 北京：中国农业出版社.
吴才文，赵培方，夏红明，等，2014. 现代甘蔗杂交育种及选择技术[M]. 北京：科学出版社.

杨荣仲，谭裕模，王伦旺，等，2006. 甘蔗低氮胁迫评价[J]. 西南农业学报，19（2）：1132-1138.

杨荣仲，谭裕模，桂意云，等，2008. 15N 测定甘蔗生物固氮能力研究[J]. 安徽农业科学，36（24）：10405-10406.

杨荣仲，梁强，桂意云，等，2014. 机械化收获对甘蔗宿根发株的影响[J]. 西南农业学报，27（5）：2195-2022.

周会，杨荣仲，方锋学，等，2012. 桂糖系列甘蔗种质资源数量性状的主成分分析和聚类分析[J]. 西南农业学报，25（2）：390-395.

周忠凤，邓宇驰，王伦旺，等，2017. 甘蔗品种桂糖 47 号的选育及种性评价[J]. 中国种业（2）：62-64.

第五章　抗逆高产高糖育种选择技术

甘蔗杂交育种是通过品种间杂交创造新变异类型而选育甘蔗新品种的一种方法,是目前世界上最常用、最普遍、育种成效最大的一种方法。甘蔗育种所追求的主要工农艺性状表现多为数量性状,易受竞争效应、环境效应等非遗传因素的影响,这对优良基因型的选择造成了干扰。因此,在甘蔗杂交育种过程中,目标性状遗传参数估算以及选择技术的应用对提高育种效率和实现育种目标至关重要。

第一节　甘蔗重要性状遗传特性

估算和了解甘蔗重要性状的遗传参数和遗传特性,对于制定育种计划和实施方案,以及实现既定的育种目标意义重大。

一、甘蔗蔗茎产量及产量构成因子遗传特性

甘蔗蔗茎产量及其构成因子(株高、茎径、有效茎等)是甘蔗杂交育种重要的育种目标,研究和了解其相关的遗传参数有助于提高甘蔗育种效率。有关甘蔗遗传参数的研究,Balasundrum 的结果是:有效茎数与单茎重都有较高的基因型变异、广义遗传力和遗传进度,而蔗茎产量和蔗糖产量对于上述的 3 个遗传参数居中等,茎径、蔗茎糖分也有较大的遗传进度,但后者的遗传力居中等(李玉潜,1983)。Mair 等认为:除单茎重、有效茎数外,蔗茎产量、蔗糖产量本身也有高的遗传变异性、遗传力和遗传进度(李玉潜,1983)。李玉潜(1983)以 20 个甘蔗品种为材料,开展田间试验,估计了蔗茎产量、株高、茎径、有效茎、单茎重和蔗糖产量的广义遗传,其产量分别为44.59%、77.564%、71.354%、61.258%、74.051%和33.285%。Liu 等分别以 22 个和 18 个甘蔗品种在两个不同的生态试验点开展田间试验,裂区试验设计,主区为干旱和灌溉处理。通过联合分析,结果显示,干旱处理蔗茎产量广义遗传力为 0.24～0.51,灌溉处理蔗茎产量广义遗传力为 0.56～0.58。赵勇等(2019)以 317 份甘蔗种质为材料,对株高、叶部病害程度、有效径、茎径和总体生长势等几个重要的农艺性状进行分级评价(每个性状分 1～5 级,其中 1 级最优,5 级最差),基于分级数据,估算了上述性状的变异系数和广义遗传力等遗传参数,上述 5 个性状的变异系数为27.70%～31.01%,广义遗传力为 0.61～0.72,详见表 5-1。

表 5-1　农艺性状方差和遗传变异分析

农艺性状	平均值	变异系数/%	遗传方差	广义遗传力
株高	2.39**	31.01	0.34	0.61
叶部病害程度	2.95**	29.70	0.53	0.69
有效径	3.02**	23.23	0.31	0.64
茎径	2.79**	28.01	0.44	0.72
总体生长势	2.91**	27.70	0.45	0.69

注：**为极显著。

杨荣仲等（2016）基于 2008～2014 年 17 组甘蔗家系试验，以固定模型计算各性状的广义遗传力，不同试验间甘蔗株高的广义遗传力为 0.68～0.92，平均为 0.82；茎径的广义遗传力为 0.77～0.92，平均为 0.85；有效茎的广义遗传力为 0.70～0.86，平均为 0.80；蔗茎产量的广义遗传力为 0.71～0.90，平均为 0.80；蔗糖产量的广义遗传力为 0.71～0.90，平均为 0.78。广义遗传力排序为茎径＞株高＞有效茎＞蔗茎产量＞蔗糖产量。杨昆等（2016）以 17 个甘蔗家系为材料，研究了株高、茎径、有效茎、丛重和锤重的广义遗传力，分别为 0.97、0.89、0.70、0.72 和 0.68。

二、甘蔗品质性状遗传特性

李玉潜（1983）以 20 个甘蔗品种为材料开展田间试验，估计了甘蔗蔗糖分、纤维分、重力纯度等品质性状的广义遗传力，分别为 77.29%、57.15% 和 71.09%。赵勇等（2019）以 86 份甘蔗种质资源为材料，研究了甘蔗锤度、甘蔗糖分、蔗汁糖分、简纯度和纤维分等 5 个重要品质性状的遗传变异情况，5 个品质性状的变异系数分别为 6.70%、8.80%、9.10%、11.60% 和 3.60%。

林彦铨等（1992）从多年实生苗试验群体估算的广义遗传力来看，锤度的遗传力为 64%～73%，属于高度遗传的性状，受环境效应和竞争效应影响小，适于在实生苗世代严加选择。与田间锤度高度相关的蔗汁旋光度（73.02%）、蔗汁蔗糖分（70.23%）、重力纯度（73.21%）等品质性状的遗传力普遍较高，说明早期世代对品质性状的选择效果好，严格淘汰低糖无性系不至于导致高糖基因丢失的危险。杨荣仲等（2016）以 2008～2014 年 17 组甘蔗家系试验的参试亲本及组合为材料，以固定模型计算各性状的广义遗传力，不同试验间锤度的广义遗传力为 0.64～0.92，平均为 0.82。杨昆等（2016）以 17 个甘蔗家系为材料，研究了锤度的广义遗传力为 0.85。

三、甘蔗对黑穗病抗性遗传特性

甘蔗对黑穗病抗性的抗原来自甘蔗属中的热带种（*S. officinarum*）和割手密野生种（*S. spontaneum* L.），感源来自印度种（*S. barberi*）和印度割手密（*S. spontaneum*），现代甘蔗栽培品种是种间杂种，种间杂交出现的单株变异性为抗病品种的选育提供了可能（陈如凯等，2011）。

在夏威夷，对于黑穗病抗性的遗传特性，Wu 利用高抗和高感 A 小种的甘蔗亲本组配双列杂交，通过方差分析估算第一季宿根蔗抗性的狭义遗传力分别为 0.56 和 0.75；同时通过亲子回归分析，估算出抗 A 和 B 小种的狭义遗传力分别为 0.51 和 0.47，用方差分析估算出抗 A 和 B 小种的广义遗传力分别为 0.96 和 0.91。在巴巴多斯，Walker 利用中亲后代回归和母本后代回归分析，估算出双亲杂交的狭义遗传力为 0.17~0.49，多亲杂交的狭义遗传力为 0.12~0.24。在路易安那州，Chao 研究了包括抗、中感和感病亲本在内的 18 个双亲杂交组合，利用中亲回归，估算出新植蔗和第一季宿根蔗的狭义遗传力分别为 0.40 和 0.38，R×R、MS×MS、HS×HS 的 F_1 代抗性个体分别占 51%、17%和 6%。同样的，夏威夷（1976）选用抗病与感病品种各 4 个进行杂交，各类型杂交组合后代感病率分别为 R×R 13.8%、H×S 27.8%、S×H 41.4%、S×S 80.2%（彭绍光，1990），说明 R×R 组合中抗性后代出现的频率最高。林彦铨等（1996）分析了甘蔗 8 个亲本品种及其按 NCⅡ遗传设计交配的 16 个组合新植和宿根蔗抗病性的主要遗传参数。结果显示，甘蔗抗黑穗病遗传是由基因的加性效应和非加性效应共同控制的，但加性效应大于非加性效应。以三种方法估算的甘蔗抗黑穗病狭义遗传力为 0.39~0.57，以两种方法计算的新植-宿根蔗的抗黑穗病重复力为 0.47~0.61，意味着甘蔗对黑穗病的抗性是中度可遗传和可重复的。不同学者对甘蔗抗黑穗病遗传力的估值虽存在差异，但估算结果基本是中度或高度可遗传的。

四、甘蔗抗锈病遗传特性

由黑顶柄锈菌（*Puccinia melanocephala*）和屈恩柄锈菌（*Puccinia kuehnii*）引起的甘蔗锈病已成为世界性的甘蔗病害，其中黑顶柄锈菌的危害更大。甘蔗锈病是一种气传真菌病害，选育和推广抗病品种是防治该病最经济和有效的措施（王建南等，1994）。

Skinner（1984）报道了抗锈病的狭义遗传力为 0.5（个体水平）和 0.8（家系水平），并体现出较高的加性组分。Tai 等（1981）采用中亲回归分析，报道了锈病具有较高的遗传力（0.7~0.8），但认为其抗性主要是由基因的非加性效应造成的。Hogarth 等（1971）报道了甘蔗抗锈病的遗传方差主要归因于加性效应。邓祖湖等（1994）以 9 个亲本品种及其选配的 20 个杂交组合为材料，报道了一般配合力的方差 V_g 为 96.4985%，甘蔗对锈病的抗性遗传主要是由基因的加性效应所控制的。Ramdoyal 等（2000）采用因子交配设计，以甘蔗家系群体为材料，报道了锈病的抗性广义遗传力为 0.75~0.90，狭义遗传力为 0.40~0.52，加性遗传方差占总遗传变异的 44%~68%。

由黑头柄锈菌（*Puccinia melanocephala*）引起的甘蔗褐锈病在世界甘蔗种植区广泛分布，也是我国蔗区发生最普遍、为害最严重的叶部病害（高小宁等，2019）。*Bru1* 是甘蔗抗褐锈病主效基因，该基因对不同地区的褐锈病分离物具有广谱抗性（李文凤等，2016）。李文凤等（2015）于 2013 年对中国国家甘蔗种质资源圃保存的 34 份甘蔗栽培原种进行苗期抗褐锈病鉴定和抗褐锈病基因 *Bru1* 的分子检测。苗期抗性鉴定结果表明，34 份供试材料中，高抗（1 级）至中抗（3 级）的有 26 份，占 76.5%。其中 13 份材料表现为 1 级高抗，占 38.2%；6 份材料表现为 2 级抗病，占 17.6%；7 份材料表现为 3 级中抗，占 20.6%。分子检测结果显示：34 份供试材料中 25 份抗病材料含有抗褐锈病基因 *Bru1*，出现频率为

73.5%；其余 1 份抗病材料和 8 份感病材料不含抗褐锈病基因 *Bru1*。李文凤等（2015）于
2013 年对我国国家甘蔗种质资源圃保存的 31 份野生核心种质资源进行苗期抗褐锈病鉴
定和抗褐锈病基因 *Bru1* 的分子检测。结果表明，31 份供试材料中，高抗（1 级）至中
抗（3 级）的有 28 份，占 90.3%；其中 19 份材料表现为高抗（1 级），占 61.3%；3 份材
料表现为抗病（2 级），占 9.7%；6 份材料表现为中抗（3 级），占 19.4%。31 份供试材料
中只有贵州 78-2-12、云南 97-4、*E. rockii*95-19、*E. rockii* 95-20、云南 83-224、广西 79-8、
云南 95-35 和广西 89-13 含抗褐锈病基因 *Bru1*，占参试材料的 25.8%，其余 20 份抗病材
料和 3 份感病材料均不含抗褐锈病基因 *Bru1*，表明除 *Bru1* 外，可能还有其他抗褐锈病基
因存在。同时，表明我国国家甘蔗种质资源圃保存的野生核心种质资源中蕴藏着优良的抗
褐锈病基因，是选育抗褐锈病甘蔗品种很有利用前景的抗原种质。李文凤等（2016）于
2014 年对我国国家甘蔗种质资源圃保存的 101 份甘蔗主要育种亲本进行苗期抗褐锈病鉴
定和抗褐锈病基因 *Bru1* 的分子检测。结果显示，供试亲本中，共 48 份抗病材料含有抗褐
锈病基因 *Bru1*，频率为 47.5%，表明我国甘蔗主要育种亲本中褐锈病抗性主要由 *Bru1* 控
制；其余 29 份抗病材料和 24 份感病材料均不含抗褐锈病基因 *Bru1*，结果同样表明除了
Bru1 外，可能还有其他抗褐锈病基因存在。

五、甘蔗抗旱生理指标的遗传特性

甘蔗抗旱育种是甘蔗育种的重要组成部分，甘蔗抗旱生理指标的研究可为抗旱品种的
培育和筛选提供科学依据。赵培方等（2017）采用裂区设计，以自然干旱和人工灌溉为主
区，以不同甘蔗基因型为副区，在云南省红河州开远市和玉溪市元江县两个试验点先后对
22 个和 18 个甘蔗基因型开展田间试验，研究干旱胁迫对气孔导度（G_s）、PSⅡ原初光能
转化效率（F_v/F_m）、叶片伸长速率（leaf elongation，LE）和叶片相对含水量（relative water
content，RWC）4 个甘蔗生理指标遗传变异的影响，为其在甘蔗育种程序早期阶段的应用
提供参考。研究在两个生长季甘蔗拔节前期先后 13 次、18 次、15 次和 10 次分别对 4 个
生理指标 G_s、F_v/F_m、LE、RWC 进行测量。4 项生理指标受干旱影响极显著，13 次 G_s、
18 次 F_v/F_m、15 次 LE 和 10 次 RWC 处理间差异均为极显著。在干旱和灌溉处理下，13 次
G_s 基因型间分别 10 次和 11 次显著，广义遗传力范围分别为 0.19～0.68 和 0.19～0.82，13 次
平均值分别为 0.49 和 0.53，灌溉条件下的遗传方差显著高于干旱胁迫下的遗传方差；18 次
F_v/F_m 基因型间分别 17 次和 16 次差异显著，广义遗传力范围分别为 0.26～0.83 和 0.16～
0.85，平均值分别为 0.64 和 0.58，干旱条件下的遗传方差极显著高于灌溉条件下的遗传方
差；15 次 LE 基因型间分别 14 次和 10 次差异显著，广义遗传力范围分别为 0.09～0.89 和
0.09～0.81，平均值分别为 0.58 和 0.50，干旱处理下平均遗传方差和遗传力较高；10 次
RWC 基因型间分别 8 次和 6 次差异显著，广义遗传力范围分别为 0.10～0.76 和 0.16～0.77，
平均值分别为 0.57 和 0.47，干旱条件下平均遗传方差和广义遗传力较高。总之，除气孔
导度外，其他 3 个指标在干旱条件下获得广义遗传力均高于灌溉条件下的广义遗传力。从
研究结果看，干旱胁迫影响 G_s、F_v/F_m、LE 和 RWC 的遗传变异和广义遗传力，在灌溉条
件下测量气孔导度和在干旱条件下测量其他 3 个指标更易获得较高的遗传变异和广义遗传

力，但所有 4 个生理指标均能在灌溉条件下获得较高的广义遗传力。

六、甘蔗根系性状的遗传特性

根系之于地上部分同等重要，但由于活体取样、研究设备等因素的限制，根系的研究要远落后于地上部分。在总结了前人大量工作的基础上，Caradus（1995）对作物不同根系性状的遗传力进行了比较，结果认为：①衡量根系大小的指标，如根重、根体积、根数量、根长、根表面积、根冠比等具有较高的遗传力；②衡量根系形态的指标，如根直径、根毛长度、不定根级值、分枝级值、根密度和根长密度等也具有较高的遗传力；③衡量根系生长的指标，如单位时段内的根系生物量、根体积和根数量的增加量等的遗传力则较低。

石庆华等（1997）研究发现根数、根重和根直径分别与地上部分的有关性状相关显著。3 个根系性状均为数量遗传，与细胞质基因无关。根数的遗传变异中加性效应贡献较大，而根直径、根重的遗传变异中显性和上位性效应贡献较大。3 个根系性状的遗传变异中，加性、显性和上位性都很重要。因此，根数应有较高的一般配合力方差和狭义遗传力，对亲代的选择能有较大的比例在子代得到实现，因而采用有助于基因累积的育种手段选育纯系品种可以收到比较好的改良效果，而且在杂交的早期世代就可以进行选择。根直径、根重两个性状杂种优势潜力较大，在选育纯系品种的方案中应在较高世代进行选择为宜。根系活力以非加性效应为主，而其衰退值则以加性效应为主，二者均表现为正向优势（衰退值以负向优势为好），这表明利用杂种优势改良根系活性这一性状比较困难（史晓江等，2006）。上述的研究结果表明，根系性状的遗传方式呈多样性，不同品种各个性状的遗传变异方式本身存在差异。而且还存在基因型和环境互作。因此，由于采用的材料和试验环境不同，研究结果也会存在差异。

同一种作物不同基因型之间根系特征也存在着明显的差异。不同甘蔗基因型的根长、根表面积、根直径、根体积、不同直径范围内根长和总根量不同（赵丽萍等，2015），株高、茎径、冠鲜重、冠干重等也存在明显的遗传差异。

赵丽萍等（2014）采用桶栽方式，研究甘蔗实生苗根系性状的遗传效应。结果表明：根长、根交叉数受母本、父本和组合的影响显著，根表面积受母本和父本的影响显著，根系干重受组合的影响显著；亲本及组合的选配方式对根系遗传力大小的贡献率表现为母本、组合、父本依次减小；9 个根系性状中，根交叉数、根长、根表面积、根尖数、根干重、根体积的遗传力均大于 60%。由表 5-2 可见，亲本及组合的选配方式对根系遗传力的贡献率表现为母本（68.30%）、组合（64.10%）、父本（62.52%）依次减小，说明母本对后代的影响较大，组合对后代的影响其次，父本的影响相对较小。从后代各性状的平均遗传力看，根交叉数、根长、根表面积、根尖数、根干重、根体积、根直径、根分枝数、根鲜重的遗传力呈依次减小的变化趋势，根交叉数、根长、根表面积的遗传力均大于 70%，根分枝数和根鲜重的遗传力相对较低，分别为 52.5%和 46.99%，根交叉数、根长、根表面积、根尖数、根干重、根体积、根直径 7 个性状的遗传力均在 55%以上，遗传力较高，能稳定遗传，因此，在选择亲本和配组合时应重视对这 7 个性状的选择。

表 5-2　父本、母本及组合根系性状的遗传力

变异来源	遗传力/%								
	根鲜重	根干重	根长	根表面积	根直径	根体积	根尖数	根分枝数	根交叉数	平均
组合	37.31	60.24	76.57	71.88	49.38	61.88	64.83	76.50	78.28	64.10
父本	50.09	70.75	79.60	75.84	60.99	68.53	71.57	3.82	81.47	62.52
母本	53.57	64.77	77.61	72.76	54.65	64.25	70.39	77.16	79.59	68.30
平均	46.99	65.25	77.93	73.49	55.01	64.89	68.93	52.50	79.78	64.97

第二节　甘蔗杂交育种家系评价和选择技术

甘蔗杂交育种的第一阶段（杂种圃），是对获得的杂交组合及其后代进行选择，是新品种培育的基础。通常情况下，此阶段集中 90%以上的选择压力，但是由于每 1 株实生苗就是 1 个无性系，且每个无性系群体小且所追求的目标性状多为数量性状，因此，在田间试验过程中，不仅容易受环境和栽培措施等多种非遗传因素的影响，同时无性系之间也存在很大的竞争效应，这就对选择造成了很大困难。如何提高选择效率，这就需要根据目标性状的遗传特性采用相应的选择技术。J.C.Skinner 等综述了蔗茎产量、糖产量、锤度、有效茎、茎径、株高、锈病抗性、黑穗病抗性等重要性状基于个体和家系估算的广义遗传力（表 5-3）（Heinz，1987），从表中可以看出，基于家系估算的广义遗传力普遍较高，这是家系评价和选择的理论基础。

表 5-3　基于个体和家系估算的甘蔗重要性状广义遗传力

性状	澳大利亚		夏威夷		斐济		阿根廷	
	单株	家系	单株	家系	单株	家系	单株	家系
蔗茎产量	0.17	0.75	—	—	—	0.48	0.10	—
糖产量	0.16	0.76	—	—	—	0.43	—	—
锤度	0.65	0.90	0.27	0.53	—	0.55	—	—
有效茎	0.26	0.90	0.13	0.71	—	0.53	0.06	—
茎径	—	—	0.30	0.71	—	0.70	0.44	—
株高	0.32	0.84	0.21	0.40	—	0.54	0.24	—
锈病抗性	0.51	0.93	—	—	—	—	—	—
黑穗病抗性	—	—	0.56	0.84	—	—	—	—

Hogarth（1971）首先证实了甘蔗家系选择的优越性，并在全世界甘蔗主要育种机构中普遍应用。2005 年，家系评价技术已在澳大利亚、西印度、巴西、哥伦比亚、阿根廷、印度尼西亚、古巴、南非和美国的佛罗里达州、夏威夷州和路易斯安那州使用（Stringer et al.，2011）。2005 年云南省农业科学院甘蔗研究所吴才文研究员从澳大利亚引进了家系

选择技术（吴才文，2007），并于 2006 年在国内首次成功地使用了家系评价技术，于 2013 年育成了首个经家系评价获得的甘蔗新良种云蔗 06-407，育种时间大为缩短，而且品种种性稳定，表现出了良好的推广应用前景。

一、甘蔗家系评价的田间试验要求

家系评价是通过各家系实生苗群体在核心试验中的表现，并对收集到的主要性状数据采用适当的方法进行分析，根据各家系实生苗群体的综合表现，评价家系的优劣。

（一）田间试验设计

成功获得种子并培育出足够苗量的所有组合均可进行家系评价。核心试验要求土壤均匀一致，参试组合后代采用随机区组设计，3 次（个别组合 2～3 次也可）重复栽种，试验同时安排对照种。澳大利亚甘蔗试验总局（BSES，现更名为 SRA）一般实生苗播种后 1 个月开始假植，假植后 3 个月左右移栽于田间，另外，在假植 1 个月后，开始对对照种进行单芽育苗，至实生苗移栽大田时，对照种的种苗一般还没有分蘖，而实生苗一般每丛 10～20 苗不等。云南省农业科学院甘蔗研究所实生苗培育（2 月底到 5 月中下旬）时间一般在 3 个月之内（由于采取稀播技术，一般仅对少量密度较大的组合进行假植），在播种实生苗种子约 1 个月左右，开始对对照种进行单芽育苗，至实生苗移栽大田时（少量组合开始分蘖），对照种种苗一般还没有分蘖。

（二）田间试验管理

1. 田间定植

苗龄五叶一心以上，假茎高不低于 5cm，定植前剪去 1/3～1/2 叶片，带土定植，定植后及时浇水，对照种同时、同规格移栽。定植时间尽量提前，确保收获时对照种平均原料茎长在 1.5m 以上。

2. 核心试验管理

定植后应加强水肥管理，严防受旱和渍水、养分缺乏和过量等现象发生，确保成活率为 80% 以上，每个家系正常生长的数量不应少于 60 株。生长期间，田间管理略高于当地大田生产，同一区组、同一项技术措施应在同一天内完成。

1）旱地家系试验

培育抗旱品种的试验除定植期间浇水保证成活外，生长期间出现轻微旱象可以不浇水或少浇水。

2）水田家系试验

培育适宜水田栽培品种的试验管理要求在大生长期间保证土壤水分充足，不出现旱象。

（三）田间试验数据处理

优良基因的发掘和利用是培育甘蔗优良品种的前提，优良品种被不断推广，为甘蔗产业的发展带来了巨大的利益。优良基因的载体是来源于不同遗传群体的杂交亲本，衡量遗传群体利用价值的指标有两个方面：一是目标性状的平均水平，二是目标性状的变异程度。甘蔗育种利用的不是优良杂交后代群体，而是优良杂交后代群体中的优良单株，因此，甘蔗杂交育种亲本及组合选择不仅要后代目标性状的平均水平高，而且还要目标性状的变异程度大。吴才文等（2009；2011）对甘蔗细茎野生种远缘杂交的 F_1 和 BC_1 代的全部真实性后代群体的工农艺性状的遗传规律进行全面的研究，结果表明株高、茎径、有效茎、单茎重和甘蔗产量等农艺性状，甘蔗含糖量、甘蔗蔗糖分、纤维分、蔗汁蔗糖分、蔗汁锤度和简纯度等工艺性状皆表现出显著的正态分布，并且不同性状、不同群体之间具有明显的差异，为家系评价单株选择提供了直接的证据。对于甘蔗育种家而言，了解甘蔗杂交后代目标性状的变异规律还不够，最重要的是利用后代的表现来评价所研究的遗传群体，掌握不同遗传群体亲本的遗传力和育种值，在选育出优良品种的同时，了解亲本的利用价值和利用方式，以大幅度提高甘蔗育种的效益。

1. 田间试验数据收集

1）成活率

调查小区成活数，然后除以定植数。

2）倒伏率

调查每小区的风折茎数和倒伏情况，计算风折茎率或倒伏率。

3）自然发病率

按式（5.1）计算自然发病率 P_s：

$$P_s = \frac{N_d}{N_s} \times 100\% \tag{5.1}$$

式中，P_s——自然发病率（花叶病、黑穗病、梢腐病、黄叶病等），为百分率（%）；

N_d——自然病株发生数，单位为株；

N_s——调查数，单位为株。

4）孕穗开花率

按式（5.2）计算孕穗开花率 P_b：

$$P_b = \frac{N_b}{N_s} \times 100\% \tag{5.2}$$

式中，P_b——孕穗开花率，为百分率（%）；

N_b——孕穗开花株数，单位为株。

5）空绵心率

隔株调查或连续调查 10 株，按式（5.3）计算空绵心率 P_h：

$$P_h = \frac{N_h}{10} \times 100\% \qquad (5.3)$$

式中，P_h——空绵心率，为百分率（%）；

　　　N_h——空心及绵心总株数，单位为株。

6）产量性状田间调查

（1）调查方式。

单株性状，每行第一和最后一株不调查，从第二株开始调查，隔株调查或连续调查 10 株。

（2）田间农艺性状调查项目。

A. 株高。

每个小区调查 10 条主茎，测量从地面到最高可见肥厚带处的高度，计算平均株高（cm）。

B. 茎径。

与株高调查同步进行，每个小区调查 10 条主茎，测量蔗茎中部的茎径，计算平均茎径（cm）。

C. 有效茎数。

调查每个小区全部有效茎数，换算成公顷有效茎数（千条/hm^2）。

D. 蔗茎产量。

每行从第二株开始连续砍 10 条有效茎称重，计算单茎重，根据小区有效茎数和单茎重，按式（5.4）计算小区公顷蔗茎产量 TCH$_i$：

$$\text{TCH}_i = \text{SN}_i \times W_i \qquad (5.4)$$

式中，TCH$_i$——第 i 个小区蔗茎产量，单位为吨/公顷（t/hm^2）；

　　　SN$_i$——第 i 个小区有效茎数，单位为千条/公顷（千条/hm^2）；

　　　W_i——第 i 个小区单茎重，单位为千克（kg）。

有条件时应在收获时统计全部实收产量，然后换算成公顷蔗产量（TCH$_i$）。

7）品质性状

（1）甘蔗蔗糖分。

在成熟期与株高调查同步进行，选取 10 条有代表性的蔗茎，于中部钻取蔗汁，用手持锤度计观察田间锤度，按式（5.5）计算小区甘蔗蔗糖分 SC$_i$：

$$\text{SC}_i = \text{Bix}_i \times 1.0825 - 7.703 \qquad (5.5)$$

式中，SC$_i$——第 i 个小区甘蔗蔗糖分，为百分率（%）；

　　　Bix$_i$——第 i 个小区甘蔗田间锤度，为百分率（%）。

有条件时在成熟期每个小区取 5 条有代表性的蔗茎于实验室，直接进行甘蔗蔗糖分分析。

（2）含糖量。

根据小区公顷蔗茎产量和平均甘蔗蔗糖分，按公式（5.6）计算单位小区公顷含糖量 TSH$_i$：

$$\text{TSH}_i = \text{TCH}_i \times \text{SC}_i \qquad (5.6)$$

式中，TSH$_i$——第 i 个小区含糖量，单位为吨/公顷（t/hm^2）。

2. 田间试验数据整理

资料的整理根据分析使用软件的不同而要求各异，用 R 软件对家系进行评价，数据需首先输入 Microsoft Excel 表格，表头（第一行）数据应用英文，且数据间不能有空格；表头所包括的信息根据试验的要求不同而异，必需的数据信息一般包括：cross（组合）、female（母本）、male（父本）、H（株高，单位为 cm）、D（茎径，单位为 cm）、SN（有效茎，单位为千条/hm²）、SC（甘蔗蔗糖分，%）、TSH（糖产量，单位为 t/hm²），其他评价性状还包括 site（地点）、year（年份）、plant or ratoon（植期），等等。

第二排开始为组合对应的资料信息（可为中文或字符），其中组合、父本、母本、重复、地点、年份、植期等为因素，其中若输入的信息为数据，如重复输入的信息为1、2、3时，则 R 软件运行之初需转变为因素，资料输入 Microsoft Excel 数据库时，需对评价的每一个家系按重复进行信息输入，所有需进行评价的数据需输入同一横排内。数据整理格式如表 5-4 所示。

表 5-4　R 软件分析数据填写格式

cross	female	male	block	H	D	SN	SC	TSH
H×L	H	L	1	210	2.62	80	12.5	9.5
……	……	……	……	……	……	……	……	……
……	……	……	……	……	……	……	……	……

3. R 软件的运行

1）R 软件的来源

R 软件是免费软件，下载地址：http://www.r-project.org/CRAN，选择最近的镜像点下载，参照说明安装后即可使用。

2）文件保存

首先确定文件名，文件名只能为英文，保存类型：CSV（逗号分隔）（*.CSV）。

3）文件的存入路径

文件存入路径均只能用英文，如 C 盘，一级文件名 sugarcane，二级文件名 sugaryieldseedling，根据需要还可设三级、四级文件名等。

4）文件的读取

先确定文件读取后存入名称（英文），如：Trial，读取格式如下：

Trial< −read.csv ("C:\sugarcane\sugaryieldseedling.csv")

（四）甘蔗家系遗传值估算

通过参试家系含糖量对每个家系的遗传值进行评估，根据家系遗传值的大小对家系进行评价，R 软件的评价方法及步骤为：

1. R 软件家系遗传值估算数学模型（一年一点次）

$$\chi\bar{\imath} = block + (1|cross) + r \tag{5.7}$$

式中，$\chi\bar{\imath}$——家系评价性状的观察值，评价性状可以是株高（H）、茎径（D）、有效茎（SN）、甘蔗糖分（SC）、田间锤度（Brix）、蔗茎产量（TCH）或含糖量（TSH）等，含糖量是家系评价的主要性状，一般以含糖量为主对家系进行评价；

　　　　block——受重复的影响，为重复次数的固定模型；

　　　　cross——家系（组合）的影响，（1|cross）为家系的随机模型；

　　　　r——误差项。

2. R 软件家系遗传值估算运行语言

```
Trial< –read.csv ("C:\sugarcane\sugaryield.csv")
str (Trial)
library (lme4)
Trial$block< –factor (Trial$block)
TSH< –lmer (TSH～block + (1|cross), Trial)
ranef (TSH)                                                    (5.8)
```

　　注：R 软件运行语言中，"Trial$block< –factor (Trial$block)"为把重复（1、2、3）变成因素（Ⅰ、Ⅱ、Ⅲ），如果重复本身就是用的Ⅰ、Ⅱ和Ⅲ等因素表示，该句可省去，下同。

3. 家系遗传值的计算

　　运行语言（5.8）可得各家系含糖量的遗传值，此结果也可以用于家系含糖量特殊配合力的估算。在育种实践中，一年一点次显然不能满足需求，其他类型数学模型：

　　（1）多点试验：含一年多点次，多年多点次（每年有两点次及以上，下同）：

$$\chi\bar{\imath} = block + site + (1/cross) + r \tag{5.9}$$

　　（2）多年试验（一年多次及多年宿根，下同）：

$$\chi\bar{\imath} = block + year + (1|cross) + r \tag{5.10}$$

式中，year——评价年份的固定模型；

　　　　site——评价地点的固定模型。

（五）甘蔗亲本育种值估算技术

　　亲本评价与家系评价基本相同，主要差异亲本含父本和母本：

1. R 软件亲本育种值估算数学模型（一年一点次）

$$\chi\bar{\imath} = block + (1|female) + (1|male) + (1|female: male) + r \tag{5.11}$$

式中，female——母本的影响，（1|female）为母本的随机模型；

male——父本的影响，（1|male）为父本的随机模型；

female: male——父、母本的互作效应，（1|female: male）为父、母本的互作效应的随机模型。

2. R 软件亲本育种值估算（以含糖量为例）运行语言

```
Trial< –read.csv ("C:\sugarcane\sugaryield.csv")
str (Trial)
library (lme4)
Trial$block< –factor (Trial$block)
TSH< –lmer (TSH～block + (1|female) + (1|male) + (1|female: male), Trial)
ranef (TSH)                                                    (5.12)
```

3. 亲本育种值的计算

运行语言（5.12）可得各相应父本和母本对应性状的育种值，获得的结果也可以用于亲本一般配合力的估算。

在育种实践中，一年一点次显然不能满足需求，其他类型数学模型：

（1）多点试验：

$$\chi \bar{i} = block + site + (1|female) + (1|male) + (1|female: male) + r \qquad (5.13)$$

（2）多年试验：

$$\chi \bar{i} = block + year + (1|female) + (1|male) + (1|female: male) + r \qquad (5.14)$$

二、家系评价中的数量遗传分析及评价技术

数量遗传学是育种学的重要理论基础，一个多世纪以来，人们对数量性状遗传的认识从非遗传到可遗传再到与质量性状统一服从孟德尔遗传规律，从单纯微效多基因假设到主基因与多基因并存，从通过模型分析检测数量基因的总体效应到通过分离世代直接检测数量基因的个别效应，从数量基因的追踪定位到数量基因的克隆，这中间经历了一系列的认识发展过程。20 世纪初，哈迪和温伯格证明了群体的遗传平衡法则后，统计学的原理和方法被引入遗传学的研究，并发展成为数量遗传学。20 世纪 60 年代以来，各国甘蔗育种工作者相继应用数量遗传学理论于甘蔗育种实践，开展方差分析、配合力和遗传力研究等，指导了亲本的选择、组合的选配和后代的选择，推动了甘蔗杂交育种和评价技术的发展。

（一）方差分析

实践证明，不同亲本和组合选配方式的不同，后代表现各异，研究这些差异的大小和显著程度，是优良品种选育的基础。亲本和组合对后代的影响存在显著差异，并把遗传值高的组合和育种值高的亲本筛选出来进行重点杂交利用，这就是开展方差分析的目

的所在，如果亲本和组合对后代的影响差异不显著，家系选择就没有意义，反而更适合人工选择。

例如，调查一个试验 10 个甘蔗家系杂交后代含糖量（t/hm²），每个重复、每个家系调查 1 次，经整理的数据列于表 5-5（文件存放格式和路径需与表 5-4 的方式相同）。

表 5-5　10 个家系后代甘蔗含糖量 TSH　　　　（单位：t/hm²）

cross	female	male	block	TSH	cross	female	male	block	TSH
D×I	D	I	1	16.2	G×I	G	I	2	13.5
E×L	E	L	1	11.7	H×C	H	C	2	13.4
F×B	F	B	1	14.6	H×L	H	L	2	24.3
F×I	F	I	1	14.1	K×A	K	A	2	6.5
F×J	F	J	1	9.5	L×B	L	B	2	14.0
G×I	G	I	1	10.8	D×I	D	I	3	18.2
H×C	H	C	1	11.4	E×L	E	L	3	13.2
H×L	H	L	1	22.8	F×B	F	B	3	16.4
K×A	K	A	1	8.0	F×I	F	I	3	14.0
L×B	L	B	1	13.4	F×J	F	J	3	10.8
D×I	D	I	2	14.7	G×I	G	I	3	10.2
E×L	E	L	2	11.3	H×C	H	C	3	9.9
F×B	F	B	2	14.1	H×L	H	L	3	22.4
F×I	F	I	2	13.1	K×A	K	A	3	9.6
F×J	F	J	2	9.2	L×B	L	B	3	16.2

根据表 5-5，研究母本、父本及组合选配方式对后代含糖量影响的差异，方差分析数学模型分别为：

$$\chi \bar{i} = block + female + r \tag{5.15}$$
$$\chi \bar{i} = block + male + r \tag{5.16}$$
$$\chi \bar{i} = block + cross + r \tag{5.17}$$

式中，$\chi \bar{i}$——评价性状（此处为单位面积含糖量，下同）的观察值；

female——评价母本的固定模型；

male——评价父本的固定模型；

cross——评价家系的固定模型。

R 运行语句如下：

```
Trial< −read.csv ("C:\sugarcane\sugaryield.csv")
str (Trial)
Trial$block< −factor (Trial$block)
library (lme4)
ftsh< −lm (TSH～block + female, Trial)
```

anova (ftsh) 　　　　　　　　　　　　　　　　　　　　　　（5.18）

mtsh< −lm (TSH～block + male, Trial)

anova (mtsh) 　　　　　　　　　　　　　　　　　　　　　（5.19）

ctsh< −lm (TSH～block + cross, Trial)

anova (ctsh) 　　　　　　　　　　　　　　　　　　　　　　（5.20）

运行语言（5.18）、（5.19）和（5.20），利用 R 软件可分别计算出参试的 10 个家系、母本及父本对后代群体单位面积含糖量影响的差异水平。试验研究中，如果父本、母本或组合选配方式对后代群体各性状的影响没有显著差异，则家系评价就没有意义。根据表 5-5 的数据运行语言（5.18）、（5.19）和（5.20），结果列于表 5-6，7 个母本对后代单位面积含糖量的影响达到显著水平，6 个父本对后代单位面积含糖量的影响达到极显著水平，把其中最好的母本和父本挑选出来继续杂交利用，将有助于提高后代杂交的平均产量水平。云南省农业科学院甘蔗研究所通过育种实践，杂种圃实生苗的平均公顷产量从 30t 上升到 60t 以上，公顷含糖量也从 3.75t 增加到 7.5t 以上。10 个家系后代的含糖量差异达到极显著水平，说明首先进行家系评价淘汰劣质家系，从优良家系中选择优良单株，有利于提高育种效益。

表 5-6　10 个家系及其母本、父本对后代含糖量的影响方差分析结果

评价内容	母本	父本	组合
方差	38.1	50.8	52.73
误差	13.3	11.5	1.82
自由度	6	5	9
F 值	2.9*	4.4**	29.0**

注：*表示 0.05 差异水平，**表示 0.01 差异水平。

对家系评价中根据资料来源不同需要选择不同的数学模型，一年一点次试验数学模型同式（5.17），其他类型的数学模型如下：

（1）多年试验：

$$\chi\bar{\imath} = block + year + cross + r \qquad （5.21）$$

（2）多点试验：

$$\chi\bar{\imath} = block + site + cross + r \qquad （5.22）$$

若评价的对象为母本或父本，仅需把上式中的 cross 用 female 或 male 取代即可，进行方差分析时需根据评价的对象和范围选择不同的数学模型和对应 R 软件运行的语言。式（5.13）～式（5.14）中，year 和 site 为因素，如果数据统计中年份和地点用数字表示，则需同 block 一样，在运行语言中需要通过"Trial\$year< −factor (Trial\$year)"或"Trial\$site< −factor (Trial\$site)"的方式把数字转变为因素。

（二）遗传力分析

甘蔗育种工作者面临的一个关键问题是：如何从具有较大变异的群体中有效地选择

出符合甘蔗产业发展需要的品种，取得最佳的选择效果？实践证明，甘蔗育种的成效多取决于亲本和杂交后代的鉴别、选择。由于基因与环境的相互作用，以及非固定遗传变异等因素的影响，仅凭经验直接根据表型选择亲本和杂交后代，难以达到高效、准确的效果。

1. 甘蔗亲本及家系的遗传力

生物的变异是普遍存在的，甘蔗的主要性状表现为数量性状，其变异受基因和环境的双重影响，表型方差 $V_P = V_G + V_E$。在现有情况下，人们能直接观察到的仅是后代个体的表现型，所以育种家们的通常做法是以个体的表现型来代替育种值，但容易造成选择的偏差，影响选种的准确性和育种效率。为了使育种家在育种过程中提高选择的准确性，统计学家和遗传学家引入了遗传力的概念。所谓遗传力，是指通过表现型值预测育种值可靠性的大小，因此，又可视遗传力为亲本与子代相似程度的指标，它也反映了亲代变异传递给子代的能力。由于育种的需要，Knight 对其定义为"观察方差中所归属遗传变异的部分"，现一般定义为"遗传方差占总方差（表现型方差）的百分比"。同时，又由于遗传变异的性质，特别是为了适应各种育种方案的需要，又将遗传力分为广义遗传力、狭义遗传力和现实遗传力等。

计算遗传力的方法一般需要完全双列杂交和不完全双列杂交选配组合，但由于甘蔗是常异花作物，开花受自身种性、株龄的影响，同时还受外界温度、光照、湿度等因素的影响，甘蔗亲本普遍存在孕穗难、抽穗难、开花难、花期不集中、花期不相遇、花粉发育不全等问题，因此计算遗传力的难度大并且能够评价的亲本也有限。为了筛选出好的亲本，甘蔗育种工作者往往需要广泛杂交培育大量实生苗，但运行成本较高、效益低。由于甘蔗遗传基础的复杂性及组合选配的特殊性，因此在育种上的应用范围和程度局限性较大。

甘蔗是无性繁殖作物，甘蔗育种上使用的亲本多属于几个种的种间杂种，为高度杂合的非整倍性的异源多倍体作物，这些亲本杂交的 F_1 代工农艺性状均表现出明显的正态分布规律，且分离十分广泛（见图 5-1 和图 5-2）。能否判断、评价性状优良的基因型是杂种圃阶段选择的关键。表现型中既含有遗传变异，又含有环境效应引起的非遗传变异，遗传力是衡量遗传变异占表型变异的比率，有助于甘蔗育种工作者更准确地判断在一定选择压力下入选株的遗传进展，从而采取相应的选择策略。由于采取完全双列杂交和不完全双列杂交设计，估算不同亲本群体、不同组合遗传力的难度较大。不需要进行特殊杂交设计，只要参试组合后代实生苗数量达到一定要求就能够有效地评价相关性状的遗传力，是甘蔗育种工作者的普遍追求。本书介绍的 R 软件即可轻松获得所需性状的广义遗传力。

2. 遗传力分析的模型及运行语言

根据表 5-4，研究母本、父本及家系（组合）选配方式对后代含糖量的遗传力影响，家系遗传力评价的线性模型与遗传值评估的线性模型相同，仍为式（5.7），父本和母本遗传力评估的线性数学模型如下：

$$\chi \bar{\imath} = block + (1|female) + r \qquad (5.23)$$

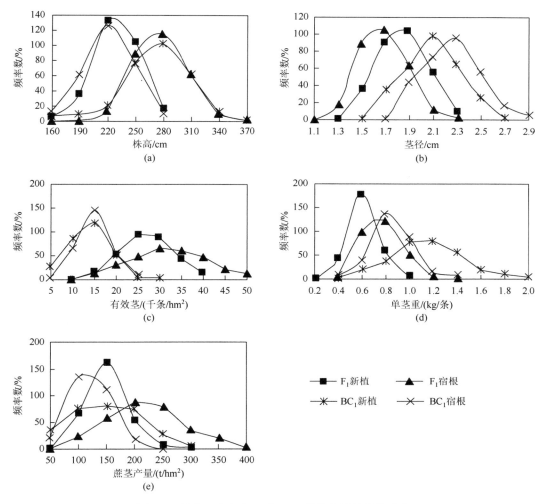

图 5-1　甘蔗远缘杂交 F_1 和 BC_1 群体产量性状的分离

资料来源：吴才文，2009。

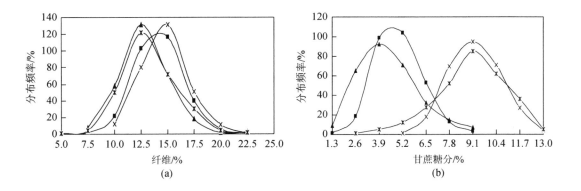

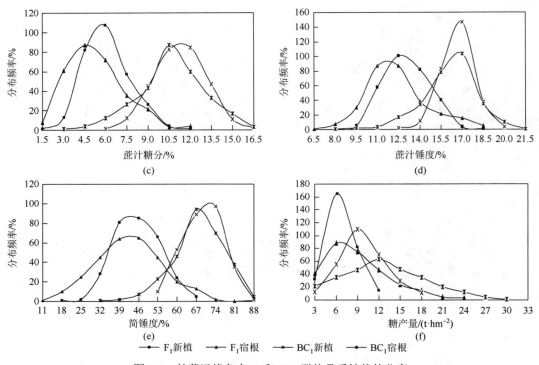

图 5-2 甘蔗远缘杂交 F_1 和 BC_1 群体品质性状的分离

资料来源：吴才文，2011。

$$\chi\bar{1} = block + (1|male) + r \tag{5.24}$$

1）遗传力的计算

根据表型方差和遗传方差，按式（5.25）计算广义遗传力 h^2：

$$h^2 = \frac{\sigma_g^2}{\sigma_p^2} \times 100\% \tag{5.25}$$

式中， σ_g^2 ——遗传随机方差；

σ_p^2 ——表型随机方差， $\sigma_p^2 = \sigma_g^2 + \sigma_e^2 / r$ ；

σ_e^2 ——误差方差。

2）R 软件计算遗传力的运行语言

Trial< −read.csv ("C:\sugarcane\sugaryield.csv")

str (Trial)

Trial$block< −factor (Trial$block)

library (lme4)

ftsh< −lm (TSH～block + (1|female), Trial)

summary (ftsh)   （5.26）

mtsh< −lm (TSH～block + (1|male), Trial)

summary (mtsh)   （5.27） ctsh< −lm (TSH～block + (1|cross), Trial)

summary (ctsh)　　　　　　　　　　　　　　　　　　　　　　　　　　　（5.28）

遗传力所反映的是甘蔗亲代将性状遗传给子代的能力，遗传力高的性状，子代重现亲代的可能性大；反之则小。确定性状遗传力的大小，一方面有助于确定亲本间的选配方式，在后代选择中，确定合适的选择方法；另一方面可以预测特定选择强度下所取得的选择效果。根据表 5-5 的数据，运行语言（5.26）、（5.27）和（5.28）可分别获得父本、母本和家系的随机遗传方差及误差方差，按式（5.25）可获得对应的遗传力，结果见表 5-7。

表 5-7　母本、父本和组合（家系）在后代含糖量上的遗传力（%）

变异来源 SV	方差	误差	遗传力
组合	16.9707	1.8157	96.5600
父本	9.2663	11.5483	70.6500
母本	6.2874	13.2730	58.7000

根据所获结果：在表 5-5 所调查试验中亲本及选配组合对后代含糖量遗传力的大小贡献表现为组合＞父本＞母本，父本的糖分性状容易遗传给后代，因此，要选育高糖分的品种，需选用高糖分的父本。

吴才文等（2009，2011）研究了甘蔗割手密远缘杂交后代（F_1 和 BC_1）主要性状的遗传及分离规律，发现甘蔗割手密远缘杂交后代除纤维分之外的品质性状的遗传力（80.1%～87.6%）普遍高于农艺性状（74.5%～81.4%），在该群体中对品质性状严加选择，淘汰劣质表现的个体，不至于导致高糖基因的丧失；农艺性状遗传力相对较低，受环境因素影响较大，选择时可适当降低标准。但不同研究群体，不同性状的遗传力有所不同，吴才文等（2009）在研究云南创新亲本杂交利用时，发现田间锤度的遗传力最高（85.5%）、有效茎次之（82.0%），加大选择田间锤度高和有效茎多的后代既可提高育种效益又不至于漏选；同时，田间锤度的遗传力母本（85.7%）和父本（80.1%）均高，有效茎的遗传力父本（81.8%）高于母本（71.2%），表明不管父本还是母本均需选用高锤度亲本，后代的锤度就高，有效茎多的材料适于作父本，培育出的杂交后代有效茎也多。

在对家系评价中根据资料来源不同而需要选择合适的数学模型，一年一点次试验数学模型同式（5.7），其他多年试验和多点试验的数学模型同式（5.9）和式（5.10）。若评价的对象为母本或父本，仅需把式中的（1|cross）用（1|female）或（1|male）取代即可，进行遗传力分析时需根据评价的对象和范围选择不同的数学模型和对应 R 软件运行的语言。

（三）甘蔗亲本育种值估算

1. 育种值在育种上的应用及发展

育种值（breeding value，BV）是指个体数量性状表型值中遗传效应的加性效应部分。在影响性状表型值的 3 种主要遗传效应（加性效应、显性效应、上位效应）中，只有加性效应值即育种值能够稳定遗传给后代，因此，育种值估算成为杂交育种工作的一项重要内容。甘蔗育种的目的是获得优良目标性状的基因型，在现代甘蔗育种中，获得较大的遗传变异和较准确地识别优良基因型是甘蔗育种的两大主要环节。杂交育种是培育甘蔗良种的主要手段，而杂交育种成败的重要因素是亲本的选择和组合的选配。多年来的杂交试验表明，亲本本身的表现与其后代的表现有时并不一致，有些亲本本身表现很好，但所产生的杂交后代并不理想；而有些亲本本身并不优越，但能从它们的杂交后代中分离出很优良的个体或组合。因此，优良品种并不一定是优良的亲本。这样因亲本交配组合不同表现出子代的差异，进而表明不同亲本间有不同的育种值。

甘蔗是非整倍性的异源多倍体作物，主要工农艺性状均表现为数量性状，如图 5-1 和图 5-2 中所列的株高、茎径、有效茎、甘蔗糖分、纤维分等性状，这些性状的一个显著特点就是呈现正态分布，并受环境影响大，要对数量性状进行改良，必须区分性状值中的遗传效应和环境效应部分，而且就数量性状本身而言，根据微效多基因模型，性状的表型值是多个基因效应综合作用的结果，以现在的分子辅助育种水平，难以剖分每个基因的效应和作用，即便是根据主效基因模型，主效基因的定位分析和应用也是一个十分复杂的难题。因此，采用统计学方法进行总体分析，估计性状的遗传参数和育种值是一个十分可行和有效的方法。

2. 育种值估算的方法

育种值是组合选配计划和选种的基础，育种值的估算是甘蔗家系选择育种技术的重要内容，育种值估算的准确性直接影响着甘蔗的遗传进展和性状的选择效果，育种值估算的方法有选择指数（selection index）法、最佳线性无偏差预测（best linear unbiased prediction，BLUP）法和标记辅助最佳线性无偏差预测（marker-assisted best linear unbiased prediction，MBLUP）法。估算甘蔗育种值，实际上就是充分利用家系（组合）的亲本、半同胞、全同胞、后代个体的各种信息和数据，利用现代统计方法和先进的计算工具，根据遗传力和度量次数的不同，进行适当的加权，尽量准确地反映和评定个体的真实育种值。

R 软件采用最佳线性无偏差预测值对甘蔗亲本育种值进行估算的模型见式（5.11），此法也用于甘蔗亲本一般配合力的计算，根据表 5-5 的数据，运行语言（5.12），可获得 10 个家系中所含全部 7 个母本和 6 个父本含糖量育种值，结果列于表 5-8。

表 5-8　10 个家系中 7 个母本和 6 个父本含糖量的育种值

母本	BV	父本	BV
D	1.76	A	−3.40
E	−0.76	B	1.60
F	−0.41	C	−0.91
G	−1.10	I	0.89
H	2.96	J	−2.13
K	−3.13	L	3.95
L	0.68		

亲本育种值高的性状，在该性状上后代表现优良，可以从亲本相应性状的数值来推测后代的表现。一个优良亲本应该在目标性状上本身表现好，育种值又高；如果一个品种某个性状并不优良，但其育种值高，也应予以高度重视。在亲本选配中，要注意双亲本身的表现，更要考虑其育种值的高低。从表 5-8 中可以看出，在 7 个母本中 H、D 和 L 是含糖量育种值较高的母本，L、B 和 I 是含糖量育种值较高的父本，其中 L 不管作母本还是父本，其含糖量育种值皆高，利用上述亲本杂交可望培育出优良的品种。根据表 5-8 育种值的高低可以预测，若在没有血缘交叉的情况下，母本 H 和 D 分别与父本 B、L 和 I 杂交，母本 L 与父本 B 和 L 杂交均可产生含糖量高的优良后代。利用 R 软件的计算，赋予每一个亲本不同的育种值，把最优的亲本直观地选择出来，可为甘蔗育种工作者有选择性地利用亲本提供依据，选用高育种值的亲本杂交可有效降低育种的盲目性，提高育种效率。

（四）甘蔗家系遗传值估算

1. 遗传值在育种上的应用及发展

遗传值（genetic value，GV）又称基因型值，是数量性状表型值中受遗传因素或基因型所决定的部分，由基因的积加效应值、显性效应值和非等位基因间的上位性效应值等组成，其中只有积加效应值通过选育可固定遗传下去，对作物育种工作有重要意义。

一个杂交组合的优劣，不仅取决于双亲的育种值，而且也取决于组合的遗传值。甘蔗育种实践中，评价亲本无性系和杂交组合的优劣，往往以亲本无性系的表现、育种群体的入选率和育成品种的数量为依据。由于甘蔗遗传基础的高度杂合性、重组序数庞大、后代群体分离庞大，加上开花杂交季节环境的影响、杂种圃栽培管理和选择的随机性，入选率和育成品种常有一定的偶然性。另一方面，甘蔗亲本来源狭窄（主要亲本均只含 3～5 个种、13～15 个无性系），亲本容量小，属于小群体随机交配，一个亲本无性系在不同的交配系统中，受选择、突变和随机漂移的影响，杂交后代的基因或基因型频率可能完全不一样。因此，单纯以亲本无性系表现来选配组合，具有较大的盲目性和片面性。采用完全双列杂交和不完全双列杂交设计，通过后代群体的遗传方差组分估算一般配合力（general combining ability，GCA）和特殊配合力（specific combining ability，SCA），能够合理评判亲本和组合的优劣，但鉴于甘蔗亲本诱导开花的难度，能够评判的亲本和组合十分有限。不需要进行特殊杂交设计，只要参试组合后代实生苗数量达到一定要求就能够有效地评价组合遗传值是甘蔗育种工作者的普遍追求。本书介绍的 R 软件既可轻松地对甘蔗亲本育种值进行评估，也可轻松地对家系的遗传力进行计算。

2. 遗传值估算的方法

家系选择技术近年来已成为我国甘蔗早期阶段选择的主要技术，主要包括家系间和家系内的两次选择，两次选择都是以家系含糖量的遗传值（GV）为基础。第一次家系间的选择主要是根据遗传值的大小选择优良家系，淘汰劣质家系；第二次家系内选择是根据遗传值的大小确定优良家系中优良单株的选择比例和数量。

R 软件采用最佳线性无偏差预测值对甘蔗家系（组合）遗传值进行估算的模型见式（5.7），

此法也用于甘蔗家系特殊配合力的计算，根据表 5-5 的数据，运行语言（5.8），可获得 10 个家系含糖量的遗传值，结果列于表 5-9。

表 5-9　10 个家系含糖量的遗传值

家系（组合）	GV	家系（组合）	GV
H×L	9.25	E×L	−1.46
D×I	2.69	H×C	−1.95
F×B	1.40	G×I	−2.01
L×B	0.92	F×J	−3.62
F×I	0.14	K×A	−5.36

从表 5-9 中可看出，H×L、D×I、F×B 和 L×B 等组合的含糖量的遗传值高，分别为 9.25、2.69、1.40 和 0.92，杂交后代个体含糖量高，可望培育出高糖品种。利用 R 软件通过遗传值的评估赋予每一个家系不同的数值，把最优的家系直观地选择出来，可为育种工作者选择优良品种提供理论指导，降低育种的盲目性，可望提高甘蔗育种效率。

三、甘蔗家系评价及单株选择方法

家系选择是根据杂种圃每个家系（组合）后代群体在试验中的平均表现筛选出优良家系，再在优良家系中选择优良单株的选择方法。世界上应用家系法的国家还有哥伦比亚、法国、毛里求斯等，家系选择所使用的方法大同小异，广泛用于早期阶段（杂种圃）的选择。2005 年云南省农业科学院甘蔗研究所在农业部 948 项目的支持下，派出技术骨干到澳大利亚学习，把澳大利亚甘蔗家系评价技术首次引入国内，在对甘蔗品种进行选育的同时开展甘蔗亲本、组合的育种值和遗传值的研究、探索和应用，并取得了较大进展，由于通过家系评价后杂种圃的田间调查和选种的工作量大幅度减少，加上可同时进行亲本和组合的育种值和遗传值分析，后代优良单系选择的准确率大幅提高，2008 年国家现代农业产业技术体系启动后，该技术作为主推技术迅速在全国主要甘蔗研究所推广使用。

（一）家系基本选种值的界定

甘蔗既是重要的糖料作物，也是重要的能源作物，不管甘蔗用于生产蔗糖还是燃料乙醇，目前所利用的均为甘蔗蔗汁中的蔗糖，因此，世界上采用家系选择技术的国家都把蔗糖含量作为评价甘蔗家系和筛选甘蔗优良品种的基础和最重要的指标。数据分析时，通过软件对所取得的田间数据——单位面积含糖量进行分析，剔除环境变异，保留遗传变异，可获得各家系（含对照）的遗传值，遗传值越大入选率就越高，遗传值越小入选率就越低，甚至不入选。以每个家系含糖量遗传值（GV_i）的大小为基础，对家系进行评价，遗传值为每个家系含糖量最佳线性无偏差估计值，分析工具为 R 自由软件，分析模型为（5.7），运行语言（5.8）。

　　家系基本选种值的界定，由于同一个试验中家系遗传值之和为 0，因此，在进行家系选择前需对家系的基本选种值进行界定，为了便于比较和分析，界定试验基本选种值即参试家系平均选种值为 10%，按式（5.29）计算每个家系基本选种值 S_{bi}：

$$S_{bi} = GV_i + 10 \tag{5.29}$$

式中，S_{bi}——第 i 个家系的基本选种值，为百分率（%）；

　　　　GV_i——第 i 个家系的遗传值。

　　运行语言（5.8），利用 R 软件可计算出表 5-5 所列参试的 10 个家系的遗传值，根据式（5.29），可得 10 个家系的基本选种值（表 5-10）。

　　运行结果表明，在 10 个家系中，H×L 的遗传值最高，该家系后代含糖量表现最好，其次分别为 D×I 和 F×B，G×I、F×J 和 K×A 等家系，含糖量表现不佳。

表 5-10　参试家系含糖量、遗传值及基本选种值

家系（组合）	TSH_i /(t/hm^2)	GV_i /%	基本选种值 S_{bi} /%
H×L	22.80	9.25	19.25
D×I	16.40	2.69	12.69
F×B	14.60	1.40	11.40
F×I	14.10	0.92	10.92
L×B	13.40	0.14	10.14
E×L	11.70	−1.46	8.54
H×C	11.40	−1.95	8.05
G×I	10.80	−2.01	7.99
F×J	9.50	−3.62	6.38
K×A	8.00	−5.36	4.64

（二）选种值的校正

　　选种值的校正根据各国的国情和各蔗区的自然生态条件的不同而有所差别，一般对可能影响原料蔗质量的性状如茎径大小、开花情况、水裂情况以及糖分高低等，分别赋予相应性状−0.5～+0.5 不等的权重。如澳大利亚甘蔗原料采用机械收获，机械收获时因为无法选择，秋笋将作为原料被收获入榨，严重降低了出糖率，因此，秋笋作为很重要的农艺性状，根据从多到少的发生情况，被赋予−0.5～0 等不同权重，大量发生为−0.5，没有或很少可为 0（国内人工收获，秋笋一般不会作为原料收获入榨，该性状可以不纳入权重校正性状范围）。又如大茎种"肉多皮少"，入榨大茎种可增加出汁率，可赋予+0.5 的权重，小茎种"肉少皮多"，压榨将降低出汁率，可赋予−0.5 的权重等，对选种值进行调整，其他相关性状以此类推，得到每个组合的最后选种值。最后根据选种值的大小对每个组合进行排序，选种的第一步是淘汰排序靠后的 50%（年度间或各育种站之间略有差异）组合，保留排序靠前的 50%组合。

　　云南省农业科学院甘蔗研究所首次把澳大利亚家系选择技术引进后，结合国内甘蔗实生苗培育期短、甘蔗栽种密度大、田间试验个体生长发育不充分、人工收获需要无毛或毛群少、脱叶性好等特点，在家系评价后对选种值的调整性状有所不同，但对每个性状的调整幅度与澳大利亚相似，同时，加大对空蒲心的选择压力。由于该技术引进国内后使用时间不长，许多方面还需要实践检验，家系评价首次淘汰的比例一般控制在30%~40%。同时，由于甘蔗糖分的高低与食糖生产成本息息相关，如果甘蔗糖分高，那么相同的原料可多产糖，有利于降低制糖成本，提高制糖效益；加上国内制糖企业生产规模小，自动化程度低，因此，制糖企业往往通过价格杠杆鼓励蔗农种植产量稍低而早熟、高糖的品种，鉴于以上实际，云南省农业科学院甘蔗研究所在进行家系评价时赋予田间锤度较大的权重。表5-11为根据家系的3个田间性状对选种值（表5-10）进行校正后，获得的各家系对应的校正选种值，实际应用中还应包括茎的大小，以及秋笋、水裂、开花情况等性状，甘蔗育种工作者可根据各地的实际情况对要评价的性状进行选择，并赋予不同的值。

表 5-11　参试家系重要性状的校正及选种值的校正值

家系	基本选种值 S_{bi} /%	57 号毛群		脱叶性状		锤度		选种值 S_i /%
		性状	校正值	性状	校正值	性状/%	校正值	
H×L	19.25	多	−0.5	差	−0.5	19.5	−0.5	17.75
D×I	12.69	中	−0.3	中	0.3	20.5	0.2	12.89
F×B	11.4	无	0.5	好	0.5	19.6	−0.5	11.9
F×I	10.92	无	0.5	好	0.5	20.5	0.2	12.12
L×B	10.14	少	0	中	0.3	20.0	0	10.44
E×L	8.54	无	0.5	好	0.5	21.2	0.3	9.84
H×C	8.05	无	0.5	好	0.5	22.5	0.5	9.55
G×I	7.99	多	−0.5	中	0.3	19.6	−0.2	7.59
F×J	6.38	中	−0.3	差	−0.5	20.3	0.2	5.78
K×A	4.64	中	−0.3	中	0.3	22.3	0.4	5.04

　　注：实际应用中，还包括茎的大小，以及秋笋、水裂、开花情况等特性。

（三）家系单株入选率的计算

　　育种工作者以最后的选种值为基础，计算参试组合的入选率。对参试组合入选率进行计算，首先需要对最低选种值进行界定（各地可以有所不同），在澳大利亚选种值排列前50%的组合入选，排列靠后50%的组合将被淘汰，最大入选率为30%；云南成功引进家系评价技术首次运用时，对排列靠后的约30%的组合中进行淘汰，最大入选率为20%，相同点是校正后的选种值越大，入选率就越高。

　　按式（5.30）计算参试家系单株入选率 R_i：

$$R_i = [(S_i - S_m) \times 20 \times (1 - P_{hi})] / (S_M - S_m) \tag{5.30}$$

式中，R_i——第 i 个家系单株入选率，入选率等于或小于0时不入选，为百分率（%）；

S_i——第 i 个家系选种值，为百分率（%）；

S_M——入选家系中最大选种值，为百分率（%）；

S_m——所淘汰家系的最大选种值，为百分率（%）；

P_{hi}——第 i 个家系空绵心率，为百分率（%）。

在全部 P_{hi} 为 0，即在各家系均没有空绵心时，计算表 5-11 可得各家系的入选率，列于表 5-12。

表 5-12　参试家系入选率（%）

家系（组合）	遗传值	基本选种值	调整后的选种值 S_i	R_i
H×L	9.25	19.25	17.75	20.0
D×I	2.69	12.69	12.89	10.4
F×B	1.40	11.40	11.90	8.50
F×I	0.14	10.92	12.12	8.90
L×B	0.92	10.14	10.44	5.60
E×L	−1.46	8.54	9.84	4.40
H×C	−2.01	8.05	9.55	3.90
G×I	−3.62	7.99	7.59	—
F×J	−1.95	6.38	5.78	—
K×A	−5.36	4.64	5.04	—

注：70%的组合入选，30%的组合淘汰。

（四）单株选择方法

1. 家系内入选单系数量的确定

以家系评价入选率（%）为依据，再对入选的家系中有效茎多、产量高、田间锤度高等综合性状优良的单株进行选择，而并非入选的家系各个单系均入选。理论上每个家系入选数等于实生苗量乘以入选率，即入选数 = 实生苗量× R_i，然后把各家系入选数相加，就可得总的入选数。实际运行中，影响每个家系入选数量的多少除入选率、实生苗数量外，家系总数以及下一级试验地的规模等也是影响家系入选数的重要因素。如根据家系计算结果，入选数量下一级试验可栽 5hm²，实际仅 4hm² 可用于试验，因此，实际入选时，各组合的入选率还需要打八折（乘以 0.8）。在选种过程中，澳大利亚严格按家系评价结果进行选种，未入选的组合即便有较好的单株，亦被视为环境因素影响所致，因此也不会入选，但整个试验的入选率基本控制在 10%左右。云南由于受土地因素的限制，选种值大的组合入选率最高一般控制在 20%左右，一个组合最高可入选的单株一般不超过 20 株，如一个家系有实生苗 1000 株，计算所得入选率为 10%，按理论可入选 100 个单系，最多可入选 20 株，实际入选率就降为 2%，另外对被淘汰的家系在决选时一般也快速目测，发现特别突出的优良单株也予以保留。

2. 选种方法

选种方法各地大同小异，澳大利亚的技术人员根据各组合入选率和入选数，直接于选种地块对应小区选择优良单株。如果入选数量与田间优良单系相同（多数有差异），则直接选择田间表现优良的单系；如果优良单株数量高于入选数，则通过田间锤度来确定，田间表现好且锤度高的单系入选，当一排选种结束后，剩余甘蔗进行机械收获后为下一排选种腾出空间，育种人员接着进行第二排选种，如此反复直至结束。云南在选种时还增加了空蒲心检查，凡发现空蒲心皆淘汰不选，选种时仅对入选材料进行标记，选种结束后统一砍种。

3. 留种数量

澳大利亚由于土地面积大，为了种性的充分表现，栽种密度均较小，因此，杂种圃单株发株多、成茎率高，收获时每个单系有效茎多达 10～20 棵。但一般单系仅选留 5 棵种苗，下一年仅栽种 1 行（10m 行长、1.5m 行宽，且栽种时不计算芽数），排名靠前的组合农艺性状好、锤度高时，则砍 10 棵种茎苗（约占入选材料的 10%），下一级试验则以此进行试验设计，栽 2 个重复，每小区仍为 1 行。云南由于栽种密度大，单株有效茎一般较少（一般约 5 棵，少数 10 棵以上），入选单系全部有效芽皆保留，以加大种苗基数，加快繁种进程。如云蔗 06-407 因表现优良，仅 4 年时间就进入国家区试，较常规试验缩短了3～4 年时间提前进入区试。

第三节　早期抗逆选择技术

甘蔗育种是一项长期持续和艰苦的系统工作，由于甘蔗育种本身的特点和我国蔗区生产的客观实际，甘蔗育种不仅周期长（8～12 年），而且所要考察的目标性状较多，育种目标除了高产、高糖和品种熟期要求外，宿根性、抗病性（抗黑穗病、宿根矮化病和花叶病等）等性状也是极其重要的育种目标。宿根年限的延长可有效降低甘蔗种植成本，提高蔗农的种蔗效益。黑穗病、宿根矮化病和花叶病等病害是我国蔗区的主要甘蔗病害，严重影响甘蔗产量和品质，因此，宿根性强和抗病是高产、高糖的甘蔗品种维持种性、持续为蔗糖产业服务的重要基础。对于宿根性和抗病性（抗黑穗病、宿根矮化病和花叶病等）评价和测试，传统方法主要集中在甘蔗育种的后期阶段（品种比较试验和区域化试验），前期依赖自然感病进行抗病性筛选的传统方法存在极大的偶然性，这种方法不仅影响了品种选择的效率，同时也增加了育种风险。

云南省农业科学院甘蔗研究所针对宿根性和抗病性（抗黑穗病、宿根矮化病和花叶病等甘蔗主要病害），选择在甘蔗实生苗阶段（甘蔗杂交育种第一阶段，也是选择发生的最关键阶段）同时对宿根性和抗病性进行评价和筛选，形成了集"宿根性和抗病性"评价和筛选为一体的、在甘蔗实生苗阶段应用的早期高效甘蔗育种技术体系。2006～2007 年，花叶病人工接种后发病率为 3.59%～98.76%，宿根矮化病发病率为 15.6%～100%，黑穗病发病率为 0%～90.9%。对于感病组合，人工接种后发病率远大于对照（无接种）发病率（表 5-13）。

表 5-13　花叶病、宿根矮化病、黑穗病实生苗病害接种发病率汇总

年度	组合数量/个	病害名称	接种发病率分布/%	对照（无接种）发病率分布/%	备注
2006 年	25	花叶病	3.59~93.37	0~12.86	
	25	宿根矮化病	20~100	0~5	PCR 检测
	25	黑穗病	0~66.7	0~2.7	
2007 年	42	花叶病	9.57~98.76	0~18.93	
	42	宿根矮化病	15.6~100	0~7.1	PCR 检测
	42	黑穗病	0~90.9	0~4.6	

一、甘蔗早期抗逆选择技术的理论基础

（一）杂交育种实生苗量大，分离强，需要高淘汰率

甘蔗是高度杂合的异源多倍体植物，双亲间杂交获得的群体通常具备较为广泛的分离性状，然而，仅有极少数单株具备优良的性状。台湾地区育成的 F 和 ROC 系列甘蔗品种在全球具有较高的知名度，1971~1991 年，台湾地区平均每年培育实生苗约 60 万株，可见甘蔗育种需要巨大的实生苗群体。面对巨大的实生苗单株群体，育种者需结合甘蔗生产需求对单株进行选择，如依据单株生势、茎径、锤度、脱叶性、毛群和病害发生情况等众多性状对实生苗进行筛选。在实生苗阶段，按云南省农业科学院甘蔗研究所的做法，入选率只有 5%左右，假设被入选单株即 5%的单株为优良品系，则 95%的单株应在大田移栽供选择前进行淘汰。

（二）早期可以兼顾多种选择

在实生苗移栽大田之前，采用宿根发株测试的方法，淘汰发株差的实生苗单株，将有利于提高后期无性繁殖筛选阶段强宿根性单株所占比例。同时，配合实生苗大田移栽前的宿根发株测试：接种黑穗病浸染（接种的黑穗病孢子能有效侵染新萌发蔗芽），在大田移栽前或杂种圃阶段淘汰感病单株，将有利于提高后期无性繁殖筛选阶段抗黑穗病单株比例；在宿根发株测试留下的伤口处接种花叶病（系统性种传病害，伤口为主要传播途径），在大田移栽前或杂种圃阶段淘汰感病较严重的单株，将有利于提高后期无性繁殖筛选阶段抗花叶病单株的比例；在伤口处接种宿根矮化病（种传病害，伤口为主要传播途径）胁迫，将有利于在品系筛选阶段尽早淘汰对宿根矮化病菌敏感的单株，有利于提高后期无性繁殖筛选阶段抗宿根矮化病单株所占比例。另外，因大田移栽前实生苗进行发株测试和进行病害胁迫所需试验地面积较小，单株发株及病害接种受环境影响极其小。

（三）早期高效选择有利于后期的精确育种

　　甘蔗是无性繁殖作物，每一粒杂交种子培育的一棵实生苗均为一个基因型，品种选育阶段均为无性繁殖过程，即均在基因型不变的前提下进行筛选。

　　通过人工接种病害进行抗病性筛选是克服自然感病筛选偶然性的有效措施，结合实生苗大田移栽前发株测试留下的伤口接种黑穗病、花叶病和宿根矮化病胁迫，将发株差、感病单株在实生苗阶段或杂种圃阶段淘汰，将有效地提高后期无性繁殖筛选阶段育种群体优良新品种的选育效率。

二、甘蔗早期抗逆育种技术的技术方案

1. 甘蔗实生苗大田移栽前宿根性测试方法

　　（1）实生苗培育：根据育种目标选配杂交组合并杂交获得杂交种子。将杂交种子播种于装有甘蔗实生苗培养基质的容器内。控制基质温度为 22～36℃，并保持基质潮湿，即可获得甘蔗实生苗。

　　（2）甘蔗实生苗假植：待甘蔗实生苗生长至 2 片真叶后，可对其开展假植，将实生苗假植至营养袋内，营养袋大小可根据测试后实生苗需要生长时间进行调节。

　　（3）大田移栽前甘蔗实生苗宿根性测试：甘蔗实生苗生长至 7 片真叶后，选择无降雨天气，剪去实生苗生长点以上部分，随后观察剪后的实生苗萌发情况，不能萌苗的为宿根性差的品系，萌苗较好的为宿根性好的品系。

　　（4）待发株分蘖结束后，选择具有 4 棵以上分蘖的单株移栽于大田形成杂种圃，杂种圃试验移栽返青后再次去顶处理，再进行二次观察。

2. 一种快速评价甘蔗亲本宿根性遗传效应的方法

　　（1）获得甘蔗亲本实生苗：根据育种目标选配杂交组合并杂交获得杂交种子。将 18 个杂交种子播种于装有甘蔗实生苗培养基质的容器内。控制基质室内温度为 22～36℃，并保持基质潮湿，即可获得甘蔗实生苗。

　　（2）甘蔗亲本实生苗假植：待甘蔗实生苗生长至 2 片真叶后，可对其开展假植。将实生苗假植至营养袋内，营养袋大小可根据测试后实生苗需要生长时间进行调节。

　　（3）甘蔗亲本实生苗宿根性调查：待假植后的甘蔗实生苗生长至 7 片真叶后，选择无降雨天气，剪去实生苗生长点以上部分。待剪后实生苗群体发株结束后，将每个组合后代群体分为三个重复，每个重复顺序调查 30 丛以上实生苗的发株数据。

　　（4）亲本宿根性遗传效应评价：按照表 5-14 的格式收集发株数据，采用 R 自由软件计算配合力和特殊配合力，母本、父本对后代宿根性配合力效应值及组合对后代群体宿根性配合力效应值计算程序如下：

表 5-14　发株数据收集

cross	female	male	block	sprouting
农林 8 号×德蔗 93-88	农林 8 号	德蔗 93-88	1	0.43
农林 8 号×德蔗 93-88	农林 8 号	德蔗 93-88	2	1.37
农林 8 号×德蔗 93-88	农林 8 号	德蔗 93-88	3	1.37
云瑞 99-151×ROC7	云瑞 99-151	ROC7	1	0.80
云瑞 99-151×ROC7	云瑞 99-151	ROC7	2	0.70
云瑞 99-151×ROC7	云瑞 99-151	ROC7	3	0.63
福农 94-0403×云瑞 05-775	福农 94-0403	云瑞 05-775	1	0.90
福农 94-0403×云瑞 05-775	福农 94-0403	云瑞 05-775	2	1.37
福农 94-0403×云瑞 05-775	福农 94-0403	云瑞 05-775	3	0.90
巴西 45×L75-20	巴西 45	L75-20	1	0.47
巴西 45×L75-20	巴西 45	L75-20	2	0.63
巴西 45×L75-20	巴西 45	L75-20	3	0.53

注：sprouting 为重复内发株均值。

```
ratooning< -read.csv ("E:/34.csv")#读取数据至 ratooning
str (ratooning) #显示 ratooning 数据结构
ratooning$pltratn< -factor (ratooning$block) #定义 block（重复）为因子
library (lme4) #加载 lme4 模型
sprouting< -lmer (sprouting～block + (1|female), rationing) #作为母本对后代宿根性配合力效应
ranef (sprouting)
sprouting< -lmer (sprouting～block + (1|male), rationing) #作为父本对后代宿根性配合力效应
ranef (sprouting)
sprouting< -lmer (sprouting～block + (1|cross), rationing) #杂交组合对后代宿根性的特殊配合力效应
ranef (ratooning)
```

3. 甘蔗实生苗大田移栽前黑穗病接种胁迫方法

1）供试甘蔗实生苗材料准备

根据育种目标开展甘蔗亲本组合选配，后进行有性杂交获得杂交种子。将杂交种子播种于装有甘蔗实生苗培养基质的容器内。控制培养室内温度为 22～36℃，并保持基质潮湿，即可获得甘蔗实生苗。

2）甘蔗实生苗移栽大田前的假植

待甘蔗实生苗生长至 2 片真叶后，进行营养袋假植，营养袋大小可根据实生苗后期生长需要进行调节。

3）准备接种黑穗病病菌孢子悬浮液

（1）采集甘蔗黑穗病病菌孢子。收集黑穗病病菌孢子，将干燥的孢子保存在放有硅胶干燥剂的瓶中，用凡士林封口。

（2）接种前黑穗病病菌孢子悬浮液准备。在试验前，对孢子进行存活试验，并配制黑穗病病菌浓度为 $1×10^7$ 孢子/mL 的悬浮液。

4）接种胁迫方法

待假植后的甘蔗实生苗生长至 7 片真叶后，选择无降雨天，沿土表剪去生长点以上部分，在剪苗后 1～2 天内用黑穗病菌浓度为 $1×10^7$ 孢子/mL 的孢子悬浮液对剪苗后的苗桩进行喷施，使黑穗病病菌侵入萌动的分蘖芽，达到接种黑穗病病菌胁迫甘蔗实生苗的效果。

5）抗黑穗病的实生苗组合及单株的选择方法

假植实生苗剪苗接种 40 天后，开始调查实生苗的发病单株，并做记录；以后每隔 10 天调查 1 次，待发病状况稳定，清除病苗和死苗，计算组合发病率，将组合发病率大于 25% 的组合淘汰不栽，余下组合的健康实生苗单株即可移栽大田。

4. 甘蔗实生苗大田移栽前宿根矮化病 RSD 接种方法

1）甘蔗实生苗培育

将杂交种子播种于装有培养基质的容器内。基质室内温度控制在 22～36℃，保持基质潮湿，培育获得甘蔗实生苗。

2）甘蔗实生苗假植

待甘蔗实生苗生长至 2 片真叶后，用营养袋进行假植；营养袋大小可根据实生苗后期生长需要进行调节。

3）病原菌接种体制备

通过实验室检测，选择带有 RSD 病原菌的甘蔗种苗进行田间栽种，使病原菌活体繁殖保存在甘蔗植株上。接种前，采集染病植株蔗茎中下部，通过压榨获取携带 RSD 病原菌的蔗汁，加入 1000 倍蒸馏水制备成蔗汁混合液，即病原菌接种体。

4）接种

待假植甘蔗实生苗生长至 7 片真叶后，选择阴凉天气，沿土表剪去地上部分（生长点及以上部分），24 小时后采用农用喷雾器对剪切伤口均匀喷施携带 RSD 病原菌的蔗汁混合液，通过切口内外水势差，使混合液沿伤口渗入植株微管束内，从而达到接种效果。

5）检测

通过接种的组合随机选择 20 个无性系，采用 PCR 技术检测带菌情况，进而评价组合对宿根矮化病的抗性情况。

5. 甘蔗实生苗大田移栽前花叶病接种胁迫方法

1）供试甘蔗实生苗材料准备

根据育种目标开展甘蔗亲本组合选配，后进行有性杂交获得杂交种子。将杂交种子播种于装有甘蔗实生苗培养基质的容器内。控制基质室内温度为 22～36℃，并保持基质潮湿，适时开展病虫害防治，即可获得甘蔗实生苗。

2）甘蔗实生苗移栽大田前的假植

待甘蔗实生苗生长至 2 片真叶后，进行营养袋假植，营养袋大小可根据实生苗后期生长需要进行调节。

3）接种病毒源及接种液准备

参照"甘蔗花叶病抗病性鉴定的接种方法（专利申请号为 200810058994.7）"的接种液制备方法。

4）接种方法

待假植后的甘蔗实生苗生长至 7 片真叶后，选择无降雨天，沿土表剪去生长点以上部分，用农用喷雾装置将携带有花叶病毒接种体的液体对准剪切伤口进行喷施，使病毒接种体沿伤口侵入植株，达到接种胁迫甘蔗实生苗的效果。

5）抗花叶病实生苗单株的选择方法

接种 20 天后，开始调查发病单株，若发现病苗和死苗，应及时清除；以后每隔 15 天调查 1 次，直至发病单株完全被清除为止，剩余实生苗单株即为抗花叶病的株系。

三、早期抗逆育种技术的"高效性"

1. 时期关键

实生苗阶段是甘蔗育种工作中进行选择最关键的时期，通常 90%以上的选择压力集中在此阶段。而在此阶段通过遗传力较高的性状进行选择，此方法不仅有效而且高效。

2. 简单易行

甘蔗育种群体大，所求技术必须简单、易行，否则难以在育种实践中应用。项目研发的各项育种技术的技术方案正是体现出"简单、易行"这一特点。

3. 节约土地

实生苗阶段是甘蔗育种过程中使用土地量最大的阶段。传统方法下，实生苗种植每亩为 1800～2000 苗，而使用该技术，每亩可种植 2 万～4 万苗。

4. 技术集成、高时效

宿根性的考察和抗病性测试在同一时期内（通常在 1 周左右）完成，通过人工措施加大选择压力。

甘蔗早期高效育种技术路线如图 5-3 所示。

实生苗培育　　遮阴假植　　从生长点剪除　　待发株　　接种主要病害

早熟高糖强宿根抗病甘蔗新良种　　强宿根多抗品系构成的选育群体　　栽种杂种圃　　无病发株好单株　　大田前选择

图 5-3　甘蔗早期抗逆育种技术路线图

参 考 文 献

陈坚，1991. 甘蔗有性世代的组合评价与选择[J]. 江西农业科技（6）：16-17.

陈如凯，林彦铨，薛其清，等，1995. 配合力分析在甘蔗育种上的利用[J]. 福建农业大学学报，24（1）：1-8

陈如凯，许莉萍，林彦铨，等，2011. 现代甘蔗遗传育种[M]. 北京：中国农业出版社.

楚连璧，2000. "YN"甘蔗育种体系研究——应用"异质复合分离理论"获云南割手密高糖性状超优新种质[J]. 甘蔗，7（4）：22-33.

邓祖湖，林彦铨，王建南，等，1994. 甘蔗对锈病的抗性遗传与育种策略Ⅱ. 亲本组合抗锈病的配合力分析[J]. 福建农林大学学报（自然科学版），23（3）：249-252.

高小宁，刘睿，齐永文，2019. 甘蔗褐锈病研究进展[J]. 中国植保导刊，39（11）：26-30.

李文凤，王晓燕，黄应昆，等，2015. 31 份甘蔗野生核心种质资源褐锈病抗性鉴定及 *Bru1* 基因的分子检测[J]. 作物学报，41（5）：806-812.

李文凤，王晓燕，黄应昆，等，2015. 34 份甘蔗栽培原种抗褐锈病性鉴定及 *Bru1* 基因的分子检测[J]. 分子植物育种，13（8）：1814-1821.

李文凤，王晓燕，黄应昆，等，2016. 101 份中国甘蔗主要育种亲本褐锈病抗性鉴定及 *Bru1* 基因的分子检测[J]. 作物学报，42（9）：1411-1416.

李杨瑞，2010. 现代甘蔗学[M]. 北京：中国农业出版社.

李玉潜，1983. 甘蔗遗传参数的研究产量和品质性状的基因型变异、广义遗传力、相对遗传进度[J]. 甘蔗糖业（8）：41-43.

林彦铨，陈如凯，薛其清，1992. 作物数量遗传理论在甘蔗选育种实践上的应用[J]. 甘蔗糖业（6）：8-12.

林彦铨，陈如凯，龚得明，1996. 甘蔗抗黑穗病的数量遗传分析[J]. 福建农业大学学报（3）：22-26.

林彦铨，陈如凯，何启钧，等，1991. 从配合力探讨新 CP 甘蔗品种的育种潜力[J]. 福建农林大学学报（2）：123-128.

刘新龙，吴才文，毛均，等，2010. 甘蔗分离群体的构建和评价[J]. 西南农业学报，23（1）：30-36.

栾生，孔杰，王清印，2008. 水产动物育种值的估算方法及其应用的研究进展[J]. 海洋水产研究，29（3）：101-106.

彭绍光，1990. 甘蔗育种学[M]. 北京：农业出版社.

荣廷昭，潘光堂，黄玉碧，2003. 数量遗传学[M]. 北京：中国科学技术出版社.

石庆华，黄英金，李木英，等，1997. 水稻根系性状与地上部的相关及根系性状的遗传研究[J]. 中国农业科学（4）：62-68.

史晓江，贺德先，詹克慧，等，2006. 作物根系性状的遗传学研究进展[J]. 河南农业科学（1）：12-16.

王建南，林彦铨，邓祖湖，等，1994. 甘蔗对锈病的抗性遗传与育种策略—I.F1 群体对锈病抗性的分析[J]. 福建农业大学学报（2）：140-144.

吴才文，2002. 云南甘蔗有性杂交育种亲本的使用及效益分析[J]. 甘蔗糖业（4）：1-5.

吴才文，2005. 甘蔗亲本创新与突破性品种培育的探讨[J]. 西南农业学报（6）：858-861.

吴才文，2007. 澳大利亚甘蔗家系选择技术简介[J]. 甘蔗糖业（1）：6-9.

吴才文，刘家勇，赵俊，等，2008. 甘蔗引进亲本创新利用及育种潜力分析[J]. 西南农业学报（6）：1671-1675.

吴才文，Jackson P，范源洪，等，2009. 甘蔗割手密远缘杂交后代产量性状的遗传及分离[J]. 植物遗传资源学报，10（2）：262-266.

吴才文，王炎炎，夏红明，等，2009. 云南甘蔗创新亲本的遗传力和配合力研究[J]. 西南农业学报（5）：1274-1278.

吴才文，Jackson P，刘家勇，等，2011. 甘蔗野生种割手密远缘杂交后代品质性状的遗传研究[J]. 植物遗传资源学报，12（1）：59-63.

吴才文，赵培方，夏红明，等，2014. 现代甘蔗杂交育种及选择技术[M]. 北京：科学出版社.

徐良年，邓祖湖，张华，等，2002. 甘蔗有性世代主要经济性状的配合力分析[J]. 甘蔗（1）：1-5.

徐良年，邓祖湖，陈如凯，等，2006.CL 系列甘蔗亲本的遗传力及配合力分析[J]. 植物遗传资源学报（4）：445-449.

杨昆，赵培方，赵俊，等，2016. 甘蔗家系经济性状遗传变异分析及综合选择[J]. 热带作物学报，37（2）：213-219.

杨荣仲，周会，王伦旺，等，2016. 甘蔗家系农艺性状遗传力分析[J]. 南方农业学报，47（3）：337-342.

赵丽萍，刘家勇，赵培方，等，2014. 营养液 pH 对甘蔗实生苗生长的影响[J]. 湖南农业大学学报（自然科学版）（2）：123-126.

赵丽萍，刘家勇，昝逢刚，等，2015. 磷素对不同基因型甘蔗生长的影响[J]. 湖南农业大学学报（自然科学版）（6）：590-594.

赵培方，赵俊，刘家勇，等，2017. 干旱胁迫对甘蔗 4 个生理指标遗传变异的影响[J]. 中国农业科学，50（1）：28-37.

赵勇，赵俊，昝逢刚，等，2019.86 份甘蔗种质资源工艺性状的评价[J]. 湖南农业大学学报（自然科学版），45（5）：466-471.

赵勇，赵培方，胡鑫，等，2019. 基于农艺性状分级对 317 份甘蔗种质资源的评价[J]. 中国农业科学，52（4）：602-615.

Caradus J R，1995. Genetic control of phosphorus uptake and phosphorus status in plants：Genetic Manipulation of Crop Plants To Enhance Integrated Nutrient Management in Cropping Systems[J]. Patancheru，India：ICRISAT Asia Centre：55-57.

Heinz D J，1987. Sugarcane Improvement through Breeding. Amsterdam-Oxford-New York-Tokyo.

Hogarth D M，1971. Quantitative inheritance studies in sugarcane II. Correlations and predicted responses to selection[J]. Australian Journal of Agricultural Research，22：103-109.

Ramdoyal K，Sullivan S，Chong L C Y L，et al.，2000. The genetics of rust resistance in sugar cane seedling populations[J]. Theoretical & Applied Genetics，100（3-4）：557-563.

Skinner J C，1984. Breeding for diease resistance. Heinz D J：Sugarcane Improvement Through Breeding[J]. Amsterdam：ELSEVIER：467.

Stringer J K，Cox M C，Atkin F C，2011. Family selection improves the efficiency and effectiveness of selecting original seedlings and parents[J]. Sugar Tech.，13（1）：36-41.

Tai P Y P，Miller J D，Dean J L，1981. Inheritance of resistance to rust in sugarcane[J]. Field Crop Res.，4：261-268.

第六章　分子技术在抗逆高产高糖育种上的应用

现代栽培甘蔗（*Saccharum* spp. hybrids）是一种以非整倍性和多倍性而著称的多年生经济作物，是世界上最重要的食糖来源，供应全世界糖总产量的80%以上（李杨瑞，2010）。据 Zhang J 等（2018）报道，甘蔗属于同源多倍体，其倍性水平为5～16倍不等，基因组大小约为10Gb；其基因组的复杂性在于其整倍体和非整倍染色体组中会有8～12个同源基因。甘蔗由于其复杂多倍体基因组特点，与二倍体植物相比，基因组测序工作十分滞后，直到2017年巴西能源和材料研究中心才报道获得甘蔗品种 SP80-3280 的基因组草图（Riaño-Pachón and Mattiello，2017），而一个高质量的4倍体甘蔗野生种——割手密的基因组由福建农林大学于2018年10月发布（Zhang et al.，2018），至今有关基因组更为复杂的栽培种和品种的高质量基因组组装工作，国内外研究者都遇到巨大挑战，虽历时多年但都尚未完成。

由于缺乏基因组数据的支撑，加之甘蔗遗传背景复杂，甘蔗分子生物学研究难度较大，极具挑战；另外，甘蔗科学研究从业人员较少，经费投入严重不足，都严重制约了甘蔗分子育种的发展。从目前国内外研究来看，甘蔗的分子育种研究相较其他农作物，整体上十分滞后，差距较大，且主要集中在甘蔗分子标记辅助育种和甘蔗转基因育种两个方面。但随着高通量基因组测序、染色体组装定位、分子标记、高通量检测技术的不断发展，甘蔗基因组测序工作在不久的将来将陆续取得突破，更多优异基因或等位基因将被挖掘和开发，甘蔗分子育种技术将进入新的高度和深度。

针对当前甘蔗分子育种发展的现状，本章主要介绍甘蔗分子标记育种和甘蔗基因工程育种的相关内容。

第一节　甘蔗分子标记辅助育种

一、甘蔗分子标记辅助育种研究现状

（一）遗传连锁图谱构建

在过去的几十年，分子标记已在许多作物遗传连锁图谱构建过程中发挥着重要的作用，一系列连锁图谱相继被构建，如水稻、玉米、小麦等，这些图谱的构建，尤其饱和遗传连锁图谱，极大促进了基因连锁标记和 QTL 定位研究，推动了植物分子标记辅助育种选择技术体系的建立和发展。但对于复杂的多倍体作物来说，构建遗传连锁图谱依然存在许多的困难，它们主要表现在：①相比二倍体作物，缺乏有效准确的构图统计方法和软件；②分离群体存在广泛的遗传变异；③在配子的形成和同源染色体配对方面存在多种

模式；④具有不同剂量水平等位基因的频率无法计算；⑤缺乏基因组信息，无法判断多倍体植物的遗传模式。甘蔗属于多倍体中最为复杂的作物，为异源多倍体，基因组构成复杂，其不同原始祖先种具有不同数目的染色体数，如热带种（*Saccharum officinarum*）染色体基数为 $x = 10$，$2n = 80$，而割手密（*Saccharum spontaneum*）染色体基数为 $x = 8$ 或 10，$2n = 40 \sim 128$，大茎野生种（*Saccharum robustum*）染色体基数为 $x = 10$，$2n = 80$，印度种（*Saccharum barberi*）和中国种（*Saccharum sinense*）是热带种和割手密的天然杂交后代。甘蔗品种属于人工培育的杂交种，含有热带种、割手密和大茎野生种的血缘，且各种的血缘比例不确定，因品种不同表现出不同的差异，这些都导致甘蔗杂交群体的染色体传递分配规律十分复杂；另一方面，甘蔗缺乏二倍体的原始种，开花困难、无性繁殖都导致作图群体创制的困难，遗传连锁图谱研究远落后于其他作物。尽管在遗传连锁图谱构建上存在许多困难，但在过去的几十年内，在甘蔗属种的遗传连锁图谱构建上还是取得了一定进展，具体表现如下。

1. 割手密遗传连锁图谱构建

da Silva 等（1995）、Aljanabi 等（1993）使用 SES208 的双单倍体 ADP 85-0068 与 SES 208 杂交后代作为作图群体，利用 RFLP、RAPD 标记构建了割手密 SES208 的第一张遗传连锁图谱，276 个 RFLP 标记和 208 个 RAPD 标记被构入 64 个连锁群，图谱距离达到 1500cM。后来，Ming 等（1998）使用 RFLP 标记构建了两个割手密材料（IND81-146 和 PIN84-1）的遗传连锁图谱，IND81-146 的遗传连锁图谱包含 69 个连锁群，涉及 257 个标记，图谱距离达到了 2172cM；PIN84-1 的遗传连锁图谱具有 72 个连锁群，包含 194 个标记，图谱距离为 1395cM。2006 年，Edme 等使用 SSR 标记构建了材料 IND81-146 的一个较小的图谱，该图谱仅包含 46 个 SSR 标记，共形成 10 个连锁群，遗传距离也仅为 614cM。近年来，Alwala 等（2008）使用 AFLP、SRAP 和 TRAP 标记，构建了割手密 SES147B 的遗传连锁图谱，该图谱包含 121 个标记，形成 45 个连锁群，覆盖的距离为 1491cM。杨海霞（2013）以割手密 GXS85-30×GXS87-16 的杂交后代为材料，构建了中国首个割手密分子遗传连锁图谱，该图谱包含 30 个连锁群，总遗传距离为 1182.29cM，标记间平均图距为 12.29cM。

2. 热带种遗传连锁图谱构建

1996 年，Mudge 等最早开始构建甘蔗栽培原种-热带种 LA Purple 的遗传连锁图谱，使用了 160 个 RAPD 标记，获得 51 个连锁群，图谱距离为 1152cM。Ming 等（1998）使用 RFLP 标记构建了两个热带种材料（Green German 和 Muntok Java）的遗传连锁图谱，Green German 的遗传图谱由 289 个单剂量标记组成，形成了 75 个连锁群，图谱距离达到 2466cM，而 Muntok Java 由 214 个标记组成，形成了 73 个连锁群，图谱距离为 1472cM。后来，Guimaraes 等（1999）使用热带种（LA Purple）和大茎野生种（*Saccharum robustum*）（Mol5829）的杂交后代作为群体，使用随机引物 PCR、RFLP 和 AFLP 单剂量标记构建了 LA Purple 的遗传连锁图谱，该图谱包含了 341 个单剂量标记，形成了 74 个连锁群，图谱距离为 1881cM。Edme 等（2006）又使用 91 个 SSR 位点对 Green German 进行了遗传连锁图谱构建，获得了 25 个连锁群，图谱距离为 1180cM。2007 年，澳大利亚 Aitken 等使用大量的 AFLP、SSR 和 RAF 标记构建了热带种 IJ76-514 的遗传图谱，该图谱包含 544 个标记，其中 230 个单剂量标记、234 个双剂量标记、80 个双亲单剂量标记，共形成了 123 个连锁群，覆盖距离达到了 4906cM。Alwala 等（2008）使用 146 个 AFLP、SRAP 和 TRAP 连锁标记构建了热带种 LA Striped 的连锁图谱，获得了 49 个连锁群，覆盖距离为 1732cM。

3. 大茎野生种遗传连锁图谱

截至目前，对于大茎野生种的遗传连锁图谱仅见 Guimaraes 等（1999）报道，该研究使用 301 个随机引物 PCR，RFLP 和 AFLP 单剂量标记构建了大茎野生种 Molokai5829（$2n = 80$）的遗传连锁图谱，该图谱包含 65 个连锁群，遗传距离达到了 1189cM。

4. 甘蔗品种遗传连锁图谱

对于甘蔗品种来说，在遗传连锁图谱构建上最为成功的是法国品种 R570。1996 年 Grivet 等使用 408 个 RFLP 标记构建了该品种的遗传连锁图谱，共获得了 96 个连锁群，并分配入 10 个同源染色体组；后来，Hoarau 等（2001）使用 887 个单剂量 AFLP 标记重新构建了 R570 的遗传连锁图谱，共获得了 120 个连锁群，其中有 34 个连锁群可放入先前构建的 10 个同源组中，并使该图谱遗传距离达到了 5849cM。Rossi 等（2003）将 148 个抗性基因标记（resistance gene analog，RGA）整合到 Hoarau 等（2001）构建的图谱当中。Raboin 等（2006）使用 424 个 RFLP、SSR 和 AFLP 标记构建了 R570 的另一张图谱，形成了 86 个连锁群，图谱距离达到了 3144cM。

澳大利亚 CSIRO 植物产业部 Aitken 等（2005）针对澳大利亚品种，使用 AFLP、SSR 和 RAF 标记构建了品种 Q165 的遗传连锁图谱，该图谱包含 1069 个标记，被分入了 136 个连锁群，累计遗传距离达到了 9053cM，其中 127 个连锁群被分入了 8 个同源组；2014 年，Aitken 等（2014）又使用大量的 DArT 标记，重新构建了甘蔗品种 Q165 的遗传连锁图谱，共获得了 2467 个标记，其中 2267 个标记被构入 160 个连锁群，这些连锁群被分入了 8 个同源组，整个图谱的遗传距离也达到了 9774.4cM，标记间遗传距离缩小到 4.3cM。2005 年，澳大利亚人 Reffay 等使用 AFLP 和 SSR 标记构建了品种 Q117 的连锁图谱，该图谱由 270 个连锁标记组成，形成了 93 个连锁群，图谱距离为 3167cM。巴西人 Garcia 等（2006）使用 RFLP、SSR 和 AFLP 标记构建了两个巴西商业品种 SP80-180 和 SP80-4966 的遗传连锁图谱，该图谱包含 357 个连锁标记，形成了 131 个连锁群，图谱距离达到了 2602cM；后来，Oliveira 等（2007）又进一步发展了该图谱，加入了新的 EST-SSR 和 EST-RFLP 标记，新的图谱包含了 664 个标记，形成了 192 个连锁群，图谱距离也达到了 6261cM，在 192 个连锁群当中，120 个被分入了 14 个同源组。

2011 年，美国人 Andru 等使用 AFLP、SSR 和 TRAP 标记构建了甘蔗品种 LCP 85-384 的遗传连锁图谱，该图谱包含 718 个单剂量标记和 66 个双剂量标记，形成了 108 个连锁群，图谱距离达到了 5617cM，标记间的距离缩小到 7.16cM；2016 年，美国荷马甘蔗研究站潘友保团队在该图谱的基础上又增加了 65 个 SSR 标记，使图谱距离达到了 7406.3cM。2017 年，Yang 等（2017）使用品种 CP95-1039 和 CP88-1762 杂交后代群体，基于 SNP 标记构建了 2 个双亲的高密度遗传连锁图谱，CP95-1039 图谱总长为 4224.4cM，均标记间距离为 1.7cM，CP88-1762 图谱总长为 4373.2cM，平均标记间距离为 2.0cM。2018 年，美国路易斯安那州立大学农业中心的 Gutierrez 使用 LCP85-384 和 L99-226 杂交后代群体，使用 SSR、eSSR 和 SNP 标记构建了 2 张遗传图谱，共 294 个连锁群，标记间平均遗传距离为 4.89cM，其中 LCP85-384 获得了 120 个连锁群，遗传图谱距离为 4160cM，L99-226 获得了 138 个连锁群，遗传图谱距离为 4745cM。2019 年，美国佛罗里达州立大学农艺室王建平研究团队基于甘蔗 100KSNP 芯片技术构建了 Green German 和 IND81-146 杂交群体的遗传图谱，其中 Green Germany 遗传图谱距离为 3336cM，IND81-146 遗传图谱距离为 2615cM。

巴西 Palhares 等人（2012）以甘蔗品种 IAC66-6 和 TUC71-7 的杂交后代为群体，使用 AFLP、EST-SSR 和 scIvana1 逆转座子标记构建了一个 92 个连锁群组成的图谱，图谱距离达到了 4843.19cM，标记间平均距离为 8.87cM，其中 56 个 scIvana1 逆转座子标记被定位到 21 个连锁群，而且这些标记形成的图谱距离小于 5cM。2013 年，印度 Singh 等人使用 Co86011 和 CoH70 的杂交后代作为构图群体，使用 119 对 SSR 引物共获得 389 个多态标记，其中 336 个为单剂量标记（分离比 1∶1 或 3∶1），最终形成 24 个连锁群，其中 Co86011 有 8 个连锁群，CoH70 有 16 个连锁群，遗传距离达到了 2606.77cM，平均标记间距离为 7.75cM。

中国甘蔗品种遗传连锁图谱起步较晚，但也取得了一定进展，2010 年，刘新龙等在中澳合作项目的资助下，利用 SSR 和 AFLP 分子标记构建了两张遗传连锁图谱，F_1 群体（Co419×Y75/1/2）有 134 个单双剂量标记被纳入 55 个连锁群，其中 39 个连锁群归属到 8 个同源组，16 个未列入，总遗传距离为 1458.3cM，标记间平均图谱距离为 10.9cM；BC_1 群体（$F_1$02/356×ROC25）有 133 个单双剂量标记被纳入 47 个连锁群，其中 34 个连锁群归属入 8 个同源组，13 个连锁群未列入，总遗传距离为 1059.6cM，标记间平均图谱距离为 8.0cM。2015 年，广东甘蔗研究所陈建文博士使用 SSR 和 AFLP 标记构建了斑茅杂交后代 YC96-40 和 YCE01-116 以及品种 CP84-1198 和 NJ57-416 的遗传图谱，分别获得了 38 个、36 个、57 个和 47 个连锁群，图谱总长分别为 1209.7cM、973.9cM、2283.5cM 和 1955.5cM，平均标记间距离分别为 10.4cM、11cM、13.6cM 和 12.3cM。

（二）性状相关 QTLs 定位

1. 与甘蔗抗性性状相关 QTLs 定位

甘蔗抗性性状多数由单一基因或主效基因控制，相比数量性状，更易开展基因定位研究。1995 年，Huckett 等比较甘蔗品种 N11 和 NCO376 及其家系多态性时，发现 2 个与抗花叶病基因相连锁的 RAPD 标记。1996 年，Daugrois 等在品种 R570 上定位了一个主要的抗锈病基因位点 Bru1；Asnaghi 等（2000）针对该基因进行了精细定位，将其定位在 R570 连锁图谱同源组 VII 的 VII-1a 连锁群上；2006 年 Raboin 等（2006）定位了第二个抗锈病基因位点 Bru2，主要定位在 R570 同源组 VIII 的一个连锁群上。目前，这两个标记被广泛用于甘蔗种质资源的抗锈病评价，并取得较好的效果。

Mudge 等（1996）采用分离群体分组法（bulk segregant analysis，BSA）在热带种 La

Purple 上定位到一个抗眼点病连锁的 QTL。许莉萍等（2004）利用 BSA 法和 RAPD 标记获得了 1 个与甘蔗抗黑穗病菌生理小种基因连锁的 RAPD 标记。2007 年，Aljanabi 等定位了一个抗甘蔗黄点病 QTL，该 QTL 位于 M134-75 连锁图谱的 LG87 连锁群上，能够解释抗黄点病表型性状的 23.8%。Nibouche 等（2012）使用 R570 自交群体开展了抗斑螟的基因定位研究，从 1405 个标记中检测到 9 个 QTLs，能够解释的表型变异为 6%～10%，这些 QTL 分布在 R570 图谱的 5 个同源组内，其中两个连锁标记与抗虫性表现出共分离。Costet 等（2012）使用 R570 和 MQ76-53 的杂交后代作为群体，使用 2822 个多态标记，在 MQ76-53 图谱上定位到一个抗黄叶病的 QTL（Ryl1），能够解释表型变异的 32%。

　　Singh 等（2016）利用 119 个甘蔗基因型，定位到 4 个与赤腐病相关的 QTLs，在高粱基因组检索相关标记时发现，它们与细胞色素 P450、丙三醇三磷酸转运因子、MAP 激酶 4、丝氨酸/苏氨酸蛋白激酶、Ring finger 结构域蛋白相邻。Yang 等（2017）利用 SNP 标记定位到 2 个与抗褐锈病连锁的标记，分别能解释表型变异的 21% 和 30%。2018 年，美国路易斯安那州立大学农业中心的 Gutierrez 使用 LCP85-384 和 L99-226 杂交后代群体定位到 8 个 QTLs 与甘蔗白条病连锁，能够解释的表型变异为 5.23%～16.93%。2019 年美国佛罗里达州立大学农艺室王建平研究团队基于 Green German 和 IND81-146 杂交群体，检测到 18 个与甘蔗黄叶病连锁的 QTLs，这些 QTLs 位于 27 个抗病基因周围。

　　Sharma（2009）等使用关联分析方法，筛选到 32 个与抗旱生理指标相关的 QTLs。Creste 等（2010）根据抗旱候选基因水通道蛋白基因 *Aqua*、晚期胚胎富集蛋白基因 *LEA*、脱水结合因子 *DBF* 开发出 9 个功能标记用于亲本和品种资源的抗旱基因多样性评价。

2. 与甘蔗重要农艺性状相关 QTLs 定位

　　甘蔗重要农艺及工艺性状为数量性状，受多基因控制。由于甘蔗自身遗传基础复杂，数量性状相比抗病性状定位研究更困难。分子生物技术的不断发展和软件技术的开发应用及统计模型的建立，一定程度上促进了数量性状基因位点定位研究的快速发展。1998 年，Msomi 等采用 BSA 法和 RAPD 标记，以商业种、热带种、细茎野生种杂交分离群体为材料，找到 6 个与纤维含量连锁的 RAPD 标记，并转化为 SCAR 标记。2001 年，Ming 等使用 RFLP 标记发现 31 个与糖分有关的 QTLs，大多数 QTLs 的表型效应同亲本的表型效应一致；次年，Ming 等（2002）又使用 186 个 RFLP 探针在热带种和割手密杂交后代中获得 735 个标记位点，共获得 102 个与甘蔗产量、糖分、茎高、茎重、茎数、纤维含量、灰分含量相关的 QTLs，其中 61 个能定位到遗传连锁图谱上。同年，Hoarau 等（2002）使用 R570 自交群体，利用 1000 个 AFLP 标记定位到 40 个与甘蔗产量、株高、茎数量、茎径和锤度相关的 4 个 QTLs，可以解释这些性状表型变异的 30%～55%。Jordan 等（2004）使用 RFLP 和 RAFS 标记分析了两个澳大利亚优良甘蔗品种的杂交后代，发现 16 个（7 个 RFLPs 和 9 个 RAFs）和 14 个（6 个 RFLPs 和 8 个 RAFs）标记分别与甘蔗的茎数和吸根相关；同年，Aitken 等使用 Q165-A 和热带种 IJ76-514 的杂交后代群体，利用 AFLP 标记共找到 32 个与产量有关的 QTLs，每个 QTL 能够解释表型变异的 3%～9%。

　　Piperidis 等（2009）使用 Q117 和 MQ77-340 的杂交群体定位到 75 个与糖分性状相关的 QTLs，并且这些 QTL 在 4 个图谱（Q117、MQ77-340、R570 和 Q165）上的位置是一

致的，而且与锤度连锁的标记主要分布在 8 个同源组中的 2 个中。Aitken 等（2008）利用 Q165 与 IJ76-514 杂交群体，使用 1000 个 AFLP 和 SSR 标记检测与产量性状相关的 QTL，有 27 个区域被发现至少与一个性状有明显的连锁关系，能够解释的表型变异为 4%～10%；27 个连锁群区域分布在 6 个同源组的 22 个连锁群上，表明与每个性状连锁的 QTL 都具有多个数量性状等位基因（QTA）。Alwala 等（2009）使用热带种 Louisiana Striped 和割手密 SES147B 杂交群体，利用 AFLP、SRAP 和 TRAP 标记针对糖分相关性状开展 QTL 定位研究，在 Louisiana Striped 上定位到 30 个 QTLs，所有的 QTL 能够解释锤度或蔗汁糖分表型变异的 22.1%～48.4%，在 SES147B 定位到 11 个 QTLs，能够解释表型变异的 9.3%～43.0%。

2010 年，Pinto 等（2010）使用功能标记，在 SP80-180 和 SP80-4966 的杂交群体上，共发现 120 个 QTLs，其中有 26 个 QTLs 在两个生长季都能检测到，32 个仅仅被发现在宿根季；其中一个与蔗糖合成酶相关的功能标记与蔗茎产量表现出明显的负相关。2013 年，Singh 等使用 Co86011 和 CoH70 杂交群体，共检测到 31 个与产量和糖分相关的 QTLs，其中有 7 个 QTLs 在不同的种植季节和试验点都能检测到。2016 年，美国荷马甘蔗研究站潘友保团队利用 LCP85-384 自交群体共检测到 24 个与糖分连锁的 QTLs（Liu et al.，2016）；同年，阿根廷农业生物技术研究所 Castagnaro 团队利用全基因组关联分析技术定位于甘蔗产量和糖分性状关联的分子标记，结果表明有 20 个与蔗茎产量相关的标记在 3 个种植季都检测到，仅有 1 个与蔗糖分相关的标记在 3 个种植季都检测到（Racedo et al.，2016）。

二、甘蔗分子标记辅助育种存在的问题与展望

在分子标记辅助育种中，遗传连锁图谱的构建是基因定位和分子标记辅助育种能够实现的重要基础。由于多倍体作物的统计分析远比二倍体作物复杂，后代群体基因型复杂及对基因组成结构不清楚，导致多倍体作物的分子遗传连锁图谱研究远落后于二倍体作物。虽然近年来国内外研究者在甘蔗遗传连锁图谱构建上做出了艰辛的工作，但由于甘蔗基因组庞大，所有构建的图谱覆盖范围还比较小，且标记之间遗传距离还很大，极度不饱和。据 Hoarau 等（2001）和 Aitken 等（2005）的初步估计，甘蔗的遗传距离为 17000～18000cM，因此，即使目前构建的最大的连锁图谱，即 Q165 图谱，遗传距离达到了 9774.4cM，也仅覆盖了甘蔗基因组的一半左右。若要构建一个平均标记距离为 0.5cM 的饱和遗传连锁图谱，大概需要 34000～36000 个单双剂量标记，即使按照 80% 的单双剂量标记入选率来算，也需要 42500～45000 个分离标记，这远大于水稻的 3000 个标记，玉米的 5000 个标记（方宣钧等，2001），因此，构建甘蔗的饱和遗传图谱依然任重而道远，这在一定程度上也限制了甘蔗连锁分子标记的定位。近年来，随着基因组测序技术的进一步发展和完善，解析甘蔗基因组的工作将在未来陆续完成；丰富的基因组序列将为甘蔗遗传图谱构建提供大量的 SNP 标记，让获得平均标记距离小于 0.5cM 的甘蔗栽培原种、野生种和杂交品种的饱和遗传图谱将不再是难题。

虽然前人开展了大量针对甘蔗抗性和农艺性状相关基因定位的研究，但目前所筛选到的 QTLs，除了抗锈病基因连锁标记 *Bru1* 和 *Bru2* 外，其他的连锁标记还不能真正用于

甘蔗分子标记辅助育种，这主要是因为还缺乏可用的具有较大遗传效应的 QTLs，大部分的 QTLs 对表型性状的遗传效应较小，而且易受环境等因素影响。造成这种困境的主要原因包括：①甘蔗的基因十分庞大，获得比较饱和的遗传图谱是相当困难的事，需要大量的资金、人力投入；②甘蔗遗传基础十分复杂，位点对性状影响不同于二倍体作物，是多等位基因共同作用的结果，导致在甘蔗中定位到的 QTLs 不像二倍体容易被检测，而且所能解释的表型变异偏小；③甘蔗属于复杂的异源多倍体作物，遗传规律十分复杂，位点之间相互干扰，存在大量的偏分离标记，无法套用经典的遗传学理论；④缺乏针对甘蔗这种异源多倍体作物的有效的构图和基因定位软件。

总之，甘蔗本身的遗传特点，限制了相关分子标记辅助育种工作的发展，但随着功能基因组学、蛋白组学、基因组测序技术的快速发展，以及对甘蔗性状遗传基础解析力度的加大，有理由相信研究者将获得更多效应较大的 QTLs，从而推动分子标记辅助育种技术在甘蔗品种选育上得到广泛应用。

第二节　甘蔗转基因育种

甘蔗属于无性繁殖、非整倍体的多倍体经济作物，遗传背景十分复杂，加之开花难，极大地增加了通过有性杂交方式开展品种改良的难度（甘仪梅等，2013）；一些优异基因难以通过传统的育种手段快速渗入到现有甘蔗品种血缘中，最终导致甘蔗品种改良进程十分缓慢，农艺性状和抗性性状难有大的突破，产量和糖分长期徘徊不前。转基因育种技术的出现，为解决甘蔗育种中的难题提供了有效科技支撑，通过基因工程技术体系，可以快速地实现目标性状的转移，在不改变原有品种遗传背景的同时，改良品种的特定性状。虽然多倍性、复杂基因组等因素限制了甘蔗转基因育种技术的效率，但近年来，国内外已在抗虫性、抗病性、抗旱性及蔗糖品质改良方面取得较大进展，为甘蔗分子育种提供了另一条有效的途径。

一、甘蔗转基因育种现状

甘蔗属于无性繁殖经济作物，靠芽繁殖，组培相对容易，常规种植条件下不易开花，因此，发生基因漂移的风险较小；另外，甘蔗的最终产品为提纯的蔗糖，不存在食用安全等问题，因此，甘蔗属于转基因安全等级较高的作物，适于开展转基因甘蔗的相关研究（李杨瑞，2010）。甘蔗属于复杂的非整倍体单子叶植物，基因组庞大，遗传背景复杂，存在大量的基因拷贝和重复序列，虽然其愈伤组织较易培养，但其转化效率较为低下。目前常用的遗传转化方法有基因枪法和农杆菌介导法，基因枪法具有不受宿主限制、靶受体类型广泛、可控度高和操作简便快速的优点，在早期的甘蔗转基因技术研究上较常使用，但其成本较高、转化效率低且表达不稳定，限制其在甘蔗中的广泛应用（陈如凯，2010）。自1998 年以来，世界多个实验室采用农杆菌介导法获得转基因甘蔗植株，标志着农杆菌介导法完全适用于甘蔗这个多倍体作物的转基因育种。农杆菌介导法具有操作简便、转化率高、单拷贝插入以及费用便宜等优点，同时，还具有适合于大片段 DNA 的转化等优点，但实际转化中依然存在一些不足，主要表现为：①在甘蔗愈伤组织的采用上一直沿袭着早期基因枪转化法的愈伤继代诱导方式，愈伤本身分化效率偏低，直接影响了最后的转化效率；②在农杆菌与愈伤组织共培养后，很难将农杆菌彻底清除干净，导致分化培养与再生培养阶段污染严重；③通常在共培养后愈伤组织分化期即进行筛选，但此时甘蔗愈伤组织分化的芽较小，抗性芽很难长高，导致在更换培养基过程中难以将抗性芽与被筛选剂杀死的芽区分开来（甘仪梅等，2013）。中国热带农业科学院甘蔗研究中心张树珍研究团队经过多年摸索，克服了原有农杆菌介导甘蔗遗传转化技术的不足，改变了转化过程的愈伤组织诱导方式、侵染转化方式、继代更换培养基方式、筛选方式以及 PCR 检测与移栽的方式，大大提高了转化效率，缩短了转化的时间，节约了转化的成本（王文治等，2012）。

（一）抗虫转基因育种现状

　　甘蔗在整个生长季都受到各种各样害虫的危害，目前常见的害虫约有 46 种，如螟虫、棉蚜虫、蓟马、介壳虫、金龟子、象虫、白蚁等，其中鳞翅目的螟虫危害最为严重，常导致甘蔗生长发育不良、工农艺性状变差、减产、减糖，给蔗糖产业带来巨大的经济损失。目前，甘蔗生产上对于害虫的防治措施依旧是大量使用化学药剂防控，但这类防治措施存在成本高、危害蔗区生态环境等弊端，随着国家化肥农药双减政策的实施，采用新技术新方法有效防治虫害且环境友好成为当下及未来的发展趋势。而利用转基因技术将抗虫基因导入甘蔗品种中，培育抗虫新品种亦成为当下较为有效的方法。

　　美国得克萨斯州农工大学 Irvine 和 Mirkov（1997）、Setamou 等（2002）以及 Tomov 和 Bernal（2013）成功获得转 GNA 基因甘蔗株系，并开展了转基因植株的抗虫评价，表明转化植株对墨西哥稻螟表现出较好的抗性。1999 年，澳大利亚昆士兰大学 Nutt 等将马铃薯蛋白酶抑制剂II（PiII）和雪花莲凝集素基因 GNA 转化甘蔗，转基因植株在抑制蛴螬幼虫生长方面效果明显。古巴基因工程和生物技术中心 Arencibia 等（1997）和巴西生物技术中心的 Braga 等（2001）分别用 Bt 毒蛋白基因 Cry1Ab 转化甘蔗，获得了抗甘蔗螟虫效果较好的转基因植株。巴西圣保罗大学 Falco 等（2003）将 Kunitz 胰蛋白酶抑制剂基因 SKTI 和大豆 Bowman-Birk 抑制剂基因 SBBI 相关基因导入甘蔗，取离体的转基因甘蔗叶片喂养螟幼虫，发现喂养表达 SBBI 的转基因甘蔗叶片的螟虫死亡率没有明显变化，但喂养表达 SKTI 叶片的螟虫死亡率升高。

　　2009～2010 年，印度甘蔗育种研究所 Subramonian 团队利用农杆菌介导法将 Cry1Ab、抑肽酶基因 Aprotinin、牛胰蛋白酶抑制剂基因成功导入甘蔗，获得了抗甘蔗螟虫的转基因植株。巴基斯坦农业大学 Khan 等（2011）将 Bt δ-内毒素基因导入甘蔗中，转基因植株中的幼嫩叶片开始随着细胞发育积累 δ-内毒素，转基因植株表现出高抗枯心的特性，螟幼虫在取食转基因植株叶片 1 小时内被杀死。新加坡分子细胞生物学研究所的 Weng 等（2011）用 Cry1Ac 转化甘蔗，使用玉米 ubi-1 启动子，将 Cry1Ac 蛋白浓度提高到 2.2～50ng/mg，显著提高了对螟虫的抗性。

　　近年来，我国研究人员也在抗虫转基因育种方面取得了不错的进展。福建农林大学陈平华等（2004）和长孙东亭等（2006）使用基因枪转化法将 GNA 基因成功导入甘蔗，转基因甘蔗中的蚜虫密度降低了 60%～80%，甚至降到 95%，转基因甘蔗能够显著降低甘蔗棉的繁殖力和存活率，延缓其生长发育。2016 年福建农林大学高三基团队使用基因枪转化法将 *Cry1Ac* 基因导入甘蔗品种中，经检测转基因植株蚜虫率由 36.67%降至 13.33%，显著提升了抗虫性（Gao et al.，2016）。中国热带农业科学院甘蔗研究中心张树珍团队使用农杆菌介导转化技术将 *Cry1Ab*、*Cry1Ac*、*GNA* 导入甘蔗，获得了对螟虫条螟抗性的转基因植株（冯翠莲等，2010，2011；刘晓娜等，2010）。广西师范大学秦新民团队（于兰，2005）和李伯林团队（何海波，2012）、广西作物遗传改良生物技术重点开放实验室李杨瑞团队（邓智年等，2012）、四川省植物工程研究院生物技术研究所秦廷豪团队（李晓梅等，2013）、云南省农科院甘蔗研究所吴才文团队（吴转娣等，2014）分别将 *BT*、融合杀虫基因 *AVAc-CpTI*、*Cry1Ab*、*Cry1Ac*、胰蛋白酶抑制剂基因 *sck* 成功导入甘蔗品种，获得了阳性植株。

（二）抗病转基因育种研究

甘蔗生产中普遍发生的病害约有 25 种，常见的有黑穗病、花叶病、赤腐病、梢腐病、锈病、白条病等，对于这些病害，目前尚无长期有效、经济、环境友好的防治措施，而培养抗病品种被认为是病害防治最经济有效的途径。转基因育种技术相比传统育种技术能较快实现抗病品种的培育。

美国得州农业大学 Ingelbrecht 等（1999）和 Butterfield 等（2002）分别将高粱花叶病病毒 SCH 株系的外壳蛋白基因和抗高粱花叶病病毒的 *hut* 基因导入甘蔗，获得了抗病毒转基因植株，接种 SrMV 结果表明有相当高比例的转基因子代对花叶病敏感。美国佛罗里达州立大学 Gilbert 等（2005）将甘蔗花叶病 SCMV 外壳蛋白基因导入甘蔗品种，获得了抗 SCMV 转化植株，该植株田间评价产量也获得了增长。巴基斯坦旁遮普大学 Aslam 等（2018）和印度尼西亚吉勃大学 Apriasti 等（2018）将甘蔗花叶病 SCMV 外壳蛋白部分基因片段转入甘蔗品种，显著干扰了 *SCMV-CP* 基因 mRNA 的表达，获得了高抗花叶病转基因植株。

澳大利亚昆士兰大学植物系 Robert 团队 1999 年将细菌青霉素解毒基因 *albD* 导入易感白条病甘蔗品种，使转化品种叶片总蛋白中 albD 酶含量提高到 1～10ng/mg，转基因品种没有出现白条病症状，抑制了蔗茎中病原物的增殖（Zhang et al.，1999）。澳大利亚布里斯班甘蔗试验站的 McQualter 等（2004）将斐济病毒（FDV）S9 片段导入甘蔗品种 Q124，获得了部分转基因植株，其表现出对斐济病毒明显的抗性。美国佛罗里达州立大学 Gilbert 等（2009）和夏威夷农业研究中心 Zhu 等（2011）将甘蔗黄叶病 SCYLV 外壳蛋白基因导入甘蔗易感品种，转基因植株感病率相比对照得到大幅下降，仅为 0%～5%。印度旁遮普大学 Nayyar 等（2017）将木霉菌的 *β-1, 3-glucanase* 基因转入甘蔗品种，转基因植株中该基因表达量成倍增加，有效提升了转基因植株对甘蔗赤腐病菌的抗性。

国内甘蔗抗病转基因育种研究虽起步晚，但也取得了较大进展。福建农林大学唐晓东（2009）和 Guo 等（2015）通过 RNA 干扰技术沉默甘蔗花叶病 SCMV 和甘蔗高粱花叶病 SrMV 外壳蛋白，筛选到的部分转基因植株对于花叶病的抗性得到显著提高；刘佳（2008）

和陈利平（2013）通过 RNA 沉默技术获得了甘蔗花叶病的辅助成分蛋白基因 *HC-Pro* 和甘蔗黄叶病外壳蛋白基因的阳性转化植株。中国热带农业科学院甘蔗研究中心张树珍团队通过农杆菌介导的遗传转化分别将美洲商陆抗病毒蛋白基因 *PAP-c*、修饰过的几丁质酶基因和 β-1, 3-葡聚糖酶基因的双价抗病基因、抗黑穗病 *KP4* 基因、广谱抗菌性的紫花苜蓿防御素 *MsDef1* 基因导入甘蔗品种，获得了抗甘蔗花叶病和高抗黑穗病的转基因植株（顾丽红等，2008；罗遵喜等，2009；孔冉，2012；沈林波，2012）。广西大学 Yao 等（2017）将甘蔗花叶病毒外壳蛋白基因（*SCMV-CP*）导入易感花叶病的甘蔗热带种 Badila 中，其中 1 株转基因苗对于甘蔗花叶病的感病率低于 3%。

（三）抗除草剂转基因育种研究

将除草剂解毒基因导入甘蔗中育成抗除草剂品种，可以有效地使用除草剂进行蔗田除草，降低甘蔗生产的劳动强度和生产成本，提高生产效益。美国佛罗里达州立大学 Gallo-Meagher 等（1996）、古巴遗传工程和生物技术研究中心 Enríquez-Obregón 等（1998）、巴西 ESALQ/USP 中心 Falco 等（2000）、美国得州农业大学 Butterfield 等（2002）、印度巴拉迪大学 Manickavasagam 等（2004）先后将抗除草剂基因 *bar* 转化甘蔗品种，都获得了抗除草剂能力有效提高的转化植株。2003 年南非糖业联合试验站 Leibbrandt 和 Snyman 将抗除草剂基因 *pat* 转化甘蔗，获得了对草铵膦除草剂有抗性的转化植株。巴基斯坦旁遮普大学 Nasir 等（2014）将草甘膦抗性基因 *GTG* 转化到 4 个甘蔗品种中，喷施草甘膦（浓度为 900mL/0.404hm^2 和 1100mL/0.404hm^2），杂草和对照品种枯黄死亡，而转基因植株可正常生长。

我国在抗除草剂转基因育种方面也取得了一定进展，福建农林大学张木清团队将抗除草剂基因 *bar* 转化新台糖 20 号，获得了 5 株具有除草剂抗性的植株（王继华等，2011）。中国热带农业科学院张树珍团队通过农杆菌介导法分别将抗除草剂 *bar* 和 *EPSPS* 基因导入新台糖 22 中，分别获得了抗草铵膦和草甘膦两种除草剂的转基因甘蔗，且转化植株在 T_0 代、T_1 代，第 1 年宿根和第 2 年宿根均具有稳定的耐除草剂能力（王文治等，2016）。

（四）抗旱转基因育种研究

水分胁迫是影响甘蔗生长发育重要的限制因子，因此，抗旱育种一直是甘蔗育种的重要目标之一。虽然抗旱性状属于复杂性状，受多基因调控，加之甘蔗本身倍性多样，基因组复杂，开展抗旱转基因育种存在很大的挑战，但近年来，国内外研究者在甘蔗抗旱转基因育种方面依然取得了一定的进展。巴西巴拉那河农业研究所 Molinari 等（2007）将抗旱基因 Δ^1-吡咯啉-5-羧酸合成酶 *P5CS* 基因转入甘蔗品种 RB855156，提高了转化品种脯氨酸的积累，通过抗氧化防御系统途径提高植株的抗旱性，同时也增加了耐盐能力。毛里求斯糖业研究所 McQualter 等（2007）将拟南芥 *CBF4* 基因导入甘蔗，转基因植株早期脱水响应基因 *ERD4* 和 *P5CS* 表达量得到显著提升，在非胁迫条件下激活了甘蔗非生物胁迫诱导途径，进而提升了转化植株的抗旱性。巴基斯坦农业研究中心 Muhammad 团队将拟南芥液泡膜焦磷酸酶基因 *AVP1* 导入甘蔗品种 CP77-400，转基因植株拥有丰富且长的根系，且能够耐受更高强度的盐胁迫和缺水胁迫（Kumar et al.，2014）。美国新泽西州立罗格斯大学 Eric 团队和巴西圣保罗大学 Helaine 团队合作将拟南芥凋亡抑制基因（*AtBI-1*）导入甘蔗品种 RB835089，通过抑制内质网胁迫应答响应机制有效提高了转基因植株的抗旱性（Ramiro et al.，2016）。

我国开展甘蔗抗旱转基因育种的研究团队较多，中国热带农业科学院甘蔗研究中心张树珍团队将来源于担子菌灰树花的海藻糖合酶基因 *TPS* 基因导入甘蔗品种，提高了品种中海藻糖的积累水平，转基因甘蔗植株的渗透胁迫能力显著增强，抗旱性得到提高，而形态和生长未受影响（张树珍等，2000；Wang et al.，2005；Zhang et al.，2006）；后续又将菊芋中克隆到的蔗糖：蔗糖-1-果糖基转移酶基因 *1-SST* 转化甘蔗，通过生理和生长指标检测，转化植株在抗旱性及耐盐性上均有不同程度的提高（武媛丽，2011）。福建农林大学张木清团队（吴杨，2009）将斑茅 *DREB2B* 基因、甘蔗 *SoDREB2* 导入福农 95-1702 和 ROC22，福农 95-1702 转化植株干旱胁迫下丙二醛含量和电导率升高幅度小于对照，产生较多的可溶性糖，质膜相对透性提升，表现出较高的抗旱性。中国农业科学院闫艳春团队（Rahman，2013）通过农杆菌转染的方法将乙烯反应因子转录因子成员 *TERF1* 和 *TSRF1* 导入 ROC22 和桂糖 28 号，生理生化特征显示过表达 *TERF1* 和 *TSRF1* 基因使转化植株富集渗透保护剂和抗氧化代谢物，提高植株的抗旱耐盐的能力。

（五）重要农艺性状转基因育种研究

甘蔗的主要产品是糖，因此，提高糖分及其品质始终是甘蔗育种的主要目标。降低甘蔗的转化酶活性可以提高蔗糖积累。2000 年，美国 USDA 农业研究服务处 Paul 团队将甘蔗蔗糖转化酶基因 *SUC2* 的反义基因导入甘蔗，有效抑制了甘蔗酸性转化酶基因的表达，使转基因植株蔗糖积累量提高了 2 倍（Ma et al.，2000）。澳大利亚 CSIRO 植物产业部 Bonnett 团队将多酚氧化酶基因 *PPO* 的正链和反链及菠菜蔗糖磷酸合成酶基因 *SPS* 的正链导入甘蔗品种 Q117，提高了转基因植株中多酚氧化酶活性，加深了蔗糖颜色（Vickers et al.，2005）。澳大利亚昆士兰大学 Chong 团队将苹果山梨醇-6-磷酸盐脱氢酶基因 *mds6pdh* 导入甘蔗，转基因植株每毫克叶片和茎（干重）分别含 120mg 和 10mg 的山梨醇，山梨醇的积累虽然影响了甘蔗生长和代谢，但并不致命（Chong et al.，2007）；2011 年，该单位 Birch 团队将对嗜中酸假单胞菌 *MX-45'* 基因进行修饰合成的果糖合成酶相关基因在玉米泛素启动子控制下表达，大幅提高了转基因植株成熟茎节中的果糖含量，促进了蔗糖转化为果糖（Hamerli and Birch，2011）。

南非斯泰伦博斯大学 Groenewald 等（2008）和 van der Merwe 等（2010）通过导入焦磷酸盐酶基因 *PFP* 组成型表达反义链和不可翻译结构，降低了转基因植株焦磷酸盐酶活性，促进了未成熟节间的蔗糖的合成，提高了茎节糖分的积累；该单位 Kossmann 团队通过基因工程技术干扰了 ADP-果糖焦磷酸化酶基因 *AGPase* 的表达，同时，增加了 β 淀粉酶基因的表达，获得了淀粉含量显著下降而糖分没有显著变化的转基因甘蔗（Ferreira et al.，2008）；该单位 Rossouw 等（2010）通过基因沉默技术下调了中性转化酶基因 *NI* 的表达，但并没有显著增加蔗糖的含量。印度尼西亚可吉勃大学 Sugiharto 团队在甘蔗品种中过表达甘蔗蔗糖磷酸合成酶基因 SoSPS1，转基因植株叶片和茎中的蔗糖磷酸合成酶和可溶性转化酶活性得到增加，蔗茎的糖分含量也得到增加（Anur et al.，2020）。

中国热带农业科学院甘蔗研究中心张树珍团队将无机焦磷酸酶基因 PPA 导入甘蔗，转基因植株蔗茎中的蔗糖、果糖和葡萄糖的含量分别比对照提高了 25%、39% 和 39%（Wang et al.，2011）。广西大学亚热带农业生物资源保护与利用国家重点实验室张木清团队将磷酸甘露糖异构酶基因 PMI 转化福农 95-1702，过表达 PMI 的转化植株己糖激酶活性相比对照提高了 24%，丙酮酸激酶活性降低了 14%，而蔗糖合成酶、蔗糖磷酸合成酶、酸性转化酶等的活性并没有被显著影响，在蔗糖积累方面转基因植株与对照没有显著差异（Zhang et al.，2015）。

二、甘蔗分子标记育种存在的问题与展望

近年来，甘蔗转基因育种取得了令人鼓舞的成果，陆续获得了抗虫、抗病、抗旱、高糖的转基因材料，证实了甘蔗转基因育种是可行的育种技术。但目前甘蔗转基因育种依然存在一些问题，主要表现为：①甘蔗基因组复杂，遗传转化本身比较困难且并不稳定，转化效率低，外源基因表达量不高，存在较为普遍的基因沉默现象；②目的基因单一；③转基因安全性问题，限制了转基因品种的应用推广。

我国转基因育种工作近年来虽然取得快速发展，但与先进国家相比尚存在较大的差距，主要表现在：①可用于转化的基因资源严重缺乏，优异基因挖掘研究较为滞后，缺乏具有自主知识产权的转化基因，大都使用国外已获得的成熟基因用于遗传转化；②通过转基因育种技术尚未获得可用于生产大面积推广的优良品种，所获转基因品种或多或少存在这样或那样的问题，转化基因表达不稳定，极易丢失；③转基因育种研究缺乏有效的组织体系和实施机制，转基因研究队伍小而散，缺乏大规模、高效率的专业转基因平台。

针对以上情况，未来我国甘蔗转基因育种研究应重点从以下几个方面着手：①大力开展种质资源的精准鉴定和优异基因的挖掘研究，获得丰富的基因资源，筛选具有重要育种价值的基因，尤其是具有自主知识产权的基因；②由于甘蔗本身基因组复杂的特点，还需通过不断的摸索努力，建立更高效、稳定的甘蔗遗传转化体系，包括高效的转基因受体和转化平台；③分离和鉴定甘蔗高效表达启动子和甘蔗组织特异性表达启动子，用以提高甘蔗转基因表达效率；④由转化单一基因向同时转化多个基因或整个代谢途径方向转变，建立多基因转化聚合育种平台，确保可同时改良多种性状，且改良性状表现稳定持久；⑤使用安全的筛选标记或者无筛选标记的转化方法，使转基因甘蔗具有较好的安全性，便于后续转基因品种获得安全评估，加速商业化应用；⑥加强转基因甘蔗的安全管理，必须严格按照相关安全法规进行安全性管理。

另外，近年来快速发展的基因编辑技术给依托基因工程平台的分子育种提供了更多选择。基因编辑主要是对目的基因的靶向修饰，从而使基因组产生与自发突变或诱发突变机理相似，并能稳定遗传给后代的变异，不含任何外源 DNA，不存在转基因安全风险问题，能够更准确快速地设计、改造作物品种，有针对性地聚合多个优良性状。目前该技术已在

水稻、小麦、西红柿、马铃薯等作物上得到应用，取得了较好的效果。该技术不断取得的成果经验将为甘蔗未来的分子育种提供更好的参考和指导。

参 考 文 献

陈利平，2013. 甘蔗花叶病与黄叶病 RNAi 双价抗病毒表达载体构建与遗传转化研究[D]. 福州：福建农林大学.

陈平华，林美娟，薛志平，等，2004. GNA 基因遗传转化甘蔗研究[J]. 江西农业大学学报，26（3）：1-6.

陈如凯，2010. 现代甘蔗遗传育种[M]. 北京：中国农业出版社.

邓智年，魏源文，黄诚梅，等，2012. 融合杀虫基因对甘蔗的遗传转化[J]. 南方农业学报，43（8）：1086-1089.

邓智年，魏源文，潘有强，等，2012. 甘蔗抗虫转基因研究进展[J]. 南方农业学报，43（10）：1452-1456.

董广蕊，石佳仙，侯蔼玲，等，2018. 甘蔗基因组研究进展[J]. 生物技术，28（3）：296-301.

方宣钧，吴为人，唐纪良，2001. 作物 DNA 标记辅助育种[M]. 北京：科学出版社.

冯翠莲，刘晓娜，张树珍，等，2010. CryIA(c)基因植物表达载体的构建及转基因甘蔗的获得[J]. 热带作物学报，31(7)：1103-1108.

冯翠莲，沈林波，赵婷婷，等，2011. Cry1Ab 基因转化甘蔗及转基因抗虫植株的获得[J]. 热带农业科学，31（9）：21-26.

甘仪梅，张树珍，曾凡云，等，2013. 甘蔗转基因育种研究进展[J]. 生物技术通报，3：1-9.

高俊山，林毅，叶兴国，等，2003. 植物转基因技术和方法概述[J]. 安徽农业科学，5：104-107.

顾丽红，张树珍，杨本鹏，等，2008. 几丁质酶和 β-1, 3-葡聚糖酶基因导入甘蔗[J]. 分子植物育种，6（2）：277-280.

何海波，2012. 甘蔗转 Cry1C 和 Cry2A 基因研究[D]. 桂林：广西师范大学.

黄大昉，2015. 我国转基因作物育种发展回顾与思考[J]. 生物工程学报，31（6）：892-900.

蒋洪涛，2016. 转 Ea-DREB2B 基因甘蔗苗期抗旱性及相关基因表达分析[D]. 南宁：广西大学.

孔冉，2012. KP4 基因遗传转化甘蔗的研究[D]. 海口：海南大学.

李晓梅，王闵霞，秦廷豪，等，2013. 根癌农杆菌介导甘蔗遗传转化 Bt(cry1Ab)基因[J]. 生物技术通报，2：100-105.

李杨瑞，2010. 现代甘蔗学[M]. 北京：中国农业出版社.

刘佳，2008. 甘蔗花叶病病毒蛋白基因（SrMV-HC-Pro）的遗传转化甘蔗研究[D]. 福州：福建农林大学.

刘晓娜，冯翠莲，张树珍，2010. GNA 基因表达载体的构建及遗传转化甘蔗[J]. 热带作物学报，31（6）：887-893.

刘新龙，毛钧，陆鑫，等，2010. 甘蔗 SSR 和 AFLP 分子遗传连锁图谱构建[J]. 作物学报，36（1）：177-183.

刘志文，傅廷栋，刘雪平，等，2006. 作物分子标记辅助选择的研究进展影响因素及其发展策略[J]. 植物学通报，22（B8）：82-90.

罗遵喜，2009. 美洲商陆抗病毒蛋白基因遗传转化甘蔗的研究[J]. 热带作物学报，30（11）：1646-1650.

沈林波，2012. 紫花苜蓿防御素基因 MsDef1 转化甘蔗及抗病转基因植株的筛选[J]. 海口：海南大学.

唐晓东，2009. 转 SCMV-CP 基因抗花叶病甘蔗无性系的评价[D]. 福州：福建农林大学.

王继华，张木清，曹干，2011. 抗除草剂转基因甘蔗农艺性状调查[J]. 广东农业科学，38（9）：23-23.

王文治，杨志坚，杨本鹏，等，2012. 高效快速甘蔗转基因方法探索[J]. 热带作物学报，33（9）：1619-1624.

王文治，杨本鹏，蔡文伟，等，2016. 抗除草剂 bar 基因与 EPSPS 基因在转基因甘蔗中的应用研究[J]. 生物技术通报，32（3）：73-78.

吴才文，赵培方，夏红明，等，2014. 现代甘蔗杂交育种及选择技术[M]. 北京：科学出版社.

吴杨，2009. 斑茅 DREB2B 基因遗传转化甘蔗的抗旱性研究[D]. 福州：福建农林大学.

吴转娣，吴才文，曾千春，等，2014. Cry1Ac 和 sck 双价抗虫基因遗传转化甘蔗的研究[J]. 热带作物学报，35（11）：2236-2242.

武媛丽，2011. 转蔗糖：蔗糖-1-果糖基转移酶基因甘蔗的抗旱性研究[D]. 海口：海南大学.

肖景华，陈浩，张启发，2011. 转基因作物将为我国农业发展注入新动力[J]. 生命科学，23（2）：151-156.

徐九文，李天富，韩正姝，等，2016. 作物转基因育种技术的应用及安全性探讨[J]. 安徽农业科学，30：97-100，117.

许莉萍，陈如凯，2004. 与甘蔗抗黑穗病基因连锁的 RAPD 标记筛选[J]. 应用与环境生物学报，10（3）：263-267.

颜志辉，郑怀国，赵静娟，等，2016. 基于 SCI 论文的作物转基因育种领域发展态势分析[J]. 中国农业科技导报，18（2）：208-215.

杨海霞，2013. 割手密分子遗传连锁图谱的构建[D]. 南宁：广西大学.

叶继术，舒庆尧，1998. 作物转基因育种与我国农业新技术革命[J]. 浙江农业学报，10（3）：163-168.

于兰，2005. 甘蔗农杆菌介导 Bt 基因遗传转化的研究[D]. 桂林：广西师范大学.

张树珍，郑学勤，林俊芳，等，2000. 海藻糖合酶基因的克隆及转化甘蔗的研究[J]. 农业生物技术学报，4：385-388.

长孙东亭，罗素兰，陈如凯，等，2006. 基因枪法介导 GNA 基因遗传转化甘蔗的研究[J]. 生物技术，16（3）：51-55.

Aitken K S, Jackson P A, 2004. QTL identified for yield components in a cross between a sugarcane (*Saccharum spp.*) cultivar Q165A and a *S. officinarum* clone IJ76-514[A]//International Crop Science Congress. 4th International Crop Science Congress, Brisbane：9.

Aitken K S, Jackson P A, McIntyre C L, 2005. A combination of AFLP and SSR markersprovide extensive map coverage and identification of homo (eo) logous linkage groupsin a sugarcane cultivar[J]. Theor Appl Genet, 110：789-801.

Aitken K S, Jackson P A, McIntyre C L, 2007. Construction of genetic linkage map for *Saccharum officinarum* incorporating both simplex and duplex markers to increasegenome coverage[J]. Genome, 50：742-756.

Aitken K S, McNeil M D, Hermann S, et al, 2014. A comprehensive genetic map of sugarcane that provides enhanced map coverage and integrates high-throughput Diversity Array Technology (DArT) markers[J]. BMC genomics, 15（1）：152.

Aitken K, HermannS, Karno K, et al, 2008. Genetic control of yield related stalk traits in sugarcane[J]. Theor Appl Genet, 117：1191-1203.

Aljanabi S M, Honeycutt R J, McClelland M, et al, 1993. A genetic linkage mapof *Saccharum spontaneum* L. 'SES 208'[J]. Genetics, 134：1249-1260.

Aljanabi S M, Parmessur Y, Kross H, et al, 2007. Identification of a major quantitative trait locus (QTL) for yellow spot (*Mycovellosiella koepkei*) disease resistance in sugarcane[J]. Mol Breed, 19：1-14.

Alwala S, Kimbeng C A, Veremis J C, et al, 2009. Identification of molecular markers associated with sugar-related traits in a Saccharum interspecific cross[J]. Euphytica, 167：127-142.

Alwala S, Kimbeng C A, Veremis JC, et al, 2008. Linkage mapping and genomeanalysis in *Saccharum* interspecific cross using AFLP, SRAP and TRAP markers[J]. Euphytica, 164：37-51.

Andru S, Pan Y B, Thongthawee S, et al, 2011. Genetic analysis of the sugarcane (*Saccharum* spp.) cultivar 'LCP 85-384' linkage mapping using AFLP, SSR and TRAP markers[J]. Theor Appl Genet, 123：77-93.

Anur R M, Mufithah N, Sawitri W D, et al, 2020. Overexpression of sucrose phosphate synthase enhanced sucrose content and biomass production in transgenic sugarcane[J]. Plants, 9（2）：200.

Apriasti R, Widyaningrum S, Hidayati W N, et al, 2018. Full sequence of the coat protein gene is required for the induction of pathogen-derived resistance against sugarcane mosaic virus in transgenic sugarcane[J]. Mol Biol Rep, 45：2749-2758.

Arencibia A, Vázquez R I, Prieto D, et al, 1997. Transgenic sugarcane plants resistant to stem borer attack[J]. Molecular Breeding, 3（4）：247-255.

Arvinth S, Arun S, Selvakesavan R K, et al, 2010. Genetic transformation and pyramiding of aprotinin-expressing with *cry1Ab* for shoot borer (*Chilo infuscatellus*) resistance[J]. Plant Cell Reports, 29（4）：383-395.

Arvinth S, Selvakesavan R K, Subramonian N, et al, 2009. Transmission and expression of transgenes in progeny of sugarcane clones with *cry1Ab* and aprotinin genes[J]. Sugar Tech, 11（3）：292-295.

Aslam U, Tabassum B, Nasir I A, et al, 2018. A virus-derived short hairpin RNA confers resistance against sugarcane mosaic virus in transgenic sugarcane[J]. Transgenic Res, 27：203-210.

Asnaghi C, Paulet F, Kaye C, et al, 2000. Application of synteny across Poaceae to determine the map location of a sugarcane rust resitance gene[J]. Theor Appl Genet, 101：962-969.

Bower R, Birch R G, 2010. Transgenic sugarcane plants via microprojectile bombardment：for cell and molecular biology[J]. Plant Journal, 2（3）：409-416.

Braga D P V, Arrigoni E D B, Burnquist W L, et al, 2001. A new approach for control of *Diatraea saccharalis* (*Lepidoptera：Crambidae*) through the expression of an insecticidal *CryIa(b)* protein in transgenic sugarcane[C]. Proceedings of the International Society of Sugar Cane Technologists XXIV Congress.

Butterfield M K, Irvine J E, Valdez Garza M, et al, 2002. Inheritance and segregation of virus and herbicide resistance transgenes insugarcane[J]. Theor Appl Genet, 104 (5): 797-803.

Chen J W, Lao F Y, Chen X W, et al, 2015. DNA marker transmission and linkage analysis in populations derived from a sugarcane (*Saccharum* spp.) x*Erianthus arundinaceus* Hybrid[J]. PLoS One, 10 (6): e0128865.

Chong B F, Bonnett G D, Glassop D, et al, 2007. Growth and metabolism in sugarcane are altered by the creation of a new hexose-phosphate sink[J]. Plant Biotechnology Journal, 5 (2): 240-253.

Christy L A, Arvinth S, Saravanakumar M, et al, 2009. Engineering sugarcane cultivars with bovine pancreatic trypsin inhibitor (aprotinin) gene for protection against top borer (*Scirpophaga excerptalis* Walker)[J]. Plant Cell Reports, 28 (2): 175-184.

Costet L, Raboin L M, Payet M, et al, 2012. A major quantitative trait allele for resistance to the sugarcane yellow leaf virus (*Luteoviridae*)[J]. Plant Breeding, 131: 637-640.

Creste S, Accoroni K A G, Pinto L R, et al, 2010. Genetic variability among sugarcane genotypes based on polymorphisms in sucrose metabolism and drought tolerance genes[J]. Euphytica, 172 (3): 435-446.

da Silva J A G, Honeycutt R J, Burnquist W, et al, 1995. *Saccharum spontaneum* L. 'SES 208' genetic linkage map combining RFLP and PCR-based markers[J]. Mol Breed, 1: 165-179.

Daugrois J H, Grivet L, Roques D, et al, 1996. A putative major gene for rust resistant linked with an RFLP marker in sugarcane cultivar R570[J]. Theor Appl Genet, 92: 1059-1064.

Edme S J, Glynn N G, Comstock J C, 2006. Genetic segregation of microsatellite markers in *Saccharum officinarum* and *S. spontaneum*[J]. Heredity, 97: 366-375.

Enríquez-Obregón G A, Vázquez-Padrón R I, Prieto-Samsonov D L, et al, 1998. Herbicide-resistant sugarcane (*Saccharum officinarum* L.) plants by Agrobacterium-mediated transformation[J]. Planta, 206 (1): 20-27.

Falco M C, Silva-Filho M C, 2003. Expression of soybean proteinase inhibitors in transgenic sugarcane plants: effects on natural defense against *Diatraea saccharalis*[J]. Plant Physiol Biochem, 41 (8): 761-766.

Falco M C, Tulmann N A, Ulian E C, 2000. Transformation and expression of a gene for herbicide resistant in a Brazilian sugarcane[J]. Plant Cell Rep, 19 (12): 301-304.

Ferreira S J, Kossmann J, Lloyd J R, et al, 2008. The reduction of starch accumulation in transgenic sugarcane cell suspension culture lines[J]. Biotechnology Journal: Healthcare Nutrition Technology, 3 (11): 1398-1406.

Gao S, Yang Y, Wang C, et al, 2016. Transgenic sugarcane with a cry1Ac gene exhibited better phenotypic traits and enhanced resistance against sugarcane borer[J]. PLoS One, 11 (4): e0153929.

Garcia A A F, Kido E A, Meza A N, et al, 2006. Development of an integrated genetic map of a sugarcane (*Saccharum* spp.) commercial cross, based on a maximum-likelihood approach for estimation of linkage and linkage phases[J]. Theor Appl Genet, 112: 298-314.

Gilbert R A, Gallo-Meagher M, Comstock J C, et al, 2005. Agronomic evaluation of sugarcane lines transformed for resistance to sugarcane mosaic virus strain E[J]. Crop Science, 45 (5): 2060-2067.

Gilbert R A, Glynn N C, Comstock J C, et al, 2009. Agronomic performance and genetic characterization of sugarcane transformed for resistance to sugarcane yellow leaf virus[J]. Field Crops Research, 111 (1-2): 39-46.

Grivet L, D'Hont A, Roques D, et al, 1996. RFLP mapping in a highly polyploid and aneuploid interspecific hybrid[J]. Genetics, 142: 987-1000.

Groenewald J H, Botha F C, 2008. Down-regulation of pyrophosphate: fructose 6-phosphate 1-phosphotransferase (PFP) activity in sugarcane enhances sucrose accumulation in immature internodes[J]. Transgenic Research, 17 (1): 85-92.

Guerzoni J T S, Belintani N G, Moreira R M P, et al, 2014. Stress-induced Δ1-pyrroline-5-carboxylate synthetase (*P5CS*) gene confers tolerance to salt stress in transgenic sugarcane[J]. Acta Physiologiae Plantarum, 36 (9): 2309-2319.

Guimaraes C T, Honeycutt R J, Sills G R, et al, 1999. Genetic maps of *Saccharum officinarum* L. and *Saccharum robustum* Brandes & Jew. ex grassl[J]. Genetics and Molecular Biology, 22 (1): 125-132.

Guo J, Gao S, Lin Q, et al, 2015. Transgenic sugarcane resistant to sorghum mosaic virus based on coat protein gene silencing by

RNA interference[J]. BioMed Research International，ID861907.

Gutierrez A F，Hoy J W，Kimbeng C A，et al，2018. Identification of genomic regions controlling leaf scald resistance in sugarcane using a bi-parental mapping population and selective genotyping by sequencing[J]. Front. Plant Sci.，9：877.

Hamerli D，Birch R G，2011. Transgenic expression of trehalulose synthase results in high concentrations of the sucrose isomer trehalulose in mature stems of field grown sugarcane[J]. Plant Biotechnology Journal，9（1）：32-37.

Hoarau J Y，Grivet L，2002. Genetic dissection of a modern sugarcane cultivar (*Saccharum* spp.). II. Detection of QTLs for yield components[J]. Theor Appl Genet，105：1027-1037.

Hoarau J Y，Offmann B，D'Hont A，et al，2001. Genetic dissection of a modern sugarcane cultivar (*Saccharum* spp.). I. genome mapping with AFLP markers[J]. Theor Appl Genet，103：84-97.

Huckett B I，Botha F C，1995. Stability and potential use of RAPD markers in a sugarcane genealogy[J]. Euphytica，86（2）：117-125.

Ingelbrecht I L，Irvine J E，Mirkov T E，1999. Posttranscriptional gene silencing in transgenic sugarcane. Dissection of homology dependent virus resistance in a monocot that has a complex polyploid genome[J]. Plant Physiol，119（4）：1187-1198.

Irvine J E，Mirkov T E，1997. The development of genetic transgenic transformation of sugarcane in Texas[J]. Sugar Journal，60：25-29.

Jordan D R，Casu R E，Besse P，et al，2004. Markers associated with stalk number and suckering in sugarcane colocate with tillering and rhizomatousness QTLs in sorghum[J]. Genome，47（5）：988-993.

Khan M S，Ali S，Iqbal J，2011. Developmental and photosynthetic regulation of δ-endotoxin reveals that engineered sugarcane conferring resistance to 'dead heart' contains no toxins in cane juice[J]. Mol Biol Rep，38：2359-2369.

Kumar T，Uzma Khan M R，and Ali G，2014. Genetic improvement of sugarcane for drought and salinity stress tolerance using Arabidopsis Vacuolar Pyrophosphatase (*AVP1*) gene[J]. Mol. Biotechnol.，56（3）：199-209.

Leibbrandt N B，Snyman S J，2003. Stability of gene expression and agronomic performance of a transgenic herbicide-resistant sugarcane line in South Africa[J]. Crop Science，43（2）：671-677.

Liu P，Chandra A，Que Y，et al，2016. Identification of quantitative trait loci controlling sucrose content based on an enriched genetic linkage map of sugarcane (*Saccharum* spp. hybrids) cultivar 'LCP 85-384'[J]. Euphytica，207（3）：527-549.

Ma H，Albert H H，Paull R，et al，2000. Metabolic engineering of invertase activities in different subcellular compartments affects sucrose accumulation in sugarcane cells[J]. Functional Plant Biology，27（11）：1021-1030.

Manickavasagam M，Ganapathi A，Anbazhagan V R，et al，2004. Agrobacterium-mediated genetic transformation and development of herbicide-resistant sugarcane (*Saccharum* species hybrids) using axillary buds[J]. Plant Cell Rep，23（3）：134-143.

McQualter R B，Dale J L，Harding R M，et al，2004. Production and evaluation of transgenic sugarcane containing a Fiji disease virus (*FDV*) genome segment S9-derived synthetic resistance gene[J]. Australian Journal of Agricultural Research，55（2）：139-145.

McQualter R B，Dookun-Saumtally A，2007. Expression profiling of abiotic stress inducible genes in sugarcane[J]. Proc. Aust. Soc. Sugarcane Technol.，29：878-888

Meng Z，Han J，Lin Y，et al，2020. Characterization of a *Saccharum spontaneum* with a basic chromosome number of x = 10 provides new insights on genome evolution in genus Saccharum[J]. Theoretical and Applied Genetics，133（1）：187-199.

Ming R，Liu S C，Lin Y R，et al，1998. Detailed alignment of *Saccharum* and Sorghum chromosomes：comparative organization ofclosely related diploid and polyploid genomes[J]. Genetics，150：1663-1682.

Ming R，Liu S C，Moore P H，et al，2001. QTL Analysis in a complex autopolyploid：genetic control of sugar content in sugarcane[J]. Genome Res，11（12）：2075-2084.

Ming R，Wang Y W，Draye X，et al，2002. Molecular dissection of complex traits in autopolyploids：mapping QTLs affecting sugar yield and related traits in sugarcane[J]. Theor Appl Genet，105：332-345.

Molinari，Hugo Bruno Correa，et al，2007. Evaluation of the stress inducible production of proline in transgenic sugarcane (*Saccharum* spp.)：osmotic adjustment，chlorophyll fluorescence and oxidative stress[J]. Physiologia Plantarum1，30（2）：218-229.

Msomi N S，1998. The potential of bulk segregant analysis and RAPD technology for identification of molecular markers linked to traits in sugarcane[D]. Durban：University of Natal.

Mudge J，Andersen W R，Kehrer R L，et al，1996. A RAPD genetic map of *Saccharum officinarum*[J]. Crop Sci，36：1362-1366.

Nasir I A，Tabassum B，Qamar Z，et al，2014. Herbicide-tolerant sugarcane (*Saccharum officinarum* L.) plants：an unconventional method of weed removal[J]. Turkish Journal of Biology，38（4）：439-449.

Nayyar S，Sharma B K，Kaur A，et al，2017. Red rot resistant transgenic sugarcane developed through expression of *β*-1, 3-glucanase gene[J]. PloS one，12（6）：e0179723.

Nibouche S，Raboin M，HoarauJY，et al，2012. Quantitative trait loci for sugarcane resistance to the spotted stem borer *Chilo sacchariphagus*[J]. Mol Breeding，29：129-135.

Nutt K A，Allsopp G，Geijskes R J，et al，1999. Transgenic sugarcane with increased resistance to canegrubs[C]. Proceedings of the Proceedings of the Conference of Australian Society of Sugarcane Technologists. Brisbane.

Oliveira K M，Pinto L R，Marconi T G，et al，2007. Functional integrated genetic linkage map based on EST-markers for a sugarcane (*Saccharum* spp.) commercial cross[J]. Mol Breed，20：189-208.

Palhares A C，Rodrigues-Morais T B，Van Sluys M A，et al，2012. A novel linkage map of sugarcane with evidence for clustering of retrotransposon-based markers[J]. BMC Genet，13：51.

Pinto L R，GarciaA A F，PastinaM M，et al，2010. Analysis of genomic and functional RFLP derived markers associated with sucrose content，fiber and yield QTLs in a sugarcane (*Saccharum* spp.) commercial cross[J]. Euphytica，172：313-327.

Piperidis N，Jackson P A，D'Hont A，et al，2009. Identification of molecular markers associated with sugar-related traits in a *Saccharum* interspecific cross[J]. Euphytica，167：127-142.

Raboin L M，Oliveira K M，Lecunff L，et al，2006. Genetic mapping in sugarcane，a high polyploidy，using bi-parentalprogeny：identification of a gene controlling stalk colour and a new rust resistance gene[J]. Theor Appl Genet，112：1382-1391.

Racedo J，Gutiérrez，Lucía，Perera，María Francisca，et al，2016. Genome-wide association mapping of quantitative traits in a breeding population of sugarcane[J]. BMC Plant Biology，16（1）：142.

Rahman M A，2013. TERF1 和 TSRF1 转基因甘蔗的抗旱耐盐研究[D]. 北京：中国农业科学院.

Rafalski A，Tingey S，Williams J G K，1993. Random amplified polymorphic DNA（RAPD）markers[J]. Plant Molecular Biology Manual，C8：1-9.

Ramiro D A，Melotto-Passarin D M，Barbosa M A，et al，2016. Expression of Arabidopsis Bax Inhibitor-1 in transgenic sugarcane confers drought tolerance[J]. Plant Biotechnology Journal，14（9）：1826-1837.

Reffay N，Jackson P A，Aitken K S，et al，2005. Characterization of genome regions incorporated from an important wild relativeinto Australian sugarcane[J]. Mol Breed，15：367-381.

Riaño-Pachón D M，Mattiello L，2017. Draft genome sequencing of the sugarcane hybrid SP80-3280[J]. F1000Research，6.

Rossi M，Araujo G P，Paulet F，et al，2003. Genomic distribution and characterization of EST-derived resistance geneanalogs (RGAs) in sugarcane[J]. Mol Genet Genom，269：406-419.

Rossouw D，Kossmann J，Botha F C，et al，2010. Reduced neutral invertase activity in the culm tissues of transgenic sugarcane plants results in a decrease in respiration and sucrose cycling and an increase in the sucrose to hexose ratio[J]. Functional Plant Biology，37（1）：22-31.

Setamou M，Bernal J S，Legaspi J C，et al，2002. Evaluation of lectin expressing transgenic sugarcane against stalk borers (Lepidoptera：Pyralidae)：effects on life history parametersa[J]. J Econ Entomo，95：469-477.

Sharma V，2009. Identification of drought-related quantitative trait loci (QTLs) in sugarcane (*Saccharum* spp.) using genic markers[M]. College Station：Texas A&M University.

Silva W D，Freire M D G M，Parra J R P，et al，2012. Evaluation of the Adenanthera pavonina seed proteinase inhibitor (*ApTI*) as a bioinsecticidal tool with potential for the control of *Diatraea saccharalis*[J]. Process Biochemistry，47（2）：257-263.

Singh R K，Banerjee N，Khan M S，et al，2016. Identification of putative candidate genes for red rot resistance in sugarcane (*Saccharum* species hybrid) using LD-based association mapping[J]. Mol Genet Genomics，291：1363-1377.

Singh R K，Singh S P，Tiwari D K，et al，2013. Genetic mapping and QTL analysis for sugar yield-related traits in sugarcane[J]. Eupthytica，191：333-353.

Tomov B W, Bernal J S, 2003. Effects of *GNA* transgenic sugarcane on life history parameters of Parallorhogas pyralophagus (Marsh) (Hymenoptera: Braconidae), a parasitoid of Mexican rice borer[J]. J Econ Entomol, 96 (3): 570-576.

van der Merwe M J, Groenewald J H, Stitt M, et al, 2010. Down regulation of pyrophosphate: D-fructose-6-phosphate 1-phosphotransferase activity in sugarcane culms enhances sucrose accumulation due to elevated hexose-phosphate levels[J]. Planta, 231 (3): 595-608.

Vickers J E, Grof C P L, Bonnett G D, et al, 2005. Effects of tissue culture, biolistic transformation, and introduction of *PPO* and *SPS* gene constructs on performance of sugarcane clones in the field[J]. Australian Journal of Agricultural Research, 56 (1): 57-68.

Wang J G, Zhang S Z, 2011. Transgenic sugarcane plants expressing *Saccharomyces cerevisiae* inorganic pyrophosphatase display altered carbon partitioning in their sink stems and increased photosynthetic activity in their source leaves[C]//Castillo RO, Dookun-Saumtally A. Maceió: 10th germplasm & breeding and 7th molecular biology workshop, 63.

Wang Z Z, Zhang S Z, Yang B P, et al, 2005. Trehalose synthase gene transfer mediated by Agrobacterium tumefaciens enhances resistance to osmotic stress in sugarcane[J]. Sugar Technol., 7 (1): 49-54

Weng L X, Deng H H, Xu J L, et al, 2011. Transgenic sugarcane plants expressing high levels of modified *cry1Ac* provide effective control against stem borers in field trials[J]. Transgenic Res, 20: 759-772.

Yang X, Sood S, Glynn N, et al, 2017. Constructing high-density genetic maps for polyploid sugarcane (*Saccharum* spp.) and identifying quantitative trait loci controlling brown rust resistance[J]. Mol Breeding, 37: 116.

Yao W, Ruan M, Qin L, et al, 2017. Field performance of transgenic sugarcane lines resistant to sugarcane mosaic virus[J]. Frontiers in Plant Science, 8: 104.

You Q, Yang X, Peng Z, et al, 2019. Development of an axiom sugarcane100K SNP array for genetic map construction and QTL identification[J]. Theor Appl Genet, 132: 2829-2845.

Zhang H X, Zhang B P, Fang C L, et al, 2006. Expression of the *Grifola frondosa* trehalose synthase gene and improvement of drought tolerance in sugarcane (*Saccharum officinarum* L.)[J]. J. Integr. Plant Biol., 48: 453-459.

Zhang J, Zhang X, Tang H, et al, 2018. Allele-defined genome of the autopolyploid sugarcane *Saccharum spontaneum* L.[J]. Nature Genetics, 50 (11): 1565-1573.

Zhang L, Xu J, Birch R G, 1999. Engineered detoxification confers resistance against a pathogenic bacterium[J]. Nature Biotechnology, 17 (10): 1021-1024.

Zhang M, Zhuo X, Wang J, et al, 2015. Phosphomannose isomerase affects the key enzymes of glycolysis and sucrose metabolism in transgenic sugarcane overexpressing the manA gene[J]. Molecular Breeding, 35 (3): 100.

Zhang D T, Luo S L, Chen R K, et al, 2007. Improved Agrobacterium-mediated genetic transformation of GNA transgenic sugarcane[J]. Biologia (Bratislava), 62 (4): 386-393.

Zhu Y J, McCafferty H, Osterman G, et al, 2011. Genetic transformation with untranslatable coat protein gene of sugarcane yellow leaf virus reduces virus titers in sugarcane[J]. Transgenic Res, 20: 503-512.

第七章 近年育成的抗逆高产高糖新品种

甘蔗品种指人工选育或发现并经过改良，遗传性状稳定，形态特征和生物学特性一致，并有适当命名的甘蔗品种材料。甘蔗品种改良是蔗糖产业发展的保障。世界各蔗糖主产国都把新品种选育应用作为产业发展的首要工作。

第一节 甘蔗品种与良种

一、甘蔗品种

甘蔗生产上种植的品种都是杂交品种，是经过甘蔗种间、属间或是品种间杂交、回交，经轮回选择及试验示范筛选得来的。目前，国内外甘蔗品种很多，可按蔗茎的大小、糖分的高低、工艺成熟期的迟早以及用途将这些品种划分为不同的类型，以便更好地在生产上推广。

（1）按蔗茎大小分。不同品种的蔗茎大小有很大差异。按蔗径大小可将甘蔗品种划分为大茎种、中茎种、细茎种。一般茎径在 3cm 以上的为大茎种，2.5～3.0cm 的为中茎种，而 2.5cm 以下的为细茎种。品种茎径的大小，虽然是种性和形态的差异，但由于栽种条件的不同也会产生一定差异。

（2）按糖分高低分。按糖分高低可将甘蔗品种划分为高糖品种、中糖品种和低糖品种。一般而言，甘蔗蔗糖分在 15% 以上的为高糖品种，12.5%～15% 的为中糖品种，12.5% 以下的为低糖品种。品种蔗糖分的高低是种性的表现，同样，栽培条件的不同也会产生一定差异。

（3）按工艺成熟期迟早分。甘蔗的成熟期是由每个品种的种性决定的。甘蔗品种按其成熟期可分为早熟种、中熟种和晚（迟）熟种。在华南蔗区当甘蔗糖分新植宿根平均在 11 月份达 13%，成熟高峰期达 14.5% 的为早熟种；1 月份达 14%，成熟高峰期达 15% 以上的为中熟种；2 月份达 14%，成熟高峰期达 15% 以上的为晚熟种。不同熟期甘蔗品种的糖分要求见图 7-1。早熟种就是在榨季早期蔗糖分高，有利于糖厂提早开榨；晚熟种就是早期糖分低，要在榨季后期糖分才高；中熟种介于两者之间。以上甘蔗品种的分类是相对的，各蔗区应根据自身情况，因地制宜地选择、搭配不同的品种，使蔗区品种多样化，早熟、中熟、晚熟品种合理搭配，使整个榨季自始至终都有较高的甘蔗含糖分和产糖率。

（4）按用途分。按用途可将甘蔗品种划分为糖料蔗、果蔗、能源蔗和饲用蔗等。顾名思义，用于制糖的甘蔗为糖料蔗；以生食为主的为果蔗；以制造酒精等能源为主的为能源蔗；以作饲料为主的为饲用蔗。后三种甘蔗大多可与糖料蔗兼用。

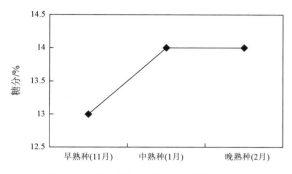

图 7-1　不同熟期甘蔗品种的糖分要求

二、甘蔗良种

（一）甘蔗良种的概念

甘蔗是世界上主要的糖料作物，甘蔗栽培的主要目的是获得高产优质的制糖原料，以增加蔗农收入和提高糖厂的经济效益，所以，甘蔗生产需要符合蔗糖产业发展的优良品种，即甘蔗良种。产量高、糖分高是甘蔗良种必须具备的条件。产量高、糖分低的品种不利于糖厂提高出糖率；糖分高、产量低的品种又不利于增加蔗农的经济收入。所以，二者有着密切的关系，不可偏弃。随着蔗糖经济的发展以及现代农业科学和制糖工业水平的提高，人们对甘蔗品种不断地提出新的要求，总体来说，甘蔗良种应具备高产、高糖、宿根性好、抗逆力强、适应性广以及其他优良的农艺和工艺性状。不同的生态环境、不同的历史时期、不同的生产条件和栽培制度，要求不同的良种，因此，良种不是绝对的。甘蔗良种的概念是：在某一地区、某一时期、某一栽培制度下获得单位面积最高的产蔗量和产糖量，而且产量稳定，适于当地生态环境、栽培制度和制糖工艺的要求，经济效益显著，能为制糖业工农双方所接受的品种。

（二）甘蔗良种的品质要求

甘蔗良种应具有优良的品质，包括农艺性状品质和工艺性状品质。

1. 单产高

单产指单位面积甘蔗的产量，单产是甘蔗品种推广应用的首要目标，具有高的产量，蔗农才能获得良好的经济效益。单位面积的甘蔗产量是由有效茎数和单茎重构成，即蔗产量＝有效茎数×单茎重。在推广一个品种时，当以高糖为目标时，其品种产量起码不低于同熟期原栽培品种的产量水平。

2. 蔗糖分高

甘蔗中所含纯净蔗糖的重量占甘蔗重量的百分比，称为甘蔗蔗糖分，蔗糖分是甘蔗最重要的品质特性。它的高低直接影响着出糖率和生产效益。

亩含糖量是综合考虑甘蔗产量和蔗糖分的最佳指标，亩含糖量＝亩产蔗量×甘蔗蔗糖分。一般来说，好的甘蔗品种除具备特殊的优良性状外，亩含糖量要比对照栽培种高10%以上。

3. 宿根性好

甘蔗属一年栽多年宿根的经济作物，目前云南宿根甘蔗栽培面积约占植蔗总面积的70%以上，种好宿根甘蔗不仅可以大面积高产稳产和平衡增产，而且还能节约劳动力、节约种苗，为糖厂提早开榨提供优质的原料。

宿根性是甘蔗品种的重要性状，一般来说，品种蔗茎的大小与宿根性的强弱有密切关系，大茎品种丰产性强，但茎数少，宿根性较差；中茎至中大茎品种分蘖力强，茎数较多，宿根性好，可以获得满意的产量。

4. 抗逆性强

甘蔗品种的抗逆性指其对干旱、瘠薄、霜冻、病虫害等不良环境的抵抗能力，它是实现高产、稳产、高糖的重要保证。我国的甘蔗70%以上种植在旱地上，土壤较瘠薄，灌溉条件差，因而，选育耐旱瘠、早生快发、根系发达的品种极为重要，如桂糖42号、柳城05-136、柳城03-182、云蔗05-51等都属这类品种。有霜冻发生的蔗区，宜选用宿根性强、较耐寒的品种。此外，考虑部分蔗区病害较严重，在选用品种进行推广时，要根据不同蔗区病害发生情况，选用抗病良种。

5. 甘蔗纤维分适中

甘蔗中的纤维总量占甘蔗重量的百分比，称为甘蔗纤维分。纤维分的高低，纤维的长短、硬度、韧度等都与压榨抽出有关。纤维分越高，榨量越低，抽出率也越低。纤维分过低，韧度小，经受压力后成粉碎状，容易塞辘，引起机械故障。从甘蔗综合利用角度来看，甘蔗纤维分越高，蔗渣也就越多，对以纤维为原料的工业如造纸、纸浆板、浆粕等可提供较多的原料。

6. 甘蔗非蔗糖分少

原料甘蔗中所含的、除蔗糖以外的固溶物总量占甘蔗重量的百分比，称为甘蔗非蔗糖分。甘蔗非蔗糖分越高，制糖工艺过程所产生的废料也越多，导致煮炼收回率降低，对制糖工业生产不利。特别是如果非蔗糖分中所含的钙盐较多，胶质较多，会使澄清和蒸发困难。一般来说，甘蔗蔗糖分越高，非蔗糖分就越低；相反，甘蔗蔗糖分越低，非蔗糖分就越高。

7. 甘蔗砍晒后糖分转化慢

原料蔗砍晒后，随着时间的推移，蔗汁锤度上升，蔗汁重力纯度下降，还原糖增高，甘蔗糖分降低，给蔗农和糖厂都带来不同程度的经济损失，因此，生产上应有意识地推广砍晒后糖分转化较慢的甘蔗品种。一般来说，甘蔗茎径的粗细与砍晒后产量损失率高低有直接关系,细茎种砍晒后产量损失率高,中大茎种砍晒后产量损失率低。并且甘蔗砍晒后产量损失率与糖分转化率高低成正相关,即砍晒后甘蔗产量损失率越高,砍晒后甘蔗糖分转化率也就越高。

第二节　抗逆高产高糖新品种

21 世纪以来,我国针对当家的新台糖(ROC)品种不适宜我国甘蔗生产向旱地蔗区战略转型,以及长期种植导致的种性退化严重、病虫害普遍发生等突出情况,组织在全国开展了超新台糖品种的育种攻关。一是以超高糖性状遗传选育为主,采用 CP72-1210、CP89-2143、CP81-1254、桂糖 92-66 等高糖血缘与新台糖 22 号、新台糖 20 号和新台糖 23 号等进行广泛杂交;二是系统应用先进的家系评价技术和经济遗传值评价进行品种选育评价,历经十余年,育成了桂糖 42 号、桂糖 44 号、桂糖 46 号、桂糖 49 号、桂糖 55 号、桂糖 58 号、柳城 05-136、柳城 035-182、云蔗 08-1609、云蔗 05-51、粤糖 00-236、海蔗 22 号、福农 38 号、福农 40 号等一批抗逆高产高糖新品种,近年来,中蔗品种、中糖品种也开始崭露头角。2019 年,我国自育品种已达 1400 万亩,占我国蔗区面积的 75% 以上,开创了以自育品种为主的全国第五次品种改良,新一代品种的改良,显著地提高了我国甘蔗的蔗糖分和出糖率,广西、云南主产区甘蔗平均蔗糖分达 15% 以上,出糖率达 13.0% 以上,跃居世界先进水平。

一、桂糖系列甘蔗品种

1. 桂糖 42 号(桂糖 04-1001)

亲系:新台糖 22 号×桂糖 92-66。

来源:广西农业科学院甘蔗研究所。

特征:株型直立、均匀,中大茎种,蔗茎遮光部分呈浅黄色,曝光部分呈紫红色,实心;节间圆筒形,节间长度中等;芽菱形,芽沟不明显,芽顶端平或超过生长带,芽基陷入叶痕,芽翼大;叶片张角较小,叶片呈绿色,叶鞘长度中等;叶鞘易脱落;内叶耳三角形;外叶耳无;57 号毛群短、少或无。

特性:早中熟品种,发芽出苗好,早生快发,分蘖率高,有效茎多,脱叶性好。2011～2012 年参加广西区域试验,两年新植和一年宿根试验,平均甘蔗产量为 7.18t/亩,比对照新台糖 22 号增产 9.26%,含糖量为 1.00t/亩,比对照新台糖 22 号增糖 14.45%。11 月至翌年 2 月份平均甘蔗蔗糖分为 14.77%,比对照高 0.66 个百分点。丰产稳产性强,宿根性好,适应性广,抗倒、抗旱能力强,高抗梢腐病。

栽培要点:①适宜在土壤疏松、中等以上肥力的旱地种植;②播种时选择有蔗叶包住的上部芽且采后 15 天以内下种,亩下芽量为 7500 单芽左右,行距 0.9～1.2m,下种后覆盖地膜能显著提高甘蔗产量;③施足基肥,早施肥,氮、磷、钾肥配合施用,有机无机配合施;④生长期间注意防治病、虫、草、鼠害;⑤宿根蔗要及时开垄松蔸,在中等以上管理水平的蔗区可以适当延长宿根年限。

2. 桂糖 44 号

亲系： 新台糖 1 号×桂糖 92-66。

来源： 广西农业科学院甘蔗研究所。

特征： 植株直立均匀，亩有效茎数多，丰产稳产，高糖，宿根性强；中茎，平均茎径 2.62cm，芽圆形，芽翼大小中等，芽基不离叶痕，芽沟不明显，芽尖未到或平生长带；叶片宽度中等，长度中等，颜色绿色，叶片厚且光滑，叶鞘长度中等，叶鞘呈浅紫红色；茎圆筒形，节间颜色曝光后为紫色，曝光前为黄绿色；茎表皮蜡粉多，蔗茎实心；57 号毛群少，内叶耳三角形，外叶耳退化，易剥叶。

特性： 2012～2013 年参加广西甘蔗品种区域试验，两年新植和一年宿根试验，平均甘蔗亩产为 7.19t，比对照新台糖 22 号增产 5.2%，其中，新植增产 1.85%，宿根增产 11.8%；平均亩含糖量为 1.09t，比对照新台糖 22 号增高 12.82%。11 月至翌年 2 月份平均甘蔗蔗糖分为 15.25%，比对照高 0.79 个百分点。2013 年生产试验平均亩产蔗量为 6.40t，与对照新台糖 22 号相当。

栽培要点： ①适宜在中等以上肥力的土壤种植；②应选用有蔗叶包住的中上部芽做种，亩下种量为 7000 芽左右，行距以 0.9～1.2m 为宜；③施足基肥，早管理，氮、磷、钾肥配合及其他营养元素综合平衡施用，有机无机配合施；④注意防治病、虫、草、鼠害；⑤宿根蔗要及时开垄松蔸，在中等以上管理水平的蔗区可以适当延长宿根年限至 3～5 年。

3. 桂糖 46 号

亲系： 粤糖 85-177×新台糖 25 号。

来源： 广西农业科学院甘蔗研究所。

特征： 株型高大、直立、整齐、均匀；中大茎，茎圆筒形，曝光前为黄色，曝光后为浅棕红到黄绿色，茎表皮光滑，节间长度中等，蜡粉多；芽圆形或三角形，芽翼大小中等，芽基离叶痕，芽尖过生长带，芽尖有毛，芽沟明显且较长；叶色浓绿，叶片厚、宽、长，叶鞘上蜡粉多，叶鞘短，叶鞘绿色夹少许红色，内叶耳披针形，外叶耳过渡形；57 号毛群少、短、易脱落。

特性： 中熟、高糖、高产稳产、出苗好、宿根发株多、分蘖力强，有效茎数多，宿根性好。中抗黑穗病、梢腐病，高抗花叶病，抗倒伏、抗寒抗旱力强，适应性广。2013～2014 年参加广西甘蔗新品种区域试验，两年新植和一年宿根试验，平均甘蔗产量为 7.6t/亩，比对照种新台糖 22 号增产 21.1%，其中，新植增产 16.88%，宿根增产 24%。平均含糖量为 1.10t/亩，比对照种新台糖 22 号增产 22.5%。11 月至次年 2 月份平均蔗糖分为 14.4%，比对照种新台糖 22 号高 0.2 个百分点。2014 年生产试验平均甘蔗产量为 7.17t/亩，比对照种新台糖 22 号增产 11.42%。

栽培要点： ①适宜在土壤疏松、中等以上肥力的旱地和水田种植，以春植为佳；②针对该品种脱叶性好，蔗芽易暴露，播种时除应保持蔗种的新鲜度，要求砍收蔗种后 7 天以内下种外，还应尽量选择有蔗叶包住的中上部芽做种，以提高萌芽率和蔗苗质量；③亩下芽量控制在 7000 个有效芽，行距 0.9～1.2m；④施足基肥，早施肥，氮、磷、钾肥配合施用，有机无机配合施；⑤适当早培土，控制后期无效分蘖，下种淋水后覆盖地膜能显著提高甘蔗产量；⑥生产期间注意防治病、虫、草害，在老鼠密度较大的蔗区还要注意防治鼠害；⑦宿根蔗要及时开垄松蔸，在中等以上管理水平的蔗区可以适当将宿根年限延长至3～4年；⑧生产上的甘蔗常用除草剂（包括敌草隆在内）在说明书安全用药浓度范围内对该品种是安全的，可放心使用；⑨有机械化作业条件的蔗区可采用全程机械化播种、中耕、施肥、管理和收获。

4. 桂糖 49 号

亲系：赣蔗 14 号×新台糖 22 号。

来源：广西农业科学院甘蔗研究所。

特征：植株直立，中茎，平均茎径 2.58cm，蔗茎均匀，节间圆筒形，茎遮光部分呈青黄色，曝光部分呈紫色，有黑色蜡粉，芽沟浅，无生长裂缝和木栓斑，无气生根；芽圆形，芽体较小，下平叶痕，上齐生长带，芽翼较小，根点呈黄色，2～3 排，不规则排列；叶片企直，叶色浓绿，叶尖弯垂；叶鞘呈淡紫色，易脱叶，幼叶鞘有少量 57 号毛群，但毛群柔软，叶片老熟时毛群易掉落；内叶耳短披针型，外叶耳过渡形。

特性：2013～2014 年参加广西甘蔗品种区域试验，两年新植和一年宿根试验，平均甘蔗亩产量为 6.92t，比对照新台糖 22 号增产 8.91%，其中，新植亩增产 7.0%，宿根增产 11.16%；平均亩含糖量为 1.01t，比对照新台糖 22 号增糖 12.47%。11 月至翌年 2 月份平均甘蔗蔗糖分为 14.45%，比对照高 0.53 个百分点。2014 年生产试验平均亩产蔗量为 7.06t，比对照新台糖 22 号增产 9.62%。

栽培要点：①萌芽出苗率高，分蘖成茎率高，亩下种量以 6000 芽为宜，行距 1.2m，以利于机械化作业；②施足基肥，适施茎肥，及时培土，防止倒伏；③注重防治草、虫及鼠害；④宿根性强，可适当延长宿根年限。

5. 桂糖 55 号（桂糖 08-120）

亲系：新台糖 24 号×云蔗 89-351。

来源：广西农业科学院甘蔗研究所。

特征：中早熟，高产、丰产稳定，宿根性好、抗病性强，耐旱耐寒，适应性广；出苗率高、分蘖率强、成茎率高、有效茎多，前期生长快、封行早，生长整齐、均匀；株高较高，中茎，节间圆筒形，曝光前为黄绿色，曝光后为灰紫色，实心，无生长裂缝，无芽沟；芽卵圆形，弧形帽状芽翼，芽尖达到生长带，芽翼下缘达芽的 1/2 处，芽基与叶痕相平或稍离；叶鞘易剥；57 号毛群无或极少；内叶耳披针形，外叶耳三角形。

特性：2015～2017 年参加广西区域试验，5 个区试点一年新植和两年宿根平均甘蔗亩产达 7.37t，较新台糖 22 号增产 26.8%，其中，新植甘蔗亩产为 7.45t，较新台糖 22 号（6.86t）增产 8.6%；第一年宿根平均甘蔗亩产为 7.33t，较新台糖 22 号（5.33t）增产 37.5%；第二年宿根甘蔗亩产为 7.33t，较对照新台糖 22 号的 5.24t 增产 39.9%。11～12 月平均蔗糖分为 13.81%，1～3 月平均蔗糖分为 15.50%；全期平均蔗糖分为 14.82%，较新台糖 22 号（14.47%）高 0.35 个百分点。高抗黑穗病、高抗花叶病和高抗梢腐病。

栽培要点：①在桂中、桂西南、贵南蔗区的冬季、春季、秋季均可种植，适合于中等或中等以下的砂壤土、壤土等旱地栽培；②该品种芽体较小，出苗好、分蘖力强、成茎率高，种植时不宜下种太多，以免有效茎过多，茎径变细；③亩下芽量控制在 2500～5000 个有效芽；④亩有效茎数控制在 5000 条左右；⑤施足基肥，少施氮肥，多施钾肥，适时追肥，早管理，因生长快、原料茎长，可适当高培土，以防倒伏；⑥宿根蔗要及时开垄松蔸，早施肥管理；⑦生长期间注意防治病、虫、草、鼠害。

6. 桂糖 58 号（桂糖 08-1589）

亲系：粤糖 85-177×CP81-1254。

来源：广西农业科学院甘蔗研究所。

特征：中大茎，有效茎数多，宿根性好，田间抗黑穗病能力强，植株直立抗倒伏，易脱叶，高产稳产，高糖；植株高度中等，中大茎，节间圆筒形，曝光前呈黄色，曝光后呈黄绿色，曝光久后紫红色，蔗茎基部 1～3 节略有小空心，无生长裂缝，无芽沟；芽卵圆形，芽翼弧形帽状，芽顶尖超过生长带，芽翼下缘达芽的 1/2 处，芽基与叶痕相平，57 号毛群少；内叶耳三角形，外叶耳过渡型。

特性：2016～2018 年参加广西甘蔗品种区域试验，一年新植和一年宿根试验，平均甘蔗亩产为 7.62t，较对照新台糖 22 号的 5.63t/亩增产 35.35%；平均蔗糖分 15.11%，较对照新台糖 22 号的 14.36% 高 0.75 个百分点。平均亩含糖量 0.74t，较新台糖 22 号的 0.60t 增产 23.3%。田间表现抗黑穗病。

栽培要点：①该品种适宜冬植、春植，适宜于水肥条件较好的中等肥力以上蔗区种植；②亩下芽量控制在 3000～6000 个有效芽；③该品种宿根性好，田间表现抗黑穗病；④该品种直立抗倒，适合全程机械化种植管理和机收；⑤该品种在分蘖期至伸长初期，易感染梢腐病和赤腐病，应加强防治；⑥在生长后期，易感染轮斑病和褐条病，应及时清除老叶和病叶，减少危害。

二、柳城系列甘蔗品种

1. 柳城 05-136

亲系：CP81-1254×新台糖 22 号。

来源：广西柳城县甘蔗研究中心。

特征：植株高大，株型紧凑适中，中到大茎，蔗茎直立均匀；蔗芽芽体中等，圆形，下部着生于叶痕，芽尖到生长带，芽翼下缘达芽 1/2 处，芽孔着生于芽体中上部，根点 2 列；根带为紫红色，生长带为黄绿色；节间圆筒形，遮光部分呈黄绿色，曝光部分呈紫色，蜡粉多，芽沟浅；茎实心，有浅生长裂纹（水裂纹）；叶姿挺直，叶色呈青绿，叶鞘呈紫红色，57 号毛群多；外叶耳过渡形，内叶耳为三角形，易脱叶。

特性：2012～2013 年参加国家甘蔗品种区域试验，两年新植和一年宿根试验，平均甘蔗亩产量为 6.72t，比对照新台糖 22 号增产 0.87%，其中新植增产 0.15%，宿根增产 2.1%；平均亩含糖量为 1.01t，比对照新台糖 22 号增糖 5.41%。新植 11 月至翌年 3 月份平均甘蔗蔗糖分为 14.99%，比对照新台糖 22 号高 0.57 个百分点；宿根 11 月至翌年 3 月份平均甘蔗蔗糖分为 15.01%，比对照高 0.53 个百分点。2013 年生产试验平均甘蔗亩产为 6.33t，比对照新台糖 22 号减产 2.75%。

栽培要点：①种植行距为 1.0～1.2m，亩下种 3000 段左右双芽苗为宜，下种时最好用 0.2% 的多菌灵药液浸种消毒 3～5 分钟，以防凤梨病，同时，种植时应施药防治地下害虫，覆土后加盖地膜达到保温保湿目的；②在肥料施用上注意氮、磷、钾合理配施，不仅要避免偏施、重施氮肥，也要保证有充足的磷肥，施肥时间尽可能早些，新植蔗应该在 5 月下旬施肥，宿根蔗在 4 月中旬施肥；③早防虫、早施肥管理，并宜保留 3 年以上宿根，提高甘蔗种植效益；④田间管理要及时、到位，该品种拔节生长速度快，要注意做好甘蔗螟虫防治。

2. 柳城 03-182

亲系：CP72-1210×新台糖 22 号。

来源：广西柳城县甘蔗研究中心。

特征：植株直立高大，节间较长，株型紧凑适中，生长势强，不早衰；芽体中等，嫩茎为黄白色，曝光后呈黄绿色，老茎深黄色，蜡粉厚；茎内容充实，不空心或蒲心；叶型较窄，叶厚，叶色为深绿色，叶姿挺立，叶片上部稍披垂，叶片冠层分布空间大，不容易互相荫蔽，透光性好；57 号毛群较多，但叶老熟后脱落，极容易脱叶。

特性：特早熟品种，萌芽早，拔节早，生长势强，分蘖力中等，成茎率高，更能充分利用前期光温水资源夺取高产、高糖，10 月下旬可达到工艺成熟标准，榨季后期糖分下降慢。平均甘蔗亩产为 6.5t，亩含糖量为 0.99t，甘蔗蔗糖分 11 月可达 14.5%，11 月至次年 1 月平均为 15.83%，高峰期达 18.0% 以上。抗霜冻，抗旱性与新台糖 22 号相当，对黑穗病较敏感。该品种对敌草隆、莠灭净较敏感，容易产生药害，明显延迟生长。

栽培要点：①适宜于一般水平条件的蔗地种植，在水肥条件中等以上的蔗地更能发挥其增产增糖的效果；②栽培尽量选用梢头部作种，亩下芽量为 6000～7000 芽；③宿根发株早，应提早管理，早施肥；④对敌草隆十分敏感，苗期施用莠灭净等除草剂时，要避免喷到蔗株，严格按推荐用量施用。

3. 柳城 03-1137

亲系：HoCP93-746×新台糖 22 号。

来源：广西柳城县甘蔗研究中心。

特征：植株高大直立，中到大茎，节间圆筒形，芽沟明显，蜡粉较浅，无生长裂缝和木栓斑，无气根，节间遮光部分为黄色，曝光部分为紫红色；芽体中等，圆形，下部着生于叶痕，芽尖不超过生长带，芽翼不发达；根点 2 行，排列不规则，生长带青绿色；叶姿挺直，叶色呈青绿，嫩叶鞘呈青绿色，老叶鞘呈褐红色，57 号毛群不发达；外叶耳过渡形，内叶耳长三角形，易脱叶。

特性：早中熟品种，萌芽快而整齐，出苗率较高，分蘖力强，前中期生长快、有效茎数较多，宿根性能较好。平均甘蔗亩产为 7.03t，亩含糖量为 1.04t，11～12 月平均蔗糖分为 13.95%，1～3 月平均蔗糖分为 15.37%，全期平均蔗糖分为 14.76%。生产试验，平均甘蔗亩产为 7.55t，平均亩含糖量为 1.11t，11～12 月平均蔗糖分为 13.86%，1～3 月平均蔗糖分为 15.39%，全期平均蔗糖分为 14.75%。对花叶病免疫，中抗黑穗病，抗旱性中等，抗寒性强。

栽培要点：①适宜于福建、广东、广西等华南旱地蔗区推广应用，水田蔗区也可因地制宜推广种植；②种植行距以 1.1～1.2m 为宜，亩下芽量为 6000 芽，用秋植蔗种或上半段种茎有利全苗；③施足基肥，增施有机肥，适量施分蘖肥，重施攻茎肥；④降低下种部位，提高培土质量防止倒伏；⑤宿根蔗发株早，应早管理、早施肥；⑥注意做好甘蔗螟虫防治，注意施用芽前除草剂，芽后除草剂选用不含敌草隆成分的安全高效除草剂。

4. 柳城 07-150

亲系：粤糖 85-177×新台糖 22 号。

来源：广西柳城县甘蔗研究中心。

特征：植株直立高大，节间较长，株型紧凑适中，生长势强，大茎，宿根性好，叶片清秀，57 号毛群少，易脱叶。

特性：早熟高糖，萌芽早，分蘖强，成茎率高。一年新植一年宿根实测平均甘蔗亩产为 6.02t，亩含糖量为 0.85t，较对照种新台糖 22 号分别增产 15.00% 和 24.87%；蔗糖分 11 月达 9.72%，11 月至次年 3 月平均为 14.03%，较对照种新台糖 22 号高 1.19%，高峰期达 17.64%。高抗黑穗病，高抗花叶病，梢腐病自然发病率 0.66%，抗倒性强。

栽培要点：①适宜在桂中、桂南、桂西蔗区，滇西南蔗区，广东湛江蔗区春植和秋植，一般水平条件的蔗地种植，在水肥条件中等以上的蔗地更能发挥其增产增糖的效果；②用上半段蔗茎或夏秋繁蔗作种，下种量以 6000 芽/亩为宜，行距在 1.0m 以上，可春植、冬植和秋植；③新植蔗播种及宿根蔗破垄松蔸后最好采用地膜覆盖，以提高萌芽率和增加宿根蔗的发株数；④施足基肥，早施肥，早培土，氮、磷、钾肥配合施用，前期可适当增加氮肥的用量，及时防虫除草；⑤苗期生长较慢，注意做好甘蔗蓟马的防治。

三、云蔗系列甘蔗品种

1. 云蔗 05-51

亲系：崖城 90-56×新台糖 23 号。

来源：云南省农业科学院甘蔗研究所、云南云蔗科技开发有限公司。

特征：植株高大直立，中大茎，实心，节间长度中等、圆筒形，蜡粉较厚，无水裂，无气根，节间曝光前为黄绿色，曝光后为紫色；芽棱形，芽体中等，芽沟浅，不明显，芽翼中，芽尖超过生长带，芽基与叶痕相平；根带适中；叶尖下垂，57 号毛群少或无；内叶耳为三角形，外叶耳缺。

特性：早熟高糖品种，出苗快，分蘖强，蔗茎均匀整齐，宿根性强，脱叶性好，高抗黑穗病，中抗花叶病，抗旱性强。全国区试平均甘蔗亩产为 6.72t，亩含糖量为 1.01t，11～12 月蔗糖分为 14.10%，1～3 月蔗糖分为 15.67%，全期平均为 15.00%。生产试验，平均甘蔗亩产 6.84t，全期平均亩含糖量为 1.00t，11～12 月蔗糖分为 13.88%，1～3 月蔗糖分为 15.24%，全期蔗糖分为 14.68%。

栽培要点：①种植行距以 1.1～1.2m 为宜，亩下芽量为 7500～9000 芽，旱地蔗可适当增加下芽量；②旱坡地种植应采用深沟槽植板土栽培，冬植或早春植需要地膜覆盖栽培；③在苗期早追肥，生长中期施足攻茎肥，应适当高培土，防止后期倒伏；④加强宿根管理，前季蔗砍收后，及时清理蔗田，有灌溉条件时要早灌水、早松蔸，同时地膜覆盖促进早发株、多发株；⑤旱坡地甘蔗砍收后不要松蔸，直接用蔗叶或地膜覆盖，以充分利用土壤水分，促进蔗株萌发；⑥苗期注意防治枯心苗，大生长期注意防治蓟马。

2. 云蔗 08-1609

亲系：云蔗 94-343×粤糖 00-236。

来源：云南省农业科学院甘蔗研究所、云南云蔗科技开发有限公司。

特征：中大茎种，株型紧凑、直立，节间圆锥形，蔗茎呈黄绿色，曝光后呈黄绿色，芽形状呈五角形，芽尖到达生长带，芽翼为弧形冒状，芽基与叶痕相平；叶姿拱形，叶片宽度中等，呈青绿色，叶鞘花青素显色强度中，毛少；内叶耳披针形，外叶耳三角形，脱叶性好。

特性：特早熟品种。出苗整齐且壮，苗期长势强，成茎率高，蔗茎均匀整齐，株型紧凑，叶片清秀，脱叶性较好，宿根性强，株高适中，中大茎，单茎重实。11 月至 12 月平均蔗糖分为 14.38%，次年 1 月至 3 月平均蔗糖分为 16.58%，11 月至次年 3 月全期平均蔗糖分为 15.7%，纤维含量为 10.29%。高抗花叶病，中抗黑穗病，抗旱性强。第一年甘蔗产量亩产为 7.04t，比对照新台糖 22 号增产 25.56%；第二年甘蔗亩产为 6.88t，比对照新台糖 22 号增产 4.09%；第三年甘蔗亩产为 7.52t，比对照新台糖 22 号增产 20.92%。

栽培要点：①种植行距以 1.0～1.2m 为宜，亩下芽量以 8000 芽为宜；②施足基肥，早施追肥，以满足品种前期生长快的需要，同时加强中耕管理，水田适当高培土，防止后期倒伏；③旱坡地种植应采用深沟槽植板土栽培，以有效利用土壤深层水分，冬植或早春植需要地膜覆盖栽培；④加强宿根管理，前季蔗砍收后，应及时清理蔗田；⑤有灌溉条件的蔗园应做到早灌水、早松蔸，地膜覆盖促进宿根萌发，保证宿根蔗丰收；⑥旱坡地甘蔗采用快锄低砍，砍收后用蔗叶或地膜覆盖，以充分利用土壤水分，促进蔗株萌发。

3. 云蔗 05-49

亲系：崖城 90-56×新台糖 23 号。

来源：云南省农业科学院甘蔗研究所、云南云蔗科技开发有限公司。

特征：中大茎，蔗茎均匀整齐，无水裂，曝光前为淡紫色，曝光后为紫色；节间形状为圆筒形，节间长度中等；芽卵圆形，芽沟不明显，芽体中等，芽尖接生长带；叶鞘无毛或极少，极易脱叶，叶片直立。

特性：早熟、高产、高糖品种；平均甘蔗亩产为 7.3～8.0t，亩含糖量为 1.10t；11 月至次年 2 月平均蔗糖分可达 16.0%，2 月蔗糖分可达 18.0%以上。

栽培要点：①适宜于云南蔗区中等肥力并具有一定灌溉条件的台坝地、旱坡地种植；②因为脱叶性极好，种苗搬运过程中尽量避免芽体损伤；③注意适时施肥、除草，后期防倒伏；④宿根使用低铲蔸技术，促进地下芽萌发，延长宿根年限。

4. 云蔗 15-505

亲系：新台糖 25 号×云蔗 89-7。

来源：云南省农业科学院甘蔗研究所。

特征：中大茎，实心，脱叶性好，株型紧凑直立；节间圆筒形，无气根，节间未曝光颜色为黄绿色，节间曝光颜色为紫色，节间生长裂缝无，节间蜡粉多，芽形状为卵圆形，芽尖到达生长带，芽基陷入叶痕，57 号毛群数量中等；内叶耳三角形，外叶耳过渡形，叶姿挺直，叶片绿色。

特性：早熟、高糖、高产、抗逆品种。出苗整齐，成茎率高，抗旱性较好，宿根性较强，抗倒伏。2018 年新植甘蔗亩产为 7.55t，较对照新台糖 22 号（6.65t）增产 13.5%，较对照粤糖 93-159（5.81t）增产 29.9%。11 月至次年 2 月平均蔗糖分 15.97%（11 月 13.1%、12 月 15.37%、1 月 17.14%、2 月 18.27%），分别比粤糖 93-159、新台糖 22 号高 0.9 和 1.9 个百分点。新植 1 级高抗，宿根 2 级抗黑穗病，对花叶病抗性较差。

栽培要点：①适宜于云南蔗区中等肥力的水田和水浇地种植；②亩下芽量控制在 6000 芽左右；③宿根采用低铲蔸技术，延长宿根年限；④早施肥促进前期生长；⑤花叶病发病严重的蔗区采用脱毒健康种苗种植，或避免在花叶病发病严重的蔗区种植。

四、粤糖系列甘蔗品种

1. 粤糖 93-159

亲系：粤农 73-204×CP72-1210。

来源：中国轻工总会甘蔗糖业研究所湛江甘蔗试验站。

特征：中至中大茎，实心，茎径均匀，茎形美观，基部较粗，节间较长，圆筒形，蔗茎未曝光部分呈青黄色，曝光后呈黄绿色；蔗茎无水裂，无气根，无生长裂缝与木栓斑块，芽呈卵圆形，基部近叶痕，顶端不达生长带；叶片呈青绿色，宽度中等，新叶直立，老叶弯垂呈弓形，易脱叶，叶鞘呈青绿色或略带黄绿色；内叶耳披针形，外叶耳三角形。

特性：特早熟、高糖分、高纯度品种，前期萌芽快而整齐，萌芽率高，分蘖力旺盛。前中期生长快，封垄早，长势优，发株性好，宿根性强。高抗黑穗病、嵌纹病。平均甘蔗亩产为 5.97t，亩含糖量为 0.99t，比对照新台糖 10 号增产 17.3%，增糖 30.7%。蔗糖分 11 月份为 15.86%，12 月份为 16.78%，1 月份为 17.43%，分别比对照新台糖 10 号高 1.96、1.51、1.68 个百分点。11 月份至翌年 1 月份平均 16.69%，比新台糖 10 号提高 1.72 个百分点。

栽培要点：①该品种适宜于地力中等或中等以上温热条件好的水田或水浇地栽培；②亩下芽量为 8000 左右，亩有效茎数控制在 5000 条较为适宜；③以冬植或早植为宜，种植时加盖地膜；④宿根蔗发株早而多，宿根性强，应保留两年以上的宿根，以提高植蔗效益。

2. 粤糖 86-368

亲系：台糖 160×粤糖 71-210。

来源：中国轻工总会甘蔗糖业研究所湛江甘蔗试验站。

　　特征：中大茎，实心，植株高大直立，蔗茎光滑无水裂，无气根，茎形均匀美观；节间较长，圆筒形，幼嫩部分为紫红色，曝光后为褐紫色，蜡粉较厚，根带较窄，根点小，2～3 行排列，不规则；芽卵圆形或近圆形，不易老化，芽基部近叶痕，顶端不超过生长带，无芽沟；叶片绿色，略短，散生，叶鞘青绿而略带紫色，鞘背无毛，老叶易脱落，肥厚带较大，呈三角形，内叶耳短钩形，外叶耳过渡形。

　　特性：中晚熟高糖丰产品种。萌芽、分蘖好，蔗苗整齐健壮，拔节生长迅速，长势旺盛，成茎较多，粗壮均匀，亩有效茎为 5000 条左右，平均甘蔗亩产为 8t 左右，丰产潜力大，11 月、12 月、次年 1 月蔗糖分分别为 11.24%、14.73%、15.25%，平均为 14.14%。宿根性强，宿根发苗多而壮。根系发达，耐旱，干旱季节生长优势显著，不易风折和倒伏。对嵌纹病、黑穗病有较强抗性，遇高温多雨季节有轮斑病发生。

　　栽培要点：①耐旱性强，适宜于各类型蔗区种植，尤以中等以上肥力的旱地种植最能发挥其种性；②该品种植株高大，生长后劲足，宜适当早植，加强苗期追肥管理，促进根系发达，为中后期生长打下良好基础；③苗养宿根的蔗田不宜安排在雨天或土壤过湿的时候收获，否则宿根发株易受影响。

3. 粤糖 00-236

　　亲系：粤农 73-204×CP72-1210。

　　来源：广州甘蔗糖业研究所湛江甘蔗研究中心。

　　特征：中至中大茎，实心，基部较粗，节间略呈圆锥形，无芽沟；蔗茎未曝光部分呈淡黄色，曝光部分经阳光暴晒后呈青黄色，茎表面覆盖薄层白色蜡粉；茎径均匀，无气根，无生长裂缝与木栓斑块；芽体较小，卵圆形，基部离叶痕，顶端不达生长带。芽翼宽度中等，着生于芽的上半部，芽孔近顶端；叶色淡绿，叶片稍窄、略短，心叶直立，老叶散生；叶鞘呈青绿色，57 号毛群不发达；内叶耳披针形，外叶耳三角形。

　　特性：早熟高糖品种。萌芽快，整齐，分蘖力强，成茎率高，原料茎数多，全生长期生长稳健，后期不早衰，宿根性强。平均甘蔗亩产为 7.00t，亩含糖量为 1.09t，11 月至次年 1 月平均蔗糖分为 15.52%，全期平均蔗糖分为 16.05%。抗黑穗病，高抗花叶病。

　　栽培要点：①该品种适宜于地力中等或中等以上的水田、水浇地种植，植期以冬植或早春植为宜，种植时覆盖地膜；②该品种萌芽率高，分蘖力强，宜适当疏植，亩下芽量为5000～6000 芽，新植蔗下种和中培土时应各施一次农药；③宿根蔗发株早而多，应早防虫，早施肥管理；④氮、磷、钾应配合施用，适当增施磷肥，避免偏施、重施氮肥。

4. 粤糖 55 号（粤糖 99-66）

　　亲系：粤农 73-204×CP72-1210。

　　来源：广州甘蔗糖业研究所。

　　特征：中至中大茎，植株生长直立，节间较长，圆筒形，无芽沟；蔗茎遮光部分呈黄白色，曝光部分呈紫色，粉带不明显。茎径均匀，无水裂、无气根；芽体中等，似五角形，基部离叶痕，顶端达生长带，芽翼较窄，芽孔着生于芽的顶端；根点 2～3 行，排列不规则；叶色呈青绿，长度中等，宽度较窄小，中脉较发达，叶姿较好，叶鞘遮光部分呈浅青黄色，曝光部分呈青紫色，57 号毛群不发达；内叶耳短，呈三角形，外叶耳缺如。

特性：早中熟品种，萌芽率高，分蘖力较强，宿根发棵数多，前中期生长快，植株高大，中至中大茎，有效茎数多，宿根性好。2006～2007 年参加广东省区试，新、宿平均甘蔗亩产为 8.38t，比新台糖 10 号增产 40.2%，比新台糖 16 号增产 43.0%。甘蔗蔗糖分平均为 15.12%，比新台糖 10 号低 0.04%，比新台糖 16 号低 0.09%。1 月份甘蔗蔗糖分达 15.93%。平均亩含糖量为 1.26t，分别比新台糖 10 号、新台糖 16 号增糖 40.4%和 42.0%。高抗嵌纹病，中抗黑穗病。

栽培要点：①适宜于广东省蔗区旱坡地、山坡地及水旱田作冬、春植及宿根栽培；②择地力中等的旱坡地、山坡地或水旱田种植；③冬植或春植，植后采用地膜覆盖；④宿根蔗分蘖较早且快，应早开垄，早施肥，延长宿根年限。

5. 粤糖 60 号（粤糖 03-393）

亲系：粤糖 92-1287×粤糖 93-159。

来源：广州甘蔗糖业研究所。

特征：植株高，中大茎至大茎，植株生长直立，节间圆筒形，无芽沟；遮光部分呈浅黄白色，曝光部分呈浅黄色；蜡粉带明显，无气根，蔗茎均匀；芽体中等，卵形，基部近叶痕，顶端不达生长带；根点 2～3 行，排列无规则。叶色呈淡青绿，叶片长度较长，宽度中等，心叶直立，叶姿好（企直），植株紧凑；叶鞘遮光部分呈浅黄色，曝光部分呈浅绿色；易脱叶，57 号毛群不发达；内叶耳枪形，外叶耳缺如。

特性：2009～2010 年参加国家甘蔗品种区域试验，两年新植一年宿根平均甘蔗亩产为 8.06t，比对照新台糖 22 号增产 10.04%，比对照新台糖 16 号增产 27.32%；平均亩含糖量为 1.16t，比对照新台糖 22 号增产 10.02%，比对照新台糖 16 号增产 26.32%；11 月至翌年 3 月平均蔗糖分为 15.30%，比对照新台糖 22 号高 0.5 个百分点，比对照新台糖 16 号高 0.42 个百分点。2010 年生产试验平均甘蔗亩产为 6.92t，比对照新台糖 22 号减产 4.16%，比对照新台糖 16 号增产 7.72%。

栽培要点：①以冬植为宜，亩下种量以 6500～7000 芽为宜，下种时应用 0.2%的多菌灵药液浸种消毒 3～5 分钟，以防凤梨病，同时，覆土后加盖地膜达到保温保湿目的；②应早防虫、早施肥管理，并宜保留 1～2 年宿根，提高甘蔗种植效益；③在肥料施用上注意氮、磷、钾合理配施，适当增施钾肥，避免单一施用一种复合肥或偏施、重施氮肥；④栽培上注意施用内吸性强的兼治地上害虫和地下害虫的高效低毒农药如 3.6%杀虫双、10%杀虫单·噻虫嗪等颗粒杀虫剂防治螟虫和蓟马为害。

6. 海蔗 22 号（粤糖 09-13）

亲系：粤糖 93-159×新台糖 22 号。

来源：广东省生物工程研究所（广州甘蔗糖业研究所）。

特征：中大茎至大茎，植株生长直立，节间为圆筒形，节间排列直立，节间横剖面为圆形，无水裂，实心，芽沟不明显；蔗茎遮光部分呈黄色，曝光后呈浅黄绿色；蜡粉带明显；无气根，蔗茎均匀；根点 2～3 行，排列不规则；芽体中等，近似三角形，基部离叶痕，顶端超生长带；芽翼较小，着生于芽的上半部，萌芽孔在芽的中上部；叶色呈青绿，叶片长、宽度中等，心叶直立，老叶弯垂；叶鞘遮光部分呈浅青绿色，曝光部分呈深紫色；易脱叶，57 号毛群较疏；内叶耳退化，外叶耳三角形。

特性：高糖，丰产稳产；分蘖力强，全期生长稳健，茎径均匀，有效茎数多，宿根性强；抗寒性、耐寒力较强。高抗黑穗病，高抗花叶病。2015～2017 年全国甘蔗品种第 11 轮 15 区域试点的数据结果表明：海蔗 22 号 1 年新植 2 年宿根平均甘蔗亩产为 6.70t，比对照种新台糖 22 号增产 3.46%，与对照新台糖 22 号比，11 点次增产；平均亩含糖量为 0.99t，比对照种新台糖 22 号增糖 6.93%，与对照新台糖 22 号比，9 点次增糖；11～12 月平均甘蔗蔗糖分为 13.93%，比对照种新台糖 22 号的 13.48%高 0.45 个百分点；1～3 月平均甘蔗蔗糖分为 15.10%，比对照种新台糖 22 号的 14.68%高 0.42 个百分点；全期平均甘蔗蔗糖分为 14.74%，比对照种新台糖 22 号的 14.31%高 0.43 个百分点；平均甘蔗纤维分为 10.41%，比对照种新台糖 22 号的 10.88%低 0.47 个百分点。

栽培要点：①高糖，丰产稳产，茎径均匀，易脱叶，宿根性强，且在全部参试的 15 个点在成熟期不孕穗不开花，因而适合在广西、云南、广东、海南等我国主要蔗区种植推广；②全生长期生长稳健，植株中高，以冬植为宜，亩下芽量为 4500～5500 芽，下种时应用 0.2%的多菌灵药液浸种消毒 3～5 分钟，以防凤梨病，同时覆土后加盖地膜达到保温保湿目的；③宿根性特强，发株较早较多，应早防虫、除草，早施肥管理，并宜保留 4 年以上宿根，提高甘蔗种植效益；④在肥料施用上应根据当地土壤养分情况，按照测土配方方法进行；⑤原则上注意氮、磷、钾合理配施，避免偏施、重施氮肥。

五、其他系列甘蔗新品种

1. 中蔗 9 号

亲系：新台糖 25 号×云蔗 89-7。

来源：广西大学。

特征：植株直立，株型紧凑，大茎至特大茎，节间圆筒形，芽沟浅或不明显，蔗茎未曝光部分为黄绿色，曝光部分为灰紫色；芽椭圆形，芽基陷入叶痕，芽尖略超过生长带，芽翼着生于芽中上部，较宽；无气生根，内叶耳披针形，叶较挺直，叶尖略微弯曲；无 57 号毛群，脱叶性好；高产稳产，宿根性好，抗逆性强，脱叶性好，抗倒伏性好，适合机械化种收。

特性：经两年新植一年宿根区域性试验，平均甘蔗亩产为 10～12t，较对照新台糖 22 号增产 20%以上，有效分蘖率高，下种量为 2800～3000 芽时，有效茎可达到 4500～6000 条/亩。多年多点试验新植宿根 11 月至次年 2 月平均蔗糖分为 14.6%，与新台糖 22 号相当。平均亩含糖量为 1.31～1.75t，较新台糖 22 号增产增糖。

栽培要点：①适宜于土壤肥力中等以上的桂南、桂中和水田蔗区种植；②该品种植株高大且宿根年限可达 4 年以上，需深植（30cm 以上），以防倒伏；③该品种萌芽率及分蘖率较高，亩下芽量在 3300 芽，双芽横种为宜，宜施足基肥，深种浅盖土；④分蘖后增施有机肥和磷、钾肥并大培土；⑤该品种宿根性较好，宿根蔗要及时早开垄松兜，苗数达到基本苗后及时培土，防止倒伏；⑥该品种易感梢腐病，注意在甘蔗 6～7 片叶时叶面喷施多菌灵预防。

2. 中蔗 10 号

亲系：CP96-1252×CP49-50。

来源：广西大学。

特征：中大茎，直立，蔗皮为黄绿色，无水裂，无气生根，抗倒伏，无 57 号毛群，脱叶性好。属于早熟高产高糖品种，早生快发，出苗率高，整齐，幼苗较粗壮，分蘖力强，有效茎多，宿根性强，蔗茎均匀，宿根性好，非常适合机械化田间种植管理和收获。

特性：根据两年新植和两年宿根区试结果，甘蔗亩产为 6.36t，与新台糖 22 号相当；平均蔗糖分较新台糖 22 号高 11.6%，2 月份蔗糖分可达 16.7%，平均亩含糖量为 0.86t，较新台糖 22 号增产 6.18%。该品种高抗黑穗病，耐虫，抗旱、抗寒性较强。

栽培要点：①适宜于土壤肥力中等以上的桂南、桂中的旱坡地和水田区域种植；②该品种宿根年限可达 4 年以上，需深植（30cm 以上），以防倒伏；③该品种亩下芽量以 5000～6000 芽为宜，施足基肥，深种浅盖土；④该品种属于早熟品种，前期生长为关键时期，拔节期尽早培土施肥，可适当增施钾肥和磷肥并大培土；⑤该品种宿根性较好，宿根蔗要及时早开垄松蔸，苗数达到基本苗后及时培土，防止倒伏。

3. 中蔗福农 44 号（福农 09-7111）

亲系：桂糖 25 号×新台糖 11 号。

来源：福建农林大学、广西大学。

特征：萌芽快而整齐，出苗率高，分蘖较早，分蘖力强，蔗茎均匀；前中期生长快、中后期生长稳健，有效茎较多，宿根发株率高，宿根性好；抗黑穗病，高抗花叶病。早熟，高糖，丰产；平均出苗率为 71.17%，宿根发株率为 156.85%，分蘖为 89.40%，株高为 297cm，茎径为 2.46cm，亩有效茎为 5379 条。

特性：2015～2017 年区试一年新植两年宿根平均甘蔗亩产为 7.18t，比对照新台糖 22 号增产 10.91%；平均亩含糖量为 1.04t，比对照新台糖 22 号增产 12.23%，11～12 月平均蔗糖分为 13.85%，次年 1～3 月平均蔗糖分为 14.67%，全期平均蔗糖分为 14.53%，比对照新台糖 22 号高 0.22 个百分点。

栽培要点：①以冬植、秋植或早春植为宜，同时覆土后加盖地膜达到保温保湿目的；②亩下种量以 5000 芽为宜，因分蘖强，在茎蘖数达到要求时及时施重肥，培土；③亩有效茎数控制在 5500 条左右较为合适；④宿根性强，宿根发株早，应提早开畦松蔸，早施肥，并适当延长宿根年限；⑤分蘖力强，前期生长快，宜在茎蘖数达到要求时及时施重肥，培土，促进拔节，以免分蘖过多浪费营养使茎变细；⑥注意除草剂使用，尽量使用芽前除草剂，使用芽后除草剂应注意使用的药量，并避免直喷，防止药害。

4. 中糖 1 号

亲系：粤糖 99-66×内江 03-218。

来源：中国热带农业科学院热带生物技术研究所。

特征特性：出苗整齐均匀，分蘖好，植株高度达 390~480cm，茎径达 3.18cm，单茎重达 1.88kg。脱叶性好，叶片浓绿，新植亩有效茎数达 6447 条，第一年和第二年宿根亩发株数分别达 9250 条和 8116 条。当年 11 月至 12 月蔗糖含量为 11.73%，次年 1 月至 3 月蔗糖含量为 12.49%，纤维含量为 12.95%。感黑穗病，中抗花叶病，耐寒性强，耐旱性强，不抗倒伏。第 1 年新植亩产 9.08t，比对照新台糖 22 号增产 11%；第 1 年宿根亩产为 8.63t，比对照新台糖 22 号增产 27%；第 2 年宿根亩产为 8.58t，比对照新台糖 22 号增产 30%。

栽培要点：①种植行距以 1.2m 为宜，亩下种量为 3000~3500 芽；②种植时，施足基肥，加强水肥管理，早施追肥，防田间积水，适当高培土，防止后期倒伏；③加强宿根管理，收获后，宿根蔗早开垄松蔸，促早生快发；④需要地膜覆盖栽培。

六、新台糖系列甘蔗品种

1. 新台糖 22 号（ROC22）

亲系：新台糖 5 号×69-463。

来源：台湾糖业研究所。

特征：中至中大茎，基部粗大，梢头部小，原料茎长，节间倒圆锥形；蔗茎剥叶前呈浅黄绿色，剥叶初期呈紫红色，阳光曝晒后呈深紫红色；蜡粉带覆有较厚蜡粉，节间蜡粉也厚，分布均匀；蔗茎无生长裂缝，也无木栓斑块；芽卵圆形，芽顶端超过生长带，芽翼中等宽；芽沟很明显，自蔗芽顶端直达叶痕；生长带稍突起，呈浅黄色；根源 2~3 列，排列不规则。叶鞘呈青紫色，内叶耳长披针形，外叶耳为钝三角形。

特性：中熟，高糖，萌芽性良好，分蘖率高，初期生长较慢，中后期生长较快。57 号毛群发达，易脱叶，不易倒伏，不抽穗开花，宿根性强。能抵抗黑穗病、叶枯病和褐锈病，对嵌纹病的抗病性为中等，对甘蔗棉蚜反应为中等。平均亩产量和亩含糖量分别达 6.9t 和 0.97t，甘蔗蔗糖分为 14.03%。

栽培要点：①亩下种量以 6000~7000 芽为宜，亩有效茎数控制在 5500~6000 条；②可提前种植，采用种苗消毒、催芽、地膜覆盖栽培技术等；③宿根性强，应提早开畦松蔸和管理，可适当延长宿根栽培年限；④注意防治蓟马和梢腐病。

2. 新台糖 20 号（ROC20）

亲系：69-463×68-2599。

来源：台湾糖业研究所。

特征：中至中小茎种，节间圆筒形，近节处微缩并稍弯曲，茎色呈浅紫色，曝光后呈紫红色至深紫色，茎皮无生长裂缝和木栓斑块，芽沟不明显，生长带微突起，呈浅黄色；芽小，椭圆形，芽基着生于叶痕之上，顶端平生长带，芽翼小，薄而窄；根带浅黄色至深紫色，根点两行排列整齐，偶见第三行；叶色呈翠绿，叶宽中等，幼叶鞘呈浅青紫色，57 号毛群明显，后期可脱落，易脱叶，不易抽穗，不易倒伏。

特性：早熟高糖品种。萌芽迅速、整齐，分蘖多，全期生长势旺盛，茎叶繁茂，有效茎多，蔗茎直立。特早熟，超高糖，据测定 10 月蔗糖分可达 13%，12 月可达 15% 以上，10 月至次年 4 月平均蔗糖分为 14.74%，分别较新台糖 1 号和新台糖 10 号高 0.9 和 0.99 个百分点，产量也比新台糖 1 号和新台糖 10 号分别高 10%～17% 和 6%～14%，适宜春植、秋植和宿根栽培，宿根萌芽优良。

栽培要求：①在台湾地区适宜于西部滨海平原及红土台地、灌溉排水良好的砂壤土、壤土及黏壤土中种植；②引种时间不长，应做好种性、适应性及配套栽培技术的研究和试验示范；③该品种易受螟虫危害，苗期要特别注意防治螟虫。

3. 新台糖 25 号（ROC25）

亲系：PT79-6048×PT69-463。

来源：台湾糖业研究所。

特征：原料茎长，节间为圆筒形，叶鞘脱落前蔗茎呈浅黄色，叶鞘脱落后久经阳光曝晒后呈浅淡紫色；茎表面覆盖白色蜡粉；芽体中等；叶鞘尚未脱落前幼芽为淡黄色卵圆形，老芽在叶鞘脱落后向外凸出呈深紫色，芽基紧接着叶痕，生长带位于芽的上端，呈水平线，从芽上端背面穿过，芽翼宽度中等，着生于芽的上半部，芽孔位于上半部，具有 10 号、7 号、8 号、16 号等毛群；叶片深绿，叶宽中等，叶姿挺立，叶片斜出，新叶叶尖直立，老叶叶尖端弯垂。不易脱落，叶鞘呈青绿，老叶叶鞘略带紫色，叶鞘覆盖蜡粉不明，57 号毛群不发达。

特性：早熟品种。发芽整齐，分蘖力旺盛，初期生长快，生长势优，原料茎多且长，茎径中等，易封垄，易控制杂草，宿根性强。平均甘蔗亩产为 7.22t，亩含糖量为 0.92t，蔗糖分在 11 月平均为 14.40%，12 月至次年 2 月平均维持在 15.13%～15.53%。宿根试验，蔗产量及糖产量平均分别较对照种新台糖 10 号增产 14% 及 30%。强抗叶枯病，抗第一型黑锈病、黄锈病及叶烧病。

栽培要点：①生长势优，易封垄，易控制杂草，宿根性强，管理容易；②棉蚜发生时虫口数较新台糖 10 号多，宜特别留意控制；③适合于中等或中等以上土壤栽培。

参 考 文 献

陈如凯，2003. 现代甘蔗育种的理论与实践[M]. 北京：中国农业出版社.

李奇伟，陈子云，梁洪，1999. 现代甘蔗改良技术[M]. 广州：华南理工大学出版社.

谭中文，李玉潜，梁计南，1999. 甘蔗生态育种学[M]. 北京：中国农业出版社.

张跃彬，2011. 中国甘蔗产业发展技术[M]. 北京：中国农业出版社.

第八章　甘蔗品种应用技术

推广应用甘蔗新良种，目的是使工农双方获得最佳的经济效益。甘蔗良种不是绝对的，甘蔗品种的性状也不是一成不变的，它既受遗传性约束，又受环境条件的影响，因此，在不断地进行品种改良更新的同时，要根据甘蔗品种的特性进行科学的应用，才能达到最佳的效果。

第一节　甘蔗品种应用原则

甘蔗品种在推广应用上要注意"四性"，一是甘蔗品种的生态适应性，即某个品种只是适宜某一生态条件、某地生产条件的品种；二是甘蔗品种的不同熟期性，不同的甘蔗品种具有不同成熟期，有早熟、中熟和晚熟，如果搭配合理，运用得当，那么良种就会起到应有的作用，如果在蔗区中搭配不合理，运用不得当，良种也不会表现出良好的效果；三是甘蔗品种的某一性状薄弱性，任何一个品种不可能是十全十美的，在具有大部分优势性状时，总有那么一些相对较弱的种性，如一个高产高糖的品种，有可能会特别容易感染某一病害；四是收获后甘蔗品质的易转化性。除此之外，甘蔗品种在推广应用中一定要注意种质的纯净性。

鉴于以上几点，蔗区在甘蔗良种推广应用上，要做好以下工作。

一、甘蔗品种要适宜当地生态条件

我国蔗区自然生态类型较多，植蔗生态区域有北热带湿润区、北热带半湿润半干燥区、南亚热带湿润区、南亚热带半湿润半干燥区、中亚热带湿润区、中亚热带半湿润半干燥区等不同区域，还具有水浇地、旱地之分，因此，各地选用甘蔗品种在高产、高糖的总目标下，应根据自己所在蔗区的生态区域和栽培条件，因地制宜，选用良种。

（1）气温较高的热带灌溉蔗区，应选择高产、高糖、在高温和水肥条件下增产潜力大和抗病性强的品种，如粤糖00-236、粤糖60号、粤糖55号、海蔗22号等。

（2）南亚热带灌溉蔗区，在栽培管理较好的条件下，应选择苗期早生快发、中后期耐水耐肥、高产、高糖、宿根性好、抗病性强的中大茎和大茎的早中晚熟丰产品种，如桂糖42号、柳城05-136、云蔗08-1609、福农41号等。

（3）在旱地，由于冬春少雨干旱，灌溉条件差，应选择抗旱、耐瘠、耐粗放栽培的丰产甘蔗品种，在热带湿润蔗区，还要注意选用不易抽穗开花、抗病强、宿根性好的中大茎品种。

此外，在气温较低的中亚热带蔗区，还要注意选用抗寒性较好、抗霜冻强的品种。

二、不同熟期品种要合理搭配

种植甘蔗的目的是为制糖提供优质的原料，获得最佳的经济效益。由于生物学和生长特性的区别，甘蔗有早熟、中熟和晚熟之分，早熟品种在 11 月份甘蔗蔗糖分就可达到 13%，而中熟品种要到次年 1 月份、晚熟品种要到次年 2 月份甘蔗蔗糖分才会到 14%，糖厂的榨期设置一般都为 120～150 天，因此，能否根据糖厂的榨期设置，发展种植不同熟期的甘蔗品种，在不同的时间向糖厂提供最佳糖分的熟期品种，就成为制糖企业提高经济效益的重要措施之一。

根据制糖生产情况，生产上一般选用早、中、晚熟呈 2：5：3、3：5：2 或 3：4：3 的 3 种比例模式进行发展种植。

早、中、晚熟比例 2：5：3，适于糖厂蔗区原料不足、榨期较短的制糖企业。

早、中、晚熟比例 3：5：2，适于蔗区原料数量一般、榨期设置在 120 天左右的制糖企业。

早、中、晚熟比例 3：4：3（或 4：4：2），适于蔗区原料丰富且需要提早开榨，榨期设置在 150 天左右的制糖企业。

三、甘蔗良种和配套栽培技术相结合

任何甘蔗优良品种都必须通过一定的栽培措施才能正常生长，品种要和相应的栽培技术相结合，才能充分发挥种性优势，获得最高的产量和糖分，和甘蔗品种配套的栽培技术有两类，一类是和甘蔗的基本生物学与生长规律相结合的配套技术，如地膜覆盖技术可以通过增温、保湿提高甘蔗品种的出苗率，使品种出苗早、苗齐、亩壮；配方施肥技术，可以均衡地供给甘蔗在不同时间的生长营养；病虫草害综合防治技术，保证甘蔗品种全生育期不受病虫害的严重危害等。

另一类是专门针对某一甘蔗品种的弱点环节进行的特殊栽培管理技术，如桂糖 11 号分蘖力强，成茎率低，在栽培中除采取以上措施外，要注重大培土，压"满天星"；云蔗 89-151 早期生长快，成茎率高，在栽培上就要特别注意施足基肥并及早追肥，确保蔗茎均匀整齐；粤糖 00-236 对磷肥敏感，基肥要注意施磷肥等。

四、保持甘蔗品种的纯度

甘蔗是制糖的原料，一个品种如果混杂了其他品种，降低了该品种的纯度，会造成两个方面的重要损失，首先对蔗农来讲，由于不同品种的生育生长特性不同，管理要求就不一样，无形中增加了田间管理的难度；其次对制糖企业来讲，不同品种的品质不同，给按质（品种）论价增加了困难，特别是不同熟期的品种混杂在一起，不成熟（或过熟）的品种将大大降低糖厂的出糖率，从而影响经济效益。甘蔗品种混杂特别是即将推广应用的新品种的混杂将会给蔗区带来重大的、难以挽回的损失。

甘蔗由于是无性繁殖作物，生物学混杂基本没有，甘蔗品种的混杂往往是在栽培过程中，由于种、收、运等方面的不当造成的，所以，为防止品种混杂、退化，保持品种的纯度，各蔗区糖厂（甘蔗推广部门）应建立新良种繁育基地，做到新良种生产专业化、质量标准化，经繁育的种子按品种布局区域化提供给蔗农种植。在良种的大面种应用中，留种田要注意块选，选择纯净的良种田块作留种田，同时要注意株选，在收种时要注意将其他品种剔除，以保证甘蔗良种的纯度。

五、实行高效的甘蔗品种砍、运、榨管理制度

甘蔗品种应用产生的效益主要通过糖厂的加工生产来得以实现。甘蔗生长规律及其生理特性决定了不同品种具有不同的糖分转化和积累规律，当糖分积累到一定高峰期（成熟期）后必然会随着时间的延长逐步下降；甘蔗收砍后，在自然条件下，不同品种的糖分转化（回糖）程度也不同。如何科学、合理地在甘蔗糖分积累的高峰期进行收砍，以及及时装运入榨，对充分发挥良种种性和提高出糖率非常重要。根据品种糖分变化规律、品种数量和糖厂的日榨能力，应合理组织甘蔗的收砍和调运，尽量减少在自然条件下的停晒时间，争取在 24 小时内进厂压榨。

最后要强调的是，一个良种如果长期在一个蔗区或相同条件下栽培，往往容易导致品种退化、产量下降、品质变劣、病虫害增多等不良影响，使优良性状不能正常发挥。因此，推广优良品种并不能一劳永逸，要不断地适时更新换代，才能促进蔗糖生产的持续发展。

第二节　甘蔗品种健康种苗技术

近年来，由于甘蔗病虫害为害严重，尤其种传甘蔗病害（宿根矮化病 RSD、花叶病 Mosaic 等）发生更普遍，危害更严重，致使甘蔗单产低、种质退化、宿根年限短、产量下降快，这已成为制约蔗糖产业持续稳定发展和蔗糖优势产业发挥的重大问题。为此，推广健康种苗，从源头上减少病虫为害，已成为甘蔗产业发展的重要措施。

甘蔗健康种苗技术主要有温水脱毒技术和组织培养脱毒技术两种。

一、甘蔗温水脱毒健康种苗生产

甘蔗温水处理脱毒进行健康种苗生产，是国际上广泛采用的健康种苗生产技术和方法。甘蔗种苗经过温水脱毒处理后能有效去除各种病害（病菌或病毒），去除率达 90% 以上。与常规种苗相比，脱毒种苗在整个生长期中都表现出明显的生长优势，早生快发、伸长拔节早、长相健壮，脱毒种苗的叶片光合速率、株高、茎径、有效茎数等参数指标均明显高于带病种苗。平均亩产比传统种植提高 1.0t 以上，甘蔗糖分提高 0.5%，延长宿根年限 2～3 年。

（一）甘蔗温水脱毒种苗生产技术路线

一是调查不同生态蔗区甘蔗主栽品种和新品种宿根矮化病、花叶病等的发生和分布情况并采集样品，利用电镜（electron microscope，EM）、酶联免疫吸附测定（enzyme-linked immunosorbent assay，ELISA）及聚合酶链反应（pdymerase chain reaction，PCR）等检测技术对采集样品进行宿根矮化病和花叶病的病原检测，明确甘蔗宿根矮化病病菌和花叶病病毒等的致病性；二是甘蔗主栽品种和新品种采用甘蔗温水处理设备进行温水（50℃±0.2℃）脱毒处理；三是建立无病种苗圃——三级苗圃制，温水脱毒种苗通过一级、二级、三级专用种苗圃扩繁，由三级专用种苗圃直接为大面积生产提供无病种苗，技术路线见图8-1。

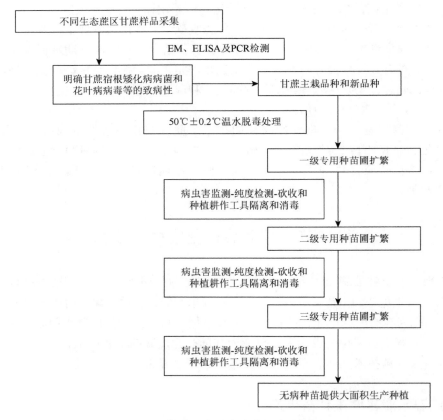

图 8-1　甘蔗温水脱毒种苗技术路线图

（二）甘蔗温水脱毒种苗生产

1. 样品采集及检测

调查不同生态蔗区的甘蔗主栽品种和新品种宿根矮化病、花叶病等的发生和分布情况并采集样品。采样于甘蔗成熟期，选择具有代表性的主栽或主推品种，根据品种、植期分类，随机取样。每个样本取 6～10 条蔗茎，先用剪刀取幼嫩叶片装入样品采集袋，每条蔗茎再截取中下部茎节，用砍刀切成 7cm 左右长，再用钳子挤压 25mL 左右的甘蔗汁于 50mL 离心管内混匀（每取一个样品后均用 70%的酒精消毒砍刀和钳子），放于−20℃冰箱保存待用。利用植物病原 EM、ELISA 及 PCR 等检测技术对采集样品进行甘蔗宿根矮化病和甘蔗花叶病病原检测。根据调查检测结果，全面分析评估，明确甘蔗宿根矮化病病菌、花叶病病毒等的致病性及差异，田间发生分布及流行动态和不同品种发病情况，为应用推广甘蔗温水脱毒种苗提供科学依据。

2. 甘蔗种苗温水脱毒处理

为保证温水处理甘蔗种苗的发芽率，应仔细选择生长健壮的成熟中下部蔗茎，先去除蔗叶避免阻塞水流循环系统，再将甘蔗种苗砍成 2～3 个芽段，然后将砍好的甘蔗种苗装入网袋堆放于处理吊篮内。在流动冷水中浸泡 48 小时之后，采用甘蔗温水处理设备进行温水（50℃±0.2℃）脱毒处理 2 小时，计时从甘蔗种苗放入处理池开始。如果处理超过 2 小时意味着发芽率的降低，保持处理温度在（50±0.2）℃对脱除病毒和保证发芽率都是必要的，见图8-2。

图 8-2　温水处理甘蔗种苗进行脱毒

处理时首先将处理池水温加热到 51～52℃，放入装有甘蔗种苗的吊篮，使其完全浸没。装有甘蔗种苗的吊篮放入处理池时，池内温度下降，很快回到 50℃。温度自控器实时监测池内温度并反馈信号给加热器以确保池温在（50±0.2）℃。巡检仪监测池内上、中、下部各层的温差。

甘蔗种苗从处理池吊出后，先喷洒冷水尽快降至环境温度，再用 50%多菌灵 800 倍液浸种 5～10 分钟以避免胚芽腐烂。处理后的甘蔗种苗芽胚质软，应尽量避免触碰，甘蔗种苗冷却后可立即种植，也可摆放 1～2 天等胚芽硬化后种植。

甘蔗温水脱毒首先要有符合先进技术标准的温水处理设备（能够保持水体循环、温度自控 50℃±0.2℃）和相应的脱毒方法、工艺流程等，否则水温过高、处理时间过长易使种芽烫伤失去发芽能力，水温过低、处理时间过短则起不到脱毒效果；其次，为确保脱毒种苗的发芽率，应选择生长健壮的成熟蔗茎中下部茎段处理，处理后的脱毒种苗先喷洒杀菌剂（多菌灵）以避免胚芽腐烂，再摆放 1～2 天等胚芽硬化后种植。

（三）甘蔗温水脱毒种苗繁殖

在工厂化生产甘蔗温水脱毒种苗的基础上，建立无病种苗圃——三级苗圃制。温水脱毒甘蔗种苗通过一级、二级、三级专用种苗圃扩繁，由三级专用种苗圃直接为大面积生产提供无病种苗，见图 8-3。

图 8-3　脱毒种苗苗圃繁殖

1. 一级专用种苗圃扩繁

一级苗圃是三级苗圃制中最重要的苗圃，专用于繁殖经温水处理的脱毒种苗（提供脱毒种苗原种）。脱毒种苗摆放 1～2 天待胚芽硬化后种植，亩下种量为 8000～1000 芽，双行接顶摆放，施普钙 50kg，覆土灌水 3～5 天后喷除草剂盖膜，田间施肥及栽培管理按常规生产方法进行。一级苗圃应位于交通和管理都比较方便的地方，最好设在糖厂附近。一级苗圃需严格保护以免受病虫害侵染，各种操作和保护工作要由经过培训的技术人员担任，一旦发现染病蔗株，应尽快拔除以防止再次侵染。

2. 二级专用种苗圃扩繁

第二年大量繁殖从一级苗圃收获的蔗种。蔗种不用再进行热处理，但必须保证防止再次侵染的其他条件。二级苗圃从下种开始直至收获，都必须加强田间管理并进行严格的保护，定期检查病害发生情况。

3. 三级专用种苗圃扩繁

第三年对从二级苗圃中得到的蔗种进行再扩繁。可不进行热处理，但必须对蔗田进行定期的病害检查。三级苗圃收获的蔗种即为无病虫种苗，可提供给蔗农种植。

在上述各级苗圃的栽培管理中，必须注重病虫害监测、种苗纯度检测，在种苗砍收和种植过程中，加强蔗刀等砍收耕作工具的隔离和消毒，防止病害交叉感染。实行轮作，可使有寄主专化性的病原物得不到适宜于生长和繁殖的寄主植物，从而减少病原物的数量；种苗区应及时剥除枯叶，清除田间杂草，完善蔗田的排灌系统和合理施肥，以确保种苗的质量。

二、甘蔗组织培养脱毒生产技术

随着生物技术的发展和日趋成熟，甘蔗组织培养技术在生产上的应用越来越广泛，除了在甘蔗良种快速繁殖上发挥了重要作用外，在甘蔗脱毒种苗的生产上也具有重大的应用价值。试验表明，用甘蔗茎尖培养技术可以脱除种苗病毒，生产出健康的甘蔗脱毒种苗。

（一）甘蔗脱毒种苗的生产性能

根据对果蔗脱毒苗的大田生产性能的研究，脱毒苗的株高、茎粗、叶片光合速率明显高于带病种苗，产量提高42%～68%，品质也有明显改善。巴西推广种植甘蔗脱毒种苗，产量提高20%～40%，个别蔗区增产达60%，糖分提高了0.5个百分点以上。

（二）甘蔗脱毒种苗机理及生产技术路线

1. 茎尖培养脱毒机理

采用茎尖离体培养与高温处理相结合的技术，可从感染病毒蔗植株中获得脱毒的健康蔗苗。因为病原通过输导组织在植物体内进行运输和传播，而茎尖分生组织区域内无维管束，病原只能通过胞间连丝传递，赶不上细胞不断分裂和生长的速度，所以生长点含有病原菌和病毒的数量极少，加上52℃温水处理30分钟后，可以杀死寄生在蔗芽上的大部分病毒和病原菌，再加上38～40℃的恒温催芽培养，一方面可促使蔗芽快速生长，另一方面又抑制病毒和病原菌的生长及传播，使茎尖分生组织离病原更远，有利于切取不携带病原的茎尖分生组织，从而达到彻底脱毒去病的目的。茎尖脱毒组织培养接种过程如图8-4所示。

2. 甘蔗脱毒种苗的生产技术路线

无病无毒的茎尖经组培工厂化快繁后可获得大量的脱毒组培苗。这些组培苗经生根培养后移入温室或大棚炼苗，育成营养袋苗，再将营养袋苗移到种苗繁育基地，依次经过1～3级种苗的繁殖（图8-5），获得健康种茎即可供生产使用。茎尖脱毒组织培养继代增殖如图8-6所示。

图 8-4　茎尖脱毒组织培养接种过程

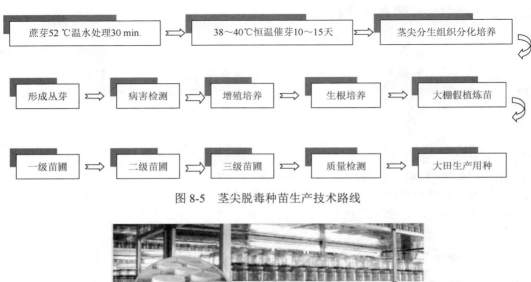

| 蔗芽52℃温水处理30 min. | ⇒ | 38～40℃恒温催芽10～15天 | ⇒ | 茎尖分生组织分化培养 |

| 形成丛芽 | ⇒ | 病害检测 | ⇒ | 增殖培养 | ⇒ | 生根培养 | ⇒ | 大棚假植炼苗 |

| 一级苗圃 | ⇒ | 二级苗圃 | ⇒ | 三级苗圃 | ⇒ | 质量检测 | ⇒ | 大田生产用种 |

图 8-5　茎尖脱毒种苗生产技术路线

图 8-6　茎尖脱毒组织培养继代增殖

3. 建立甘蔗脱毒种苗生产体系

许多重要的甘蔗病害都是通过种苗传播的，例如真菌病害中的黑穗病、霜霉病等，细菌病害中的宿根矮化病、白条病等，几乎所有的病毒病都是由种苗带病的。因此，凡是由蔗种带病的病害，采用无病的种苗是防治病害最有效的措施。而无病种苗的来源，最好是建立无病苗圃。国外主要产蔗国普遍采用的甘蔗无病苗圃制——三级苗圃制，其技术和经验值得我们学习和借鉴。

1）一级苗圃

一级苗圃是三级苗圃制中最重要的苗圃。蔗种来自甘蔗茎尖培养脱毒苗，或取自纯度高、外观健康的蔗株。取自蔗株的种苗必须经过热处理，可用50℃的热水浸种2小时或54℃的热空气处理8小时，也可用53℃的混合空气和蒸汽处理4小时。一级苗圃应位于交通和管理都比较方便的地方，最好设在糖厂附近。一级苗圃需严格保护以免受病害侵染，各种操作和保护要由经过培训的技术人员担任。一旦发现染病蔗株，应尽快拔除以防止再次侵染。

2）二级苗圃

第二年大量繁殖从一级苗圃收获的蔗种。蔗种不用再进行热处理，但必须保证防止再次侵染的其他条件。二级苗圃从下种开始直至收获，都必须加强田间管理和进行严格的保护，定期检查病害发生情况。

3）三级苗圃

第三年对从二级苗圃中得到的蔗种进行再繁殖。可不进行热处理，但必须对蔗田进行定期的病害检查。从这种蔗田上获得的蔗种称作健康种苗，可向蔗农提供。

在上述各级苗圃的栽培管理中，必须采用能确保大批量生产无病种苗的各种栽培措施。耕作刀具需要消毒处理，消毒方法可用75%的酒精擦拭，也可用火焰灼烧进行消毒。实行轮作，可使有寄主专化性的病原物得不到适宜于生长和繁殖的寄主植物，从而减少病原物的数量；在种苗区应注意蔗田卫生，应及时剥除枯叶，清除田间杂草，完善蔗田的排灌系统，合理施肥，以确保所提供种苗的质量。

建立甘蔗健康苗圃制度，提高甘蔗种苗质量，控制病害发生是一项重要的系统工程，需要各级甘蔗生产、科研和行政主管部门高度重视，密切配合。

第三节 甘蔗良种常规快繁技术

选育和引进的甘蔗优良品种，要使其早日投入生产应用，必须以较快的速度加快繁殖，使其能在较短的时间内得到大量的种苗用以推广。由于甘蔗是无性繁殖作物，用种量大、繁殖倍数低，一般繁殖只有4~5倍，所以，必须采用有效可行的快繁手段进行良种繁育，才能保证良种面积的顺利扩大。

甘蔗常规快繁是甘蔗良种快繁中简便、成熟、易行的技术，适合各地蔗区进行良种快繁使用。根据不同的栽培方式，甘蔗常规快繁技术有一年两采良种繁殖技术、单（双）芽稀播快繁技术、单芽育苗移栽快繁技术等。

一、一年两采良种繁殖技术

一年两采良种繁殖技术适宜于气温较高、甘蔗生长快的地区，也适宜采用温室大棚进行快繁。

一年两采法的技术关键是春植秋采、秋植春采。春植秋采是指在晚冬或早春地膜覆盖下种促其早生快发，到7月下旬或8月上旬全茎采苗作秋植并留宿根，利用8、9月高温多湿的有利条件,加速甘蔗的生长。秋植春采是指在秋季利用高温多湿的有利气候条件下种甘蔗种苗,次年 3 月底前采苗。结合留宿根,一年两采繁殖系数可达 40 倍以上,而常规的良种种植繁殖一年只有 8 倍左右,见表 8-1 和图 8-7。

表 8-1 一年两采繁殖系数

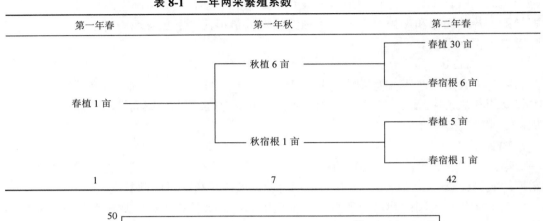

第一年春	第一年秋	第二年春
春植 1 亩	秋植 6 亩	春植 30 亩
		春宿根 6 亩
	秋宿根 1 亩	春植 5 亩
		春宿根 1 亩
1	7	42

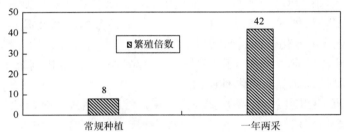

图 8-7 常规种植与一年两采繁殖系数比较

为保证一年两采繁殖方法正常进行,除建立专门的甘蔗良种繁殖基地外,在栽培管理上要施足基肥,加强田间管理,防治病虫草害,更好地培育优质种苗。

二、单(双)芽稀播快繁技术

甘蔗是一种栽培用种量较大的作物,常规栽培繁殖用种量大,亩用种量高达 8000~10000 芽,繁殖成本高,效益低,速度慢,严重影响了甘蔗良种的繁殖推广。可通过以下方法改进下种方式,即改双芽双行下种为单芽单行稀播或双芽单行稀播,结合秋季下种,配套地膜覆盖,可使亩下种量下降到 4000~5000 芽,每亩节省用种一半左右,繁殖倍数较常规繁殖翻一番以上。

具体操作方法如下:

(一)选择良好蔗地、精细整地

单(双)芽稀播作为一种新良种快繁技术,目的在于加速繁殖新良种,因此应选择土地平整、土壤肥沃、排灌方便、蔗农管理水平高的土地作为良种繁殖地。在此基础上，深耕细耙，精细整地。连作蔗田，在宿根甘蔗收获后，深翻土壤，清除蔗桩，集中烧毁；若前作物为水稻，在水稻收获后，选择土壤宜耕性好的时期深耕犁，耕犁后充分曝晒。通过深耕、充分曝晒、下种前细耙，使耕作层土壤深、松、细。

种植沟深为 25～30cm，播幅宽为 20～25cm，行距为 90～100cm。对地势平缓的水浇地，田间四周开设深为 50～70cm 主干排灌沟渠，根据地势和田块大小在中间开设"十"字形或"丰"字形支渠，深为 40～50cm，保证田间旱能灌、涝能排。

（二）提早下种时间

8 月下旬开始下种，到 10 月上旬结束下种，充分利用蔗区秋季气温高、土壤湿度大的自然资源优势，提高种苗的萌发出苗率。气温较高的蔗区也可进行冬植和早春植，但要求地膜覆盖。

（三）认真进行种苗处理、单（双）芽单行下种

选用无病虫害、无混杂的蔗种，秋植采种后晒种 3～5 天，晒种程度以蔗种叶鞘呈皱缩状为度，每段种苗砍成单芽或双芽，采用浓度为 5%～7% 的石灰水蘸种处理。下种方式采用单（双）芽单行稀播下种，种苗单行平植于沟底中央，亩用种量达 4000～5000 芽，种芽朝向两侧。

（四）施足底肥、防地下害虫

下种后，每亩施用三元素（10：10：5）复混肥 80kg，结合施基肥，亩采用 8% 毒死蜱·辛硫磷、5% 丁硫克百威或 3.6% 杀虫双等颗粒剂 3～5kg 与肥料混合，防治地下害虫。

（五）覆土、盖膜

覆土 3～5cm，使土壤紧贴种苗，土层表面呈板瓦形。在土壤潮湿条件下，每亩采用 40% 阿特拉津 150～200mL，兑水 50～60kg，喷雾种植沟表面土壤。冬植和春植时，喷施除草剂后，选择幅宽为 40cm 的普通农用地膜进行覆盖，盖膜要求土壤墒面潮湿、细碎，膜拉紧铺平，紧贴墒面，用细土沿膜边缘压紧、压实，保持地膜透光面幅宽 20cm 左右。

（六）田间管理

（1）查苗补苗。大田蔗苗基本出齐后，如果田间有缺苗现象，应及时进行补苗，补苗选择阴天进行，剪去 1/2～2/3 叶片，边补苗边浇定根水，成活后追施提苗肥。

（2）加强水肥管理，防治病虫害。

（3）其他管理参照甘蔗高产栽培方式。

三、单芽育苗移栽快繁技术

单芽育苗移栽快繁是采用单芽育苗，苗期移植于大田的良种繁殖技术。单芽育苗移栽，可大幅度提高甘蔗的出苗率，苗床育苗可以集中管理，培育壮苗。单芽育苗移栽，配合精细的管理技术，可大大节省用种量，提高繁殖系数，其繁殖系数与大田普通栽培相比可提高 2～4 倍。具体技术如下。

（一）甘蔗单芽育苗

培育壮苗是单芽快繁技术成功的关键。蔗苗健壮的标准为：蔗苗粗壮，叶色清秀，根系发达，吸收能力强，无病虫害。健壮的蔗苗移栽后蹲苗期短，返青快，生长迅速。具体措施如下：

1. 苗床的选择和准备

苗床选择土壤肥力较好、土质疏松、排灌方便、背风向阳而又邻近移植蔗苗的大田。育苗田要求深耕细耙，土壤细碎、平整。按 1.3m 宽拉线开沟，整理成墒，施用腐熟的农家肥作基肥，墒与墒之间留 0.4m 作为走道。

2. 砍种及种茎处理

砍种质量的好坏关系到出苗率的高低。砍种应用锋利的菜刀、坚硬的垫板，要求芽的上部占节间的 1/3，下部占节间的 2/3，砍种时芽向两侧，切口要平，蔗茎不破不裂。同时，注意捡出死芽及有病虫的芽。种茎处理可采用 2% 的石灰水浸种 12～24 小时。一般可在白天把种茎砍好，傍晚放于配置好的石灰水中浸泡，第二天清晨捞出，晾干水后播种。

3. 排种、盖种、盖膜

苗床育苗法：排种采用平放排种，把经过预处理的种苗一个挨一个地平排于开好的苗床浅沟上，芽向着同一侧稍向上方，种苗排好后，每亩苗床用 60kg 普钙、20kg 复合肥作底肥，用防虫剂防治地下害虫；然后均匀地盖一层与农家肥混合的土，以盖过种苗为宜，墒面整理平整；最后淋透水，用除草剂封草，用竹片做成拱棚盖膜。

营养袋育苗法：有条件的地方可采用薄膜营养袋育种（相应砍种时每芽一段，长度 5cm 左右），规格（直径×高）为 10cm×15cm，先装袋 5cm 左右高的营养土（腐熟农家肥：土＝1：4），将蔗芽放在袋中央，芽眼向上，切口"天、地"向，再继续装营养土至袋口 1～2cm 的地方（蔗芽处于袋中部），然后将装好的袋集中管理，一般摆成 3m 宽（刚好 30 个），长度根据地点而定墒型，用竹片或其他条状物做成小拱，拱在营养袋上方，空间不宜太大，距袋 20cm 左右即可，用宽度为 4m 的膜盖在拱上，拉紧压严。

4. 苗床管理

（1）温度的控制。甘蔗最适发芽温度为 30℃，若膜内温度超过 40℃，则需要揭膜降温。

（2）水分的控制。出苗前苗床保持土壤湿润。苗齐后，如果早上幼苗无吐水现象，则需要浇水；如果地势低而排水不良，则需要开沟排水。移栽前 10 天开始控水炼苗。

（3）施肥。蔗苗出齐后，每亩用 20kg 尿素兑水喷施或每亩施 30kg 复合肥，移栽前 5 天左右，再施一次送嫁肥，每亩用尿素 10kg 兑水喷施。

（4）病虫害的防治。如有病虫害发生，及时防治。

（二）蔗苗移栽

1. 移栽前的准备

种植单芽苗应选择土壤肥沃、排灌方便的田块，精细整地后开沟，行距为 1m；底肥以腐熟的农家肥为主，每亩 50kg 普钙及 20kg 复合肥拌相应杀虫剂施用。

2. 移栽苗龄

以蔗苗有 4～5 片叶时移栽为好，育苗时间为 45～50 天。移栽前一天剪去叶片的 1/3～1/2，以减少叶片蒸腾失水。

3. 移栽

移栽应选择阴天或晴天的下午进行，种植密度以每亩 2000～2500 苗为宜。移栽前淋足水分，用小锄小心起苗，尽量使蔗苗根系多带土，做到随起随运随栽。栽苗不宜过深，以主茎生长点在土表处为宜。种植时注意栽匀、边移栽边浇水。移栽后视天气及土壤水分情况补灌 1～2 次水。

4. 移栽后的管理

（1）剪苗。剪苗是单芽育苗移栽保证取得高产的关键技术措施。剪苗应在分蘖发生 1～2 个后，选择晴天，从生长点处剪去主苗，注意剪苗一定要剪到生长点。若剪太高，生长点继续生长，起不到剪苗的作用；剪太低，影响分蘖苗的生长，严重的会造成死苗。

（2）肥水管理。蔗苗返青后，每亩施 10kg 尿素，有条件的泼施腐熟的稀人粪尿效果更好。

（3）其他管理。与大田生产相同。

参 考 文 献

陈如凯，2003. 现代甘蔗育种的理论与实践[M]. 北京：中国农业出版社.

李奇伟，陈子云，梁洪，2000. 现代甘蔗改良技术[M]. 广州：华南理工大学出版社.

谭中文，李玉潜，梁计南，1999. 甘蔗生态育种学[M]. 北京：中国农业出版社.

第九章 突破性甘蔗品种培育途径与实践

第一节 突破性甘蔗品种

一、突破性甘蔗品种的概念

甘蔗品种是蔗糖产业的核心技术，甘蔗品种改良是蔗糖产业发展的保障。甘蔗品种是指在一定的生态和经济条件下，具有遗传性和生物性相对稳定、形态上相对一致等特性，适应一定的自然和栽培条件，具有一定经济价值的一个甘蔗群体。产量高、糖分高是甘蔗良种必须具备的基础，在产量、糖分、宿根性、抗病性、抗虫性、适应性以及其他工农艺性状方面普遍优于现有品种，且至少在 1～2 个性状上有重大突破的品种才具备突破性甘蔗品种的基本条件。

不同的生态环境，不同的历史时期，不同的生产条件和栽培制度，对品种的要求不同，优良品种不是绝对的，因此，突破性品种也并非一成不变。甘蔗优良品种是在某一地区、某一时期、某一栽培制度下获得单位面积最高的产蔗量和产糖量，而且产量稳定，适宜于当地生态环境、栽培制度和制糖工艺要求的品种，而突破性品种是指必须突破一定区域限制，且能适应更广泛的生态环境和栽培制度，被蔗农和制糖企业广泛接受，能大范围取代老品种并开拓更大种植区域的优良品种。

二、突破性亲本的创制

（一）亲本创新的类型

甘蔗有性杂交育种是目前世界上最常用、最普遍、育种成效最大的一种方法，在我国育成的甘蔗品种中，通过有性杂交育成的甘蔗品种占 98%以上（吴才文，2005；吴才文等，2014）。亲本创新是甘蔗品种创新的源头，只有亲本创新的突破，才可能带来甘蔗品种培育的突破。杂交育种的意义在于产生杂种优势，产生杂种优势的基本原因在于杂交后代的基因重组。获得杂种优势的基本原则就是选配优良的杂交组合。亲缘关系较远、性状差异较大、异质程度高、遗传基础丰富，杂种优势就强。甘蔗百年育种产生了大量的亲本，包括突破性的品种和亲本，如 POJ2878、Co419、F134、CP49-50 等，为世界糖业做出了重大贡献，促进了蔗糖业的巨大发展。

亲本创新是针对现有亲本的不足，在现有亲本的基础上通过杂交输入新的血缘或利用新种质杂交创造新的甘蔗亲本的过程。根据亲本的血缘成分及比例差异，可把亲本创新分为亲本改良、亲本创制和独立亲本系统的培育三个类型。亲本改良是通过杂交输入新的血缘而对现有亲本的某些不良性状进行改进。其特点是输入的性状是个别的，因此，改良的性状是局部的，品种的遗传基础变化不大。亲本创制指独立于现有亲本系统之外的原种间杂交而创制的新的亲本。与现有的亲本相比，新的亲本极少或完全没有血缘交叉，即遗传基础差异大。独立亲本系统是指独立于现有 POJ 和 Co 体系之外的亲本系统，原始始祖应是商业性好、高产、高糖、极少被利用，且目前还没有形成独立体系的原种（包括热带种、中国种、印度种及野生种，下同）间杂交而成的亲本系统，亲本的血缘与当前常用亲本的差异应达 90%以上（吴才文，2005；吴才文等，2014）。

（二）亲本创新的方法及特点

1. 改良型亲本的获得

改良型亲本是亲本改良的结果，由于现有亲本存在某些不良性状，通过杂交输入新的血缘而使得部分性状得以改进。其特点是以现有亲本为基础；方法是通过与高糖或高产品种杂交改良糖分或产量性状，通过与野生种杂交提高品种的适应性、抗寒性及宿根性。亲本的改良是最容易、最简单，也是目前最常用的方法，但由于血缘基础没有大的改变，所以培育出突破性品种的可能性低。

2. 新亲本的创制

新亲本的创制指利用新的原种杂交，产生新的工农艺性状较优的可用于生产或继续杂交利用的品种/亲本。要获得一个与原亲本有差异的亲本容易，但要获得一个全新的亲本困难，要获得在血缘上有较大突破的亲本更难。新亲本创制的特点和方法是用完全独立于现有亲本系统的原种种间杂交；缺点是杂交利用的原种数量少，不能自成为一个体系，如崖城 58-47；优点是进一步与原原种的后代杂交，可培育出新的亲本系统，与现有亲本杂交可获得改良型的亲本（如湛蔗 74-141、崖城 71-374 即为崖城 58-47 与现有亲本杂交后形成的改良型亲本）；局限性是与现有亲本杂交易于培育出新的品种（目前为止以崖城 58-47及其后代为亲本已培育出三十多个品种），但难以培育出突破性的品种。

3. 独立亲本系统的培育

独立亲本系统的培育指培育出包含 4 个以上新原种的亲本系统。其特点是在还没有被发掘利用的新原种中获得高糖、高产基因源，从野生种质中发掘优良的抗原；依据是高贵化育种理论及突破育种的实践，高贵化理论提出后，所培育出的所有突破性亲本/品种中（如：POJ2878、Co419、F134、CP49-50），其父母本的异质性皆高达 90%以上；方法是原始始祖应对等杂交，用产生的两个高贵化的亲本/品种继续杂交，然后获得更高贵化的品种，原始始祖的血缘比例相当；优点是独立亲本系统培育的过程就是产生大量突破性品种的过程，且原始始祖性状越优良，后代出现更为优良的品种的可能性就越大；缺点是难度大、所需时间长，存在优良甘蔗原种及其 F_1、F_2 代孕穗难、抽穗难、开花难、花粉发育不良、花期不相遇、杂交不易成功、结实率低和发芽差等一系列问题，使得大量优良原种难以利用。

独立亲本系统培育中的误区：①原种间杂交后，用所产生的高贵化品种/亲本再与原种杂交。此法产生的亲本虽然综合了多个原种的血缘，但 50%的血缘比例（理论计算）皆为新杂交的原种，首次利用的原种每杂交一次，血缘（性状）比例就减少 50%。②原种间杂交后，用产生的高贵化品种/亲本（F_1、F_2 代种）与现有亲本杂交。从现象上看原种杂交产生的后代（F_1、F_2 代低代种）种性表现可能不及现有品种/亲本优良，且原种杂交后代与现有亲本杂交易于获得改良型的优良品种，但杂交以后，血缘就只能归类于原有 POJ 和 Co 亲本系统，所产生的品种/亲本就属于改良或创新类型，由于这些亲本/品种与现有亲本间具有一定的血缘交叉（血缘上没有大的突破），因此，其后代的商业性的突破也就很困难。

第二节　亲本系统的培育对甘蔗育种的贡献

一、独立亲本系统培育的成绩

（一）含有 4 个原种的独立亲本系统

在世界甘蔗百年杂交育种历史进程中形成的原原种间的杂交，杂交后代继续对等杂交，杂交后代称得上独立亲本系统的含有 4 个原种的品种/亲本有 EK28、POJ2364、Co213、Co221、Co244 和 Co281 等，是甘蔗"高贵化"育种最成功的典范。分析其基础杂交类型，主要包括热带种×热带种、热带种×细茎野生种和热带种×印度种等，通过这些类型育出的甘蔗品种对世界甘蔗产业的发展做出了巨大的贡献。

EK28：爪哇甘蔗育种场育成，开创了热带种种内杂交最成功的先例，所含 4 个原种均为热带种（图 9-1）。在种间杂交育种成功之前，它对过渡时期的爪哇糖业有很大贡献（骆君骕，1984），而在其他蔗区推广受限。之所以只对爪哇糖业有很大（直接）的贡献而在其他蔗区推广受限，主要在于其血缘基础仅为热带种质，热带种含有高产、高糖、大茎、纤维含量低等优点，但又具有抗病性、抗逆性和适应性不强等缺点，血缘的缺陷决定了其推广范围不大。

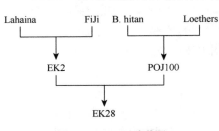

图 9-1　EK28 系谱图

POJ2364：爪哇甘蔗育种场育成，是热带种与细茎野生种种间杂交培育出的最优良的亲本之一，所含 4 个原种中有 3 个是热带种，1 个是野生种（爪哇割手密）（图 9-2）。由于野生种血缘的输入，POJ2364 的抗逆性和适应性得以大幅度提高。

Co221（图 9-3）、Co244（图 9-4）和 Co281（图 9-5）：印度哥印拜陀甘蔗育种场育成，是热带种、印度种与细茎野生种的杂交种，3 个亲本所含的 4 个原种虽然不尽相同，但均有 2 个热带种、1 个印度种、1 个野生种（印度割手密）。

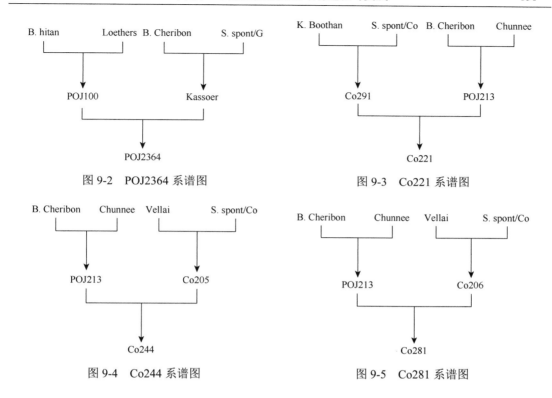

图 9-2 POJ2364 系谱图

图 9-3 Co221 系谱图

图 9-4 Co244 系谱图

图 9-5 Co281 系谱图

含 4 个原种的独立亲本或亲本系统,虽然杂交类型不完全相同、原始始祖不完全相同,但它们的共同特点是系谱图均呈倒三角形,4 个原始品种所含的血缘相同,各占 25%,在生产上均成为不同地区、不同阶段的经济栽培种。但在这些亲本中,有的热带种血缘含量太高(EK28 占 75%),适应性不足,有的野生血缘比例偏大(POJ2364、Co221、Co244 和 Co281 割手密血缘均为 25%),商业性状欠佳,虽然具有不同的应用面积,但面积均不大。由于它们具有良好的血缘构成,因此成为世界甘蔗育种"高贵化"的最重要亲本,目前,世界甘蔗推广品种无不含有这些品种的血缘,通过它们相互杂交或后代继续对等杂交、回交培育出许多世界性的品种/亲本,对全球甘蔗育种及蔗糖产业的发展做出了重大贡献。20 世纪 30 年代以来,由于关注于已有基础杂交,类似于上述血缘的新亲本系统没有产生,导致甘蔗育种鲜有突破。

(二)含有 6 个及以上原种的突破性甘蔗品种及亲本

自 19 世纪 90 年代荷兰育种家杰斯维(Jeswiet J.)提出甘蔗"高贵化"育种理论以来,培育出获世界公认的突破性甘蔗品种和亲本有 POJ2878、Co290、Co419、F134、NCo310 和 CP49-50 等,这些品种有一个共同的特性,即它们的基础杂交均来自 3 个类型:热带种×热带种、热带种×印度种和热带种×细茎野生种,它们的特点是父母间异质性大,血缘关系较远,杂种优势突出(吴才文,2005),不仅在生产上大面积推广应用,而且作为杂交亲本还直接培育出一大批优良品种,堪称世界蔗王。

POJ2878：含有 6 个原始亲本（图 9-6），是爪哇甘蔗育种场育种家杰斯维于 1921 年育成的高贵化第三代甘蔗品种。其大茎、高糖，像原种黑车利本（B. Cheribon）；呈青色、抗病、适应性强，像割手密（Glagah）。该品种株形美观、生长表现好，不论在热带还是亚热带蔗区，均有较好表现，显示其适应性广泛，1929 年推广面积占爪哇植蔗总面积的95%，几乎遍及爪哇蔗区，足以证明该品种深受蔗农及糖厂的喜爱。1930 年，POJ2878的声誉遍及世界蔗区，糖厂引种作原料，育种场引种作亲本，目前世界上所有种植的甘蔗品种几乎均含有该品种的血缘，它被称为第一代蔗王。但该品种的主要缺点是易感染斐济病和白绒病（露菌病）（骆君骕，1984）。从血缘上看，该品种主要缺陷在于有两个原始亲本（斑扎马新黑潭 B. hitan 和路打士 Loethers）反复利用 2 次，有一定（25%）的血缘交叉，如果其中一个 POJ100 换成另外一个基础种质（血缘不能与系统中现有的基础种质相同），POJ2878 在生产和杂交上的利用价值可能会更加突出。

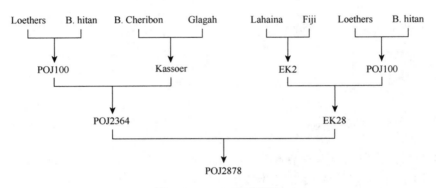

图 9-6　POJ2878 系谱图

Co290：含有 6 个原始亲本（图 9-7），由印度哥印拜陀甘蔗育种场育成，是热带种、印度种与细茎野生种的杂交后代。Co290 蔗茎较大，蔗皮较软，蔗茎短，红色，株型紧密，宿根性好，但易感染嵌纹病和赤腐病。该品种在印度、阿根廷及路易斯安那州均为经济栽培种。1937 年，四川内江甘蔗试验场从美国农业部引入 Co290，其产量比芦蔗高，于 20 世纪50 年代替代芦蔗成为经济栽培种。作为杂交亲本，该品种花粉育性好，可作为母本，也可作

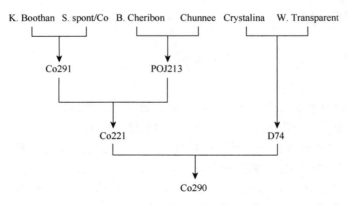

图 9-7　Co290 系谱图

为父本，世界各国甘蔗育种单位直接杂交利用就培育出许多优良品种和亲本，目前培育出的甘蔗品种几乎都含有该品种的血缘（骆君骕，1984；彭绍光，1990），与 POJ2878 一样，并列为第一代蔗王。从血缘上看，该品种原始亲本间没有血缘交叉，其主要缺陷在于 Co221 和 D74 不是对等杂交，造成 D74 的两个热带种亲本血缘比例大，使得 Co290 及其后代多属软蔗（soft cane），蔗皮软、易倒伏、鼠害严重，生产上的损失大（骆君骕，1984）。如果当初用一个能与 D74 对等杂交的基础种质，它们的杂交后代再与 Co221 对等杂交，可能 Co290 的种性会更好，在生产上的推广面积会更大，杂交利用价值也会更大。

Co419：含有 12 个原始亲本，被称为世界蔗王，具有优良的遗传基础，其亲本组合为 POJ2878×Co290，父母本均是世界著名的杂交亲本。我国自开展甘蔗有性杂交育种以来，培育出的 241 个优良甘蔗品种中有 30 个是 Co419 的直接杂交后代。Co419 是 3 个种的种间杂种，具有热带种、印度种和割手密种的血缘，其血缘几乎处于最佳的比例，分别为 81.25%、6.25% 和 12.5%（其中印度割手密和爪哇割手密各占 6.25%）。分析 12 个原始亲本的组成，其中斑扎马新黑潭 B. hitan、路打士 Loethers 和黑车利本（B. Cheribon）3 个热带种各重复利用了 2 次，亲本的异质率为 72.7%，含热带种血缘比例较好，但有少量热带种血缘交叉，如果有更高的亲本异质率，该品种无论作为亲本还是生产应用均可能会有更好的表现。另外，华南 53-63 与 Co419 的血缘完全相同，也是我国甘蔗十大亲本之一，为我国蔗糖产业的发展做出了重大贡献。Co419、华南 53-63、F134 的系谱图见图 9-8。

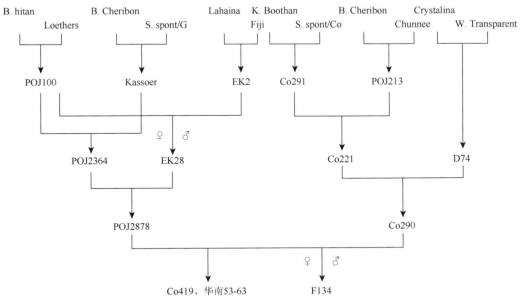

图 9-8　Co419、华南 53-63 和 F134 系谱图

台糖 134（F134）：由台湾糖业研究所育成，其亲本组合为 Co290×POJ2878，与 Co419 亲缘关系相同、缺陷相同，只是父本和母本进行了异位（图 9-8）。F134 生产性能好、抗逆性强、适应性广，曾是我国主产蔗区的主栽品种，同时，该品种开花性好，品种间杂交

亲和力强，是优良的杂交亲本。我国自开展甘蔗有性杂交育种以来，培育出的 241 个优良甘蔗品种中有 42 个是 F134 的直接杂交后代。

NCo310：该品种在印度哥印拜陀杂交，在纳塔尔培育而成，其亲本组合为 Co421×Co312，血缘背景较 Co419、F134 等品种复杂，但血缘关系比较清楚（图 9-9）。其主要问题是杂交对称性不够，Co285 为热带种和野生割手密的 F_1 代种直接与 F_3 代 POJ2878 杂交，产生的后代 Co421 又回到 F_1 代；印度种 Kansar 与 F_1 代种 POJ213 杂交，后代 Co213 又回到印度种的 F_1 代，两个 F_2 代 Co421、Co312 间杂交，后代 NCo310 实际上是热带种、印度种和野生割手密的 F_3 代种。该品种共含有原始亲本 11 个，其中热带种 7 个（条纹毛里求斯 S. Mauritius、黑车利本 B. Cheribon、斑扎马新黑潭 B. hitan、路打士 Loethers、维来伊 Vellai、拉海拉 Lahaina 和斐济 Fiji）、印度种 2 个（甘沙 Kansar 和春尼 Chunnee）、野生割手密 2 个，热带种、印度种、野生割手密种所占血缘比例分别为 53.125%，25.0% 和 21.875%。由于代数低，所含印度种和野生割手密种血缘的比例重，其抗逆性较强，尤其是抗寒性和抗病性突出，适宜于亚热带和温带蔗区栽培，在我国的台湾、四川和江西等省份从栽培到育种都做出过特殊的贡献。由于血缘关系有少量错乱，因此，其作为杂交亲本利用的贡献不及 F134 及 Co419 等突出，自我国开展甘蔗有性杂交育种以来，利用 NCo310 共直接培育出优良甘蔗品种 15 个。

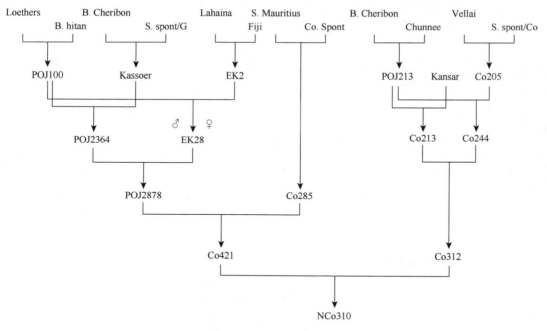

图 9-9　NCo310 系谱图

CP49-50：由美国运河点育成，其亲本组合为 CP34-120×Co356，血缘关系比较清楚（图 9-10）。该品种共含有原始亲本 9 个，其中热带种 6 个（维来伊 Vellai、黑车利本 B. Cheribon、斑扎马新黑潭 B.hitan、路打士 Loethers、拉海拉 Lahaina 和斐济 Fiji 等）、印度种 1 个（春尼 Chunnee）、野生割手密 2 个（印度和爪哇），热带种、印度种、野生割手密种所占比例分别为 80.75%，6.25%和 13.0%。从血缘上看 Co281 为热带种和印度种、热带种和野生割手密的 F$_2$ 代，直接与 F$_3$ 代 POJ2878 杂交，产生的后代 CP34-120 又回到 F$_3$ 代；POJ2878 与 POJ2725 为全同胞种，从血缘上看 Co356 为 POJ2725 与高粱（Sorghum）杂交的后代，但据邓海华等（2004）报道，Co356 不含高粱（Sorghum）血缘，说明远缘杂交未成功，Co356 实际为 POJ2725 的自交或内交后代，仍为 F$_3$ 代种，因此，从血缘上看，与高粱（Sorghum）杂交不成功，最后形成两个 F$_3$ 代种对等杂交形成的 F$_4$ 代种，CP49-50 的血缘对称性得以增加，使该品种的种性和亲本性状更为优良。该品种表现出直立、分蘖多、宿根性强、适应性广、抗病抗风折、耐旱耐寒耐涝、产量糖分兼优等优点，同时还宜作杂交亲本。据统计，我国自开展甘蔗有性杂交育种以来，培育出的 241 个优良杂交甘蔗品种中有高达 42 个品种是 CP49-50 的直接杂交后代。

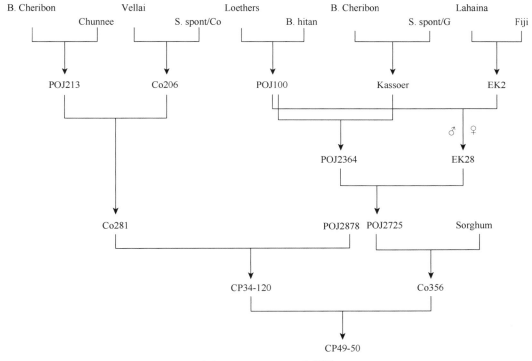

图 9-10　CP49-50 系谱图

桂糖 11 号：由广西甘蔗研究所育成，其亲本组合为 CP49-50×Co419，血缘关系比较清楚，但代数多（图 9-11）；该品种共含有原始亲本 12 个，其中热带种 9 个、印度种 1 个（春尼 Chunnee）、野生割手密 2 个（印度和爪哇），热带种、印度种、野生割手密种所占比例分别为 80.75%，6.25%和 13.0%。该品种出苗分蘖好、早熟、高产、高糖、抗旱、适应性广、宿根性强、成茎率高、有效茎多，在我国蔗区曾作为主推品种被大面积推广应用。其主要问题是对称性不够和血缘少量交叉，其亲本均为世界性的品种，在现有亲本或品种中再也很难找到杂交代数对称、没有血缘交叉或交叉不多的亲本与之配对，这或许就是该品种生产上表现优良但作为亲本没有发挥应有作用的原因。同一组合在广东还育出粤糖 65-906。另外，与桂糖 11 号亲本相同，只是父母本对换，在生产上也曾有过较大的推广面积，即 Co419×CP49-50 组合育出的品种还有云蔗 81-173、顺糖 66-166、闽糖 65-16、桂糖 64-73、赣南 64-151、赣南 66-241、赣南 65-484、粤糖 65-1378 和云蔗 68-154 等，以上品种在生产上均有一定的推广面积，但远不及桂糖 11 号，它们之间的杂交为全同胞近亲杂交，因此相互杂交也没培育出任何优良品种。

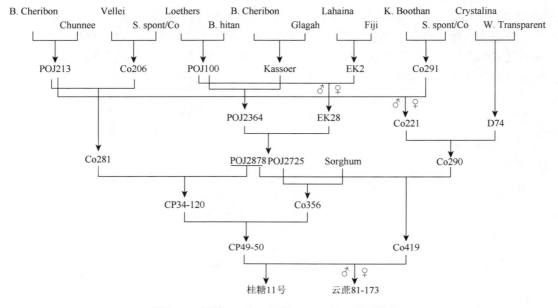

图 9-11　桂糖 11 号、云蔗 81-173 等品种系谱图

　　甘蔗独立亲本系统的培育及育种效果：独立亲本系统培育出的品种不仅数量多，而且育成品种质量好，品种种性优良，作为亲本利用可以培育出大量的品种，作为生产利用推广面积大，对产业贡献大。从血缘上看，独立亲本系统的主要特点包括：①基础杂交均为原原种间的杂交；②原始品种杂交代数基本相同；③原始品种所含血缘比例基本相同；④每次杂交均为对等杂交，使用的原种越多，对等杂交次数越多、比例越大，后代的种性表现越好；⑤原原种间血缘交叉越少，培育出的品种突破性越强。

（三）新型独立亲本系统培育的进展

　　20 世纪 90 年代，农业部依托云南省农业科学院甘蔗研究所（以下简称云南甘蔗所）相继在云南建立国家甘蔗种质资源圃和瑞丽内陆甘蔗杂交育种基地，云南甘蔗所开展了大量的资源评价和创新利用研究，对一批甘蔗原种及野生种进行光周期诱导、杂交和对等杂交，在培育甘蔗新型独立亲本系统上取得了重要进展。到目前为止，已利用的新的热带种 15 个、新中国种及印度种 8 个、新的大茎野生种 2 个和细茎野生种一批，经评价和抗性鉴定，通过对等杂交培育出具独立亲本系统的优良 F_2 和 F_3 代亲本 30 余个，提供给全国供选配突破性品种利用。为了解决瑞丽内陆甘蔗杂交育种站自然开花条件不足、杂交组合生产成本高的问题，2019 年初已筛选出 6 个亲本（部分亲本系谱图如图 9-12 所示）提供给海南甘蔗育种场作为全国甘蔗育种单位生产商业组合，这些亲本有望成为我国培育突破性甘蔗品种的主要亲本来源，将为我国乃至世界蔗糖产业发展做出新的贡献。

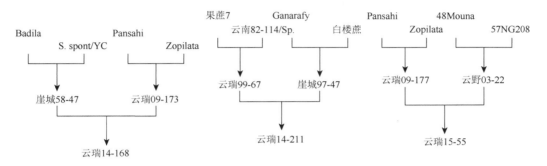

图 9-12　云瑞 15-55、云瑞 14-211、云瑞 14-168 系谱图

二、突破性品种培育的实践及对产业的贡献

1887～1888 年，荷兰人 F. Sotw edel 和英国人 J.B. Harrson、J.R. Boyell 发现甘蔗在天然环境下开花结实并自行发芽，奠定了甘蔗有性杂交育种的基础（骆君骕，1984）。自 19 世纪 90 年代荷兰育种家杰斯维提出甘蔗"高贵化"育种理论以来，世界已经培育出了 Co290、POJ2878、Co419、Nco310 和 CP49-50 等突破性品种或亲本，我国大陆首推桂糖 11 号，台湾首推新台糖 22 号。这些品种有一个共同的特性，即它们的父母间异质性大，血缘关系远，没有或很少有近亲化和网络化现象，在生产上表现优良，适应性广，推广面积达 60%以上，而且还拓展了新的蔗区，种植面积快速扩大。

20 世纪 60～70 年代以来，我国甘蔗科研机构自力更生，为解决我国蔗区糖业发展对品种的需要，广泛开展了杂交育种研究，在海南甘蔗育种场进行甘蔗开花杂交，培育出了一批优良品种，其中不乏突破性优良品种，如我国育成的以桂糖 11 号、粤糖 63-237、云蔗 71-388、川蔗 13 号为代表的优良品种快速推广应用，使我国的甘蔗种植面积由 1978 年的 800 万亩发展到 2001 年的 1500 余万亩，甘蔗亩产从 2.5t 提高到了 3.5t，单产提高了 40%，蔗糖总产量由 227 万 t 增加到了 550.6 万 t。20 世纪 90 年代以来，一批高产、高糖、适应性广的台糖品种从沿海地区进入大陆蔗区，由于糖分高、产量高，倍受我国制糖企业和蔗农的欢迎，以强劲态势替代我国当家的自育品种，使全国糖料甘蔗播种面积从 2001 年的 1500 余万亩扩大到 2010 年的 2300 万亩，新台湾甘蔗品种推广面积占到全国甘蔗面积的 70%以上，甘蔗亩产从 3.5t 提高到了 4.5t，蔗糖总产量达 1013.83 万 t，其中 2008 年蔗糖产量达 1367.9 万 t。

2008 年国家糖料产业体系成立以来，全国甘蔗育种单位加强联合攻关，加大高糖种质和野生血缘的融入，加快独立亲本系统的创制，培育出了一批在产量、糖分、抗病性和适应性上取得重大突破的甘蔗新品种，如柳城 05-136、桂糖 42 号、云蔗 05-51、云蔗 08-1069 等新品种，这些品种在生产应用成熟期蔗糖分均在 15%以上，平均为 15.69%，平均较对照种高 0.84 个百分点。其中云蔗 05-51 在生产上大规模推广应用，在云南耿马蔗区旱地百亩连片亩产达 9.2t，打破了我国无灌溉蔗区甘蔗单产最高纪录；云蔗 08-1609 不仅宿根性强，而且还是成熟期糖分峰值最高的品种，2 月份蔗糖分达 19.2%，成为全国最甜甘蔗品种；柳城 05-136 成熟期蔗糖分为 15.57%，由于抗寒性好、适应性广，2019 年推广面积达220 万亩，已成为我国目前推广面积最大的品种；桂糖 42 号因丰产稳产性强、宿根性好、适应性广、有效茎多，以及抗倒、抗旱能力强和高抗梢腐病等特性，2019 年该品种推广面积也达 200 万亩以上。新品种的育成及大规模应用推动了我国新一代甘蔗品种更替，使全国甘蔗出糖率从 2000 年的 11.26%逐步提高到 2008/2009 年榨季以来平均 12.10%的世界先进水平，增幅 7.46%，按回收率 85%计，蔗糖分实际提高了 9.8%；吨糖耗蔗从 8.9t 下降到 8.2t，蔗糖原料成本降低 7.9%。

三、突破性品种的育成大幅度扩大了甘蔗种植区域

甘蔗（*Saccharum* L.）原产于热带和亚热带，栽培适宜分布在南、北回归线两侧的高温高湿地带。北回归线附近甘蔗产区主要分布在亚洲、北美洲和中美洲；南回归线附近甘蔗产区主要在南美洲、大洋洲和非洲。《农业展望》（2009 年第 3 期）报道，北回归线附近甘蔗种植最集中的区域主要是亚洲的印度、中国、巴基斯坦和泰国，上述四个国家的甘蔗种植面积占整个北回归线附近甘蔗种植总面积的 70%；南回归线附近甘蔗种植主要集中在南美洲的巴西，巴西一个国家的栽培面积就接近占整个南回归线附近甘蔗种植总面积的 70%。随着野生资源的不断成功杂交和回交利用，甘蔗品种不断被改良，栽培技术不断改进，目前，甘蔗种植区域已延伸到北纬 38°（如西班牙）和南纬 33°（澳大利亚），同时，全球甘蔗种植面积也从 1960 年的 891.19 万 hm^2，扩大到目前的 2800 万 hm^2 以上；我国蔗区也扩大到北纬的 33°（陕西汉中），接近北界的边缘。甘蔗的垂直分布也在不断挑战新高，我国云南省的元江、保山、开远、普洱和宾川等地，有不少蔗区分布在海拔 1400～1600m的高原地带，个别蔗区甚至到达 2000m。在这些高海拔蔗区，甘蔗产量仍表现良好（吴才文等，2014）。同时，我国甘蔗种植面积也从解放初年的 10.8 万 hm^2，扩大到 2019 年的130 万 hm^2 以上，最高时（2013 年）达 170 万 hm^2 以上，极大地促进了蔗糖产业的发展。

参 考 文 献

陈如凯，许莉萍，林彦铨，等，2011. 现代甘蔗遗传育种[M]. 北京：中国农业出版社.

邓海华，李奇伟，陈子云，2004. 甘蔗亲本的创新与利用[J]. 甘蔗，11（3）：7-12.

李奇伟，陈子云，梁洪，2000. 现代甘蔗改良技术[M]. 广州：华南理工大学出版社.

李奇伟，邓海华，周耀辉，等，2000. 近年来海南甘蔗育种场甘蔗开花诱导与新种质杂交利用研究[J]. 甘蔗糖业，1：1-7.

李杨瑞，2010. 现代甘蔗学[M]. 北京：中国农业出版社.

骆君骕，1984. 甘蔗学[M]. 广州：广东甘蔗学会.

彭绍光，1990. 甘蔗育种学[M]. 北京：农业出版社.

吴才文，2005. 甘蔗亲本创新与突破性品种培育的探讨[J]. 西南农业学报，17（6）：858-861.

吴才文，赵培方，夏红明，等，2014. 现代甘蔗杂交育种及选择技术[J]. 北京：科学出版社.

吴才文，赵俊，刘家勇，等，2015. 现代甘蔗糖业[M]. 北京：中国农业出版社

Irvine J E，1999. Saccharum species as horticultural classes[J]. Theoretical and Applied Genetics（98）：186-194.

第十章　我国甘蔗品种改良新趋势

第一节　我国的甘蔗品种改良历程

甘蔗是我国主要的糖料作物，甘蔗种植面积占我国常年糖料作物种植面积的 85% 以上，蔗糖产量约占食糖总产量的 90%。甘蔗品种是甘蔗生产的核心，是促进甘蔗稳定发展和保障国家食糖安全的根本。甘蔗品种改良作为发展甘蔗产业的关键措施，它不但能增加亩产蔗量、产糖量、降低生产成本，还能提早开榨、延长榨期、提高糖厂设备利用率，获得最高的经济效益。历史表明，只有不断改良更新品种，使品种一代比一代好，产量一代比一代高，才能不断促进蔗糖产业的发展。

我国甘蔗产业的发展过程就是甘蔗品种不断改良更新的过程，新中国成立以来，从 1949～2019 年，我国蔗区先后经过了 5 次大的品种改良更新，有力地促进了我国甘蔗产业的发展，使我国成为世界主要的产蔗国，为保障食糖产业的发展做出了重要贡献。

我国的甘蔗品种改良主要经历了以下 5 个阶段（时期），如图 10-1 所示。

一、引种改良期（20 世纪 50～60 年代）

新中国成立以前，我国蔗区主要以地方品种为主，如竹蔗、芦蔗和罗汉蔗；同时，有少量的国外和台湾地区引进种等，主要通过扩大种植面积来提高总产量。新中国成立后，从 20 世纪 50 年代中后期开始，我国广东、广西、四川、福建、云南等省（区）相继成立了专门的甘蔗科研机构，开始从事甘蔗新品种的引进、培育和推广工作，引进品种 Co290、Co419、F108、F134 和 POJ3016 等，在全国大面积推广，引进种的产量和糖分都高于地方品种，在生产上被快速推广应用，取代了地方品种，实现了甘蔗品种的第一次改良。

二、自育品种发展期（20 世纪 60～70 年代）

20 世纪 60～70 年代以来，我国甘蔗科研机构自力更生，为解决我国蔗区糖业发展品种需要，各甘蔗科研机构广泛开展了杂交育种研究，在海南甘蔗育种场进行甘蔗开花杂交，利用杂交组合花穗种子，开展甘蔗有性杂交育种，各省份相继培育出了一批优良品种开始在生产上试验示范，如粤糖 57-423、粤糖 63-237、桂糖 5 号、川糖 61-408、闽糖 70-611、云蔗 65-225 等。这一时期甘蔗产业获得了平稳发展。我国第一次、第二次甘蔗品种改良更新，使我国甘蔗种植面积由 160 万亩发展到 1978 年的 830 万亩，甘蔗亩产从 1.5t 提高到了 2.5t，亩产提高了 66.67%；甘蔗总产量由 264.2 万 t 增长到 2111.6 万 t，增长了近 7 倍；蔗糖产量从 20 万 t 增长到 227 万 t，增长了 10.35 倍。

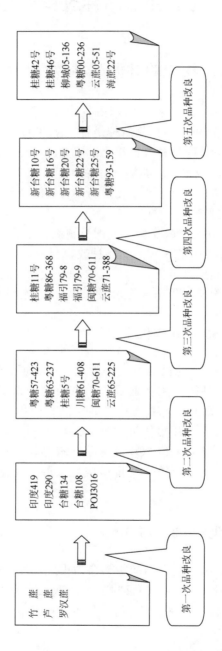

图 10-1 新中国成立以来我国 5 次甘蔗品种改良示意图

三、抗逆丰产品种期（20 世纪 80～90 年代）

20 世纪 80～90 年代，家庭联产承包责任制改革，实行包产到户后，农村生产关系发生了巨大变化。特别是随着我国蔗糖产业由北向南、由东向西，由经济发达地区向经济不发达地区的转移，我国的甘蔗产业不断向广西、云南旱地坡地发展，甘蔗种植面积不断扩大，农民对甘蔗品种的数量和质量的需求显著提高，其间广东、广西、四川、福建、云南等省（区）的抗逆甘蔗新品种选育成效显著，相继育成了桂糖 11 号、粤糖 86-368、云蔗 71-388、福引 79-8、福引 79-9 等抗旱丰产新品种，实现了甘蔗品种的第三次改良。这些品种成为新一代的甘蔗主推品种，甘蔗品种数量和类型相当丰富，大批优势品种根据适应性进行了良好的区域化布局与推广，有力地促进了我国甘蔗糖业的发展。第三次品种改良使我国的甘蔗种植面积由 1978 年的 800 万亩发展到 2001 年的 1500 余万亩，甘蔗亩产从 2.5t 提高到了 3.5t，单产提高了 40%；总产量从 2111.6 万 t 提高到了 5670 万 t，蔗糖产量由 227 万 t 提高到了 550.6 万 t，基本实现自给。

四、新台糖品种期（20 世纪末至 2015 年）

20 世纪 90 年代以来，一批高产高糖、适应性广的台糖品种从沿海地区进入大陆蔗区，新台糖 10 号、新台糖 16 号、新台糖 20 号、新台糖 22 号、新台糖 25 号、粤糖 93-159 等品种，由于糖分高、产量高，倍受我国制糖企业和蔗农的欢迎，以强劲态势替代我国当家的自育品种。到 2007 年，据调查，全国糖料甘蔗播种面积约 2200 万亩，台湾地区引进的"ROC" 3 个品种的年种植面积约 1600 万亩，新台糖品种有力地促进了我国蔗糖产业的发展，使我国甘蔗种植面积在基本保持不变的情况下，出糖率提高 1.5 个百分点以上，全国蔗糖产量增加 20% 以上。第四次以新台糖品种为主的改良，使甘蔗亩产从 3.5t 提高到 4.5t，甘蔗种植面积由 2001 年的 1500 余万亩发展到 2010 年的 2300 万亩，蔗糖总产量达 1013.83 万 t，其中 2008 年蔗糖产量达 1367.9 万 t。

五、自育双高品种期（2015 年至今）

从 20 世纪末至 21 世纪初，新台糖系列品种在我国蔗区应用近 20 年，占比最高期占到我国甘蔗种植面积的 80% 以上，为甘蔗产业实现跨越发展发挥了重要作用。但是，新台糖品种单一、退化的负面影响已严重显现，2010 年以来，新台糖品种病虫危害严重。"四病三虫"危害加剧，甘蔗黑穗病、宿根矮化病、花叶病等主要病害每年造成减产 20% 以上，螟虫和地下害虫平均发生率超过 60%，造成蔗糖分损失 0.3 个百分点以上。同时，新台糖品种单一化，工艺成熟期过于集中，也不利于提高制糖效益。

为此，2010 年以来，我国主产蔗区在农业农村部、科技部的支持下，在国家糖料产业技术体系连续十余年的支持下，建立了全国甘蔗育种评价平台体系，加大了甘蔗新品种的选育力度和推广力度，增加了育种规模，全国育种机构以新台糖 22 号、16 号等为对照种，选育全面超过新台糖、具有自主知识产权的新品种。2010 年以来，我国甘蔗育种规模增加了近 5 倍，同时广泛采用了核心家系选育方法、经济遗传值评价等育种新技术。2015 年以后，云蔗、粤糖、福农、桂糖等已出现了一批超过新台糖 22 号的新材料。2017 年开始，我国自育的一批新品种在全国蔗区大面积推广应用，特别以桂糖 42 号、桂糖 46 号、柳城 05-136、云蔗 05-51、粤糖 00-236、海蔗 22 号为代表的第五代甘蔗新品种，在全国展现了良好的推广应用前景，以自主育种为主的、早中晚熟合理搭配的新一代当家品种正在不断形成。我国多年的主栽品种新台糖 22 号的种植面积占比由 2016/2017 年榨季的 55.54%下降至 2018/2019 年榨季的 39.89%，2019/2020 年榨季继续快速下降，种植面积为 347.27 万亩，面积占比 20.92%。连续 3 年大幅度下降后，新台糖 22 号终于让出种植面积第一的位置，取而代之的是桂糖 42 号。2019/2020 年榨季，我国种植面积排名前四的品种依次为桂糖 42 号、新台糖 22 号、柳城 05-136 和粤糖 93-159。2019 年我国蔗区主要推广应用品种种植面积和面积占比情况见表 10-1。

表 10-1　2019 年我国蔗区主要推广应用品种种植面积和面积占比情况

序号	品种	种植面积/万亩	面积占比/%
1	桂糖 42 号	378.42	22.79
2	新台糖 22 号	347.27	20.92
3	柳城 05-136	308.29	18.57
4	粤糖 93-159	141.35	8.51
5	粤糖 94-128	33.57	2.02
6	新台糖 25 号	31.69	1.91
7	粤糖 55 号	31.51	1.90
8	粤糖 86-368	19.88	1.20
9	桂糖 46 号	18.24	1.10
10	川糖 79-15	16.24	0.98
合计		1326.46	79.9

综观我国甘蔗种业的发展，可以看出：不断进行甘蔗品种改良更新是促进甘蔗产业发展的根本保障，不断进行甘蔗品种改良更新是提高甘蔗生产水平的保障。

第二节　甘蔗产业发展新形势与品种改良存在的问题

一、当前我国甘蔗产业发展新形势

我国是全球第三大食糖生产国，但生产效率远低于巴西、印度、泰国和澳大利亚等国，糖料蔗生产成本（占制糖成本的 70%）比国际蔗糖主产国高出近一倍，市场竞争力不强。究其原因，主要是我国的甘蔗生产经营规模化程度低，生产机械化应用少。2015 年以来，我国在甘蔗生产上提出了以规模化经营为方向，以机械化推广应用为手段的现代蔗糖产业发展方向，取得了显著的成效。

（一）甘蔗种植生产向规模化经营发展

甘蔗规模化生产经营是现代甘蔗产业的基础，只有规模化生产经营，才能降低甘蔗生产成本。我国甘蔗生产规模化与其他主产国相比差距还较大，蔗糖生产国澳大利亚平均单户种植生产规模为 1200 亩，巴西平均单户生产规模为 600 亩，与我国邻近的泰国平均单户生产规模也达 370 亩。

2015～2020 年，国家糖料蔗核心基地建设明确提出，要创新经营模式，创新糖料蔗生产组织方式，鼓励发展适度规模经营，有序引导土地流转，鼓励糖料蔗生产基地向种植大户、家庭农场和糖料蔗专业生产组织集中，促进规模化种植。5 年来，广西、云南两个主产蔗区通过国家双高糖料蔗基地建设，大力推行甘蔗规模化。广西依托土地整治，立足地处丘陵山区、人均耕地少、地块零散的实际，把项目片区内的土地集中起来统一平整规划建设，把农户分散的土地集中到 1～2 块面积较大的地块，并完善田间道路、排灌沟渠等基础设施建设，显著改善了生产条件。全区已建成的 502 万亩"双高"基地由建设前的零散土地归整为块，项目地块整合前后平均为"十并一"，其中万亩连片的片区共 28 个，不断提高经营规模，为实现生产机械化、水利现代化打下了良好基础。

我国第二大产糖省云南，通过糖料蔗双高基地建设也扩大了基地经营规模，通过糖料蔗生产基地建设，云南在 21 个糖料蔗生产基地采取坡改平或降坡处理、打破田埂等整治工程措施，对有条件的蔗田进行了土地整治。到 2019 年，全省完成蔗田土地整治面积 60 余万亩，通过土地整治，全省规模化经营能力大幅度提升。据统计，2019 年，云南蔗区经营甘蔗面积在 50～100 亩规模的占全省甘蔗种植总面积的 6.8%；100 亩以上规模的种植面积占全省甘蔗种植总面积的 9.1%。

2018 年，根据对广西、云南和广东等 16 个糖料蔗主产省份的数据统计分析，我国糖料蔗户均种植面积达 14.9 亩，其中 50 亩以下规模的蔗户种植面积占总种植面积的 87.2%，50～100 亩的蔗户种植面积占比达 7.3%，100 亩以上的蔗户种植面积占比为 5.5%，如表 10-2 所示。

表 10-2　我国甘蔗户均种植规模统计表

种植规模	种植面积占比/%	户均种植面积/亩	户数占比/%
50 亩以下	87.2	13.1	97.8
50～100 亩	7.3	79.5	1.7
100 亩以上	5.5	199.0	0.5

（二）甘蔗生产向全程机械化发展

规模化经营、机械化生产是降低甘蔗生产成本和提升产业竞争力的两大关键措施，我国与其他蔗糖主产国的差距,关键就是机械化使用的差距。目前,巴西、澳大利亚等国的甘蔗生产 100%实现了机械化,泰国的甘蔗生产 80%实现了机械化。世界上主要产糖国特别是食糖出口国实现了规模化经营和全程机械化生产,生产成本大幅度下降。巴西作为全世界最大的食糖生产国和出口国,吨蔗收购价仅 170 元,泰国作为世界第二大蔗糖出口国,吨蔗收购价仅 195 元,比我国以人工为主的甘蔗糖料成本低 50%以上。

国家糖料蔗核心基地建设明确提出,要提高全程机械化水平,实现节本增效,积极引进、消化吸收国外先进技术,加快国产先进适用机械研发、制造,促进农机农艺融合,因地制宜推进机械化采收,逐步提高整地、种植、培土、采收和运输的全程机械化水平,降低劳动力成本。通过在核心基地推广机械化播种,播种成本由目前的每亩 240 元下降到 170 元,亩节约成本 70 元;推广机械化采收,采收成本由目前的 120～150 元/t 下降到 60～80 元/t,每亩节约成本 300 元左右。

五年来,我国在现代甘蔗核心基地建设中,积极推进生产机械化,降本增收,成效显著。广西按照 1.2m 行距或宽窄行距等适宜机械化作业的技术要求,种植宜机化的品种,积极引进推广柳工农机、洛阳辰汉、凯斯等适应广西地形的机具,落实购机补贴和作业补贴,提高机械化水平,助推蔗农降本增效。全区糖料蔗联合收获机拥有量从 2013/2014 年榨季不足 20 台增加到 2020 年的 1000 台以上,建成的"双高"基地机耕率为 100.0%,机种率为 86.2%,机收率为 13.2%,综合机械化率为 61.1%。在收获环节,机收成本比人工砍伐降低 300 元/亩以上,已建成的"双高"基地种植收益每亩增加 800 元以上,增加了农民种蔗收入。

云南蔗区在"十一五"末期,其糖料蔗生产基地机械化几乎为零,2015 年以来,通过糖料蔗生产基地项目实施,云南甘蔗生产关键环节的机械化应用得到大幅度提高。2018 年机械化耕地 107.5 万亩,机开沟 103.81 万亩,机铲苑 65.98 万亩,机种 6.33 万亩,机械化施肥培土达 46.09 万亩,机械化收获达 10.18 万亩。全省大力开展高原丘陵山地甘蔗农机农艺融合技术研究示范,攻克了农机农艺融合和机械化示范关键难点。2015 年以来,为配合糖料蔗生产基地的实施,云南省连续下达了两个重大专项"甘蔗全程机械化技术研究与应用"(财政经费 300 万元)和"丘陵山地甘蔗全程机械化关键技术与装备研发"(财政经费 500 万元),支持和推进云南省甘蔗全程机械化关键技术的研发与应用。在云南陇川蔗区,目前,核心基地的甘蔗全程机械化综合水平已达 60%,在全国实现了机械化种植单产 13.6t 的最高纪录,甘蔗机械化收获比例已达 16%,实现了机械化收获单机作业 283t/d 的国内最高纪录。云南蔗区已走上机械化引领的时代,目前,云南全省已建成陇川、勐海、盈江、耿马等甘蔗全程机械化示范基地,大力推进统一种植时间、统一蔗沟朝向、统一行距、统一中耕管理、统一进行收获的"五统一"农机农艺融合制度。

二、甘蔗品种改良存在的主要问题

多年来,在各级政府的关心支持下,我国甘蔗品种改良取得了显著的成就,支撑蔗糖产业不同历史时期的持续发展,为我国甘蔗产业发展做出了重要贡献,但是,与我国现代甘蔗产业对品种的需求相比,还存在以下一些问题。

（一）新品种培育跟不上甘蔗机械化规模推广应用的需要

根据我国甘蔗生产机械化的发展趋势，现代甘蔗品种改良要及时选育适宜机械化的新品种。长期以来，我国甘蔗品种选育方向主要是针对人工作业，特别是人工收获甘蔗进行，在人工收获的生产条件下，蔗农希望选用大茎、易脱叶的甘蔗品种，而一般大茎甘蔗品种的宿根性较差、分蘖力不强、宿根年限短。长期以来，由于我国以人工收获为主的甘蔗大茎品种宿根年限仅有 2～3 年，而巴西、澳大利亚等适宜机械化收获的甘蔗宿根年限可达 4 年以上。

2019 年，采用云南主栽的粤糖93-159 品种，使用洛阳辰汉 4GQ-130、约翰迪尔 CH-330、约翰迪尔 CH-332、凯斯-4000 四种联合收获机对机械收获技术进行分析，如表 10-3 所示，发现机械化收获下，坡地机收的破头率为 42.43%；机收宿根蔗蔸发株数为 5948 株/亩，较人工收获的 7780 株/亩减少发株 1832 株/亩，减幅达 23.5%；机收宿根蔗产量 6.89t/亩，较人工收获的 7.56t/亩减产 0.67t/亩，减幅达 8.9%；机收损失率为 5.56%，含杂率为 5.16%。因此，根据我国现代甘蔗产业的发展需要，必须选育适宜机械化生产的甘蔗品种。

表 10-3 采用粤糖 93-159 品种的机械化收获与人工收获的对比情况

调查站	收获类型	破头率/%	茎段合格率/%	损失率/%	发株数/（株·亩⁻¹）	产量/（t·亩⁻¹）	蔗糖分/%
盈江	洛阳辰汉 4GQ-130	32.35	91.18	4.70	6670	7.30	15.98
盈江	约翰迪尔 CH-330	60.47	100.00	2.45	4336	8.31	16.04
盈江	洛阳辰汉 4GQ-130	27.78	100.00	16.22	4802	7.42	13.80
盈江	约翰迪尔 CH-332	70.00	100.00	3.15	6003	6.88	14.01
陇川	约翰迪尔 CH-330	39.53	62.72	3.72	7067	6.66	—
陇川	凯斯-4000	25.17	66.84	4.09	6017	5.28	—
陇川	洛阳辰汉 4GQ-130	41.70	31.74	4.62	6742	6.43	—
	机收平均	42.43	78.92	5.56	5948	6.89	14.97
盈江	人工				7960	9.73	15.95
盈江	人工				8578	8.43	15.92
盈江	人工				5847	6.2	13.75
盈江	人工				9071	9.05	14.12
陇川	人工				8909	7.32	—
陇川	人工				7067	5.58	—
陇川	人工				7167	6.64	—
	人工平均				7780	7.56	14.94

（二）蔗种专业化发展适应不了规模化生产经营的需要

甘蔗生产经营规模化的发展，为高质量的蔗种产业化发展提供了良好的条件，但是，目前我国主产蔗区的甘蔗种植大户还在采用传统的蔗茎作为繁殖体进行无性繁殖生产，每亩用种量高达 800kg。甘蔗是常规无性繁殖作物，蔗茎作为繁殖体又是营养体，在不断使用的过程中，宿根矮化病、花叶病等种传病害会不断累积，导致品种种性退化、生产力下降。

国家糖料产业技术体系植保岗位科学家黄应昆研究员及其团队对我国广西、云南等21 个甘蔗主产区宿根矮化病的发生和分布进行了调查和田间采样，采用 PCR 检测法，对田间采集的 1270 个样本进行 RSD 检测，结果表明 949 个样本为阳性，阳性检出率为 74.7%；21 个甘蔗主产区均检测出 RSD，阳性检出率为 65.5%～88%；33 个主栽品种均感染 RSD，阳性检出率为 48.9%～100%；不论是新植、宿根，还是水田、旱地，甘蔗均感染 RSD。研究结果显示，大面积主栽品种桂糖 94-119、粤糖 93-159、粤糖 00-236、桂糖 11 等品种易感病，仅柳城 03-1137、柳城 05-136 和园林 1、ROC22、台糖 95-8899 等较抗病。由此可见，RSD 在中国甘蔗主产区发生普遍且危害严重，是造成甘蔗减产和品质下降、导致宿根年限缩短以及种性退化、严重制约蔗糖产业发展的重要原因。

为此，针对甘蔗规模化生产经营的需要，应该建立专门的甘蔗健康种苗圃，在基地采用温水脱毒等简约健康种苗生产设施设备，生产高质量种苗，对基地进行专业化生产供种，保障甘蔗品种种性的充分发挥和成本降低。

根据我国甘蔗产业发展的科技需求，需要建立新的育种体系和品种应用体系以适应现代甘蔗产业发展。

第三节　我国甘蔗品种改良方向

我国现代甘蔗产业的发展，当务之急是甘蔗品种改良要适应机械化生产发展，长远发展是要根据甘蔗作物的遗传特性，提高单产和蔗糖分，要近期和中长期结合，做好我国的甘蔗品种选育。

一、以机械化应用为目标主攻宿根性强、分蘖强的中大茎品种

根据国外蔗糖主产国机械化应用的育种经验，适宜机械化生产的甘蔗品种必须具有萌芽能力强、出苗率高、分蘖力强、生长整齐、抗倒伏、砍收不破裂、机械收获后宿根发株率高、对除草剂不敏感等优点。

适宜机械化生产的品种不仅要满足传统的良种评价目标要求，即高产、高糖、抗逆（病、虫、旱、寒、风、盐、瘠）、强宿根，还应注意适宜机械作业的形态学特征。一是对机械化种植而言，要求芽体不暴凸，生长带不过分鼓胀，芽体陷入芽沟，具有芽翼等，以保护蔗芽免受机械损伤。二是对机械化中耕管理来说，要求分蘖性强，先促蘖，后伸长，主茎、分蘖整齐均匀，避免使用主茎伸长较早、分蘖出生较晚的品种，以保证中耕培土的作业适期和作业质量。三是对机械收获来说，要求甘蔗品种抗倒伏、易脱叶，脱叶性不好会导致机收后的含杂率较高，避免选择中小茎、株高不整齐的品种。

适宜机械化作业的甘蔗经济遗传值的校正指标如表 10-4 所示。

表 10-4　适宜机械化作业的甘蔗经济遗传值的校正指标

序号	性状	表达状态	校正值	备注
1	芽体	较小，陷入芽沟	3	芽体受机械损伤的程度
		中等	0	
		较大，暴凸	−3	
2	分蘖	主茎、分蘖整齐均匀	3	机械培土作业的适期和质量
		主茎、分蘖差异不大	0	
		主茎早，分蘖晚、差	−3	
3	成熟期株高整齐均匀度	整齐均匀	3	机收切梢
		较整齐	0	
		植株高低差异明显	−3	
4	抗倒性	直立	5	倒伏对机收和糖分影响较大，故分值较高
		倾斜	−2	
		倒伏	−5	
5	叶鞘包茎程度	松	3	夹杂物
		中	0	
		紧	−3	

　　当品种选育的方向从人工生产转为机械化生产时，必然要调整对亲本、家系和无性系选择评价的标准。国家糖料产业体系邓祖湖科学家团队通过选用蔗芽、分蘖、茎径、宿根性等性状指标作为育种校正参数，并对影响机械化生产作业较大的性状（抗倒伏、脱叶性、整齐度）及重要病害（黑穗病）进行研究分析，结果表明粤糖 00-319、HoCP07-613、粤糖 93-159、HoCP01-564、粤糖 92-1287 为适宜选育机械化生产的母本；ROC22、德蔗 93-88、德蔗 03-83、HoCP00-1142 为适宜选育机械化生产的父本；粤糖 93-159×德蔗 03-83、ROC22×桂糖 92-66、粤糖 00-319×ROC22、崖城 06-61×ROC22 和粤糖 92-1287×HoCP00-1142 可作为选育适宜机械化生产的新品种的重点家系。

　　根据国内外甘蔗品种选育的情况，含割手密（*Saccharum spontaneum* L.）细茎野生种血缘的甘蔗品种比较容易选育适宜机械化生产的新品种。据国内外研究，含有细茎野生种血缘较多的品种一般都是分蘖强、宿根性强的中茎、中大茎品种，适宜甘蔗机械化生产。使用割手密选育具有抗逆能力强、宿根性能好、生长势旺盛、地域适应性广等优良特性，是拓宽甘蔗抗逆育种遗传基础的重要资源。

　　我国是世界甘蔗细茎野生种的起源中心，我家甘蔗种质资源圃保育有全世界最多的细茎野生种质资源（900 余份），云南省农科院的瑞丽甘蔗杂交育种站，多年来一直在开展野生甘蔗种质资源的育种利用工作，目前已育成含云南蛮耗细茎野生种血缘的甘蔗新品种（系）—云蔗 99-155、云瑞 99-113、云瑞 99-131、云瑞 99-178 和云瑞 99-601。对五个甘蔗新品种（系）多年多点试验的蔗茎产量、宿根能力、主要经济性状进行了统计分析，结果表明：①在站内品比试验中，5 个品种（系）的产量、宿根能力均明显优于对照 ROC10，其中，宿根能力最强的云瑞 99-113 蔗茎产量较 ROC10 高 27.42%，最弱的云瑞 99-601 亦较 ROC10 高 14.20%，5 个新品种（系）均达到国家甘蔗品种审定标准；②在云南省区试中，云蔗 99-155 宿根能力较 ROC10 优势突出，单产居 15 个参试品种之首，云瑞 99-113 宿根能力与 ROC10 相当，单产比 ROC10 高 7.92%，初步显示出云南蛮耗细茎野生种对甘蔗品种宿根性及适应性改良的效果。

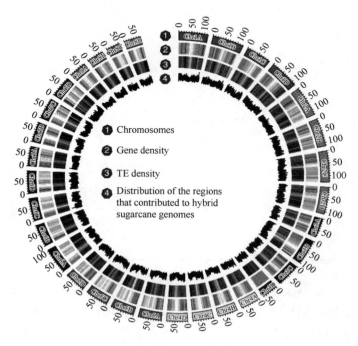

図 10-2　甘蔗单倍体基因组特征的分布

二、以甘蔗品种高糖性状为主要目标进行改良

甘蔗属单子叶植物，单子叶植物茎中维管束是散生的，不排列成圈，且无形成层，不能产生次生木质部和次生韧皮部，属于有限维管束（封闭维管束），所以甘蔗的茎不能随意增粗。而另一种糖料作物甜菜，属于双子叶植物，双子叶植物中的维管束呈环状排列，即排列成圈，且有形成层，能够产生次生木质部和次生韧皮部，属于无限维管束（开放维管束），所以茎能够不断增粗。

甘蔗单子叶植物的这一特性，决定了通过增粗蔗茎来提高产量是一件比较困难的事情。国内外 30 多年来的甘蔗品种改良实践证明，甘蔗与其他作物相比，改良效果不佳。

为此，需要调整甘蔗育种的方向，从传统育种的注重单茎重，改变为主攻甘蔗有效茎和甘蔗蔗糖分。特别是甘蔗蔗糖分。早在 2007 年，福建农林大学的高三基等研究人员以 45 个家系甘蔗实生苗为材料，对 6 个影响甘蔗经济效益最大的主要性状：蔗茎产量、甘蔗蔗糖分、甘蔗纤维分、有效茎、茎径和株高进行方差、遗传力、育种值和遗传值分析。结果表明：甘蔗蔗糖分的广义遗传力为90.21%，在所有性状指标上是最高的。由于甘蔗是无性繁殖作物，上位性等非加性效应也能固定，因而广义遗传力较能反映实际遗传效果。

美国十分重视高糖品种的选育，运河点甘蔗育种站使用最多的为美国本土自育的高产、高糖甘蔗亲本，形成了长期一致的高产、高糖、多抗、适宜机械化收割的育种目标。在美国，不同类型亲本的杂交次数百分比依次为：CP 型 36%，HoCP 型 20%，Ho 型 19%；编号 US 的亲本为割手密后代，占 5%；CPCL 型占 3%；多元杂交占 6%，特别是对综合性状优良的亲本进行大量杂交，如 CP01-2390、Ho07-613、HoCP09-814、CP05-1616、CP07-2547、CP84-1198、HoCP04-852、CP06-2897、CP08-1553 和 HoCP96-540 这 10 个亲本的杂交次数均在 50 次以上。我国近年来育成并主推的柳城 05-136、粤糖 93-159、粤糖 00-236、云蔗 08-1609，呈现了显著的高糖性状，无一不是利用了美国 CP 高糖材料的结果，其中柳城 05-136 以 CP81-1254 为母本选育而成，其他则利用了 CP72-1210 的血缘。

在选用高糖亲本的同时，要将甘蔗品种蔗糖分的选育作为最主要的指标。在早期的选择阶段，甘蔗育种者往往以测定田间蔗汁锤度来选择蔗糖分含量。锤度读数代表在蔗汁中总固溶物的比例，这些固溶物相当大一部分是蔗糖。台糖研究所的张羽团队收集研究了 6 个地区连续 3 个榨季 6 个甘蔗品种在成熟期与蔗糖分相关性状（锤度、纯度、蔗糖分）的资料，以研究当以蔗糖分为改良目标时，对蔗糖分相关性状的适当选择成熟期和估测锤度间接选择的潜在价值。通过对三个与蔗糖分相关的性状锤度、纯度及蔗糖分进行研究发现，这三个性状成熟前期的遗传方差最大（分别是 1.56、6.58、1.38），在成熟后期最小（分别是 0.28、0.57、0.28）；三个性状的广义遗传率同样是在成熟前期最高（分别是 0.95、0.94、0.95），成熟后期最低（分别是 0.83、0.73、0.89），整个成熟期锤度与蔗糖分两者之间的广义遗传率相似。研究表明：在成熟前期对与蔗糖分相关性状的选择，将比在其他成熟期进行选择具有较高的期望效果；在同等选择强度下，通过对锤度的间接选择所获得的蔗糖分校正值估计相当于直接选择蔗糖分所获校正值的 92%～96%。这表明，对锤度的间接选择可用来代替对蔗糖分的直接选择，尤其在考虑到蔗糖分分析的高成本及劳动强度之时。这同样表明，当在选择强度较高时，锤度间接选择的效率高于蔗糖分直接选择的效率。

三、积极开展基因工程育种

传统杂交育种是对甘蔗改良的主要方法，一直支撑着甘蔗糖业的发展。然而，传统五圃制甘蔗杂交育种方法培育一个新品种需要耗时 8～10 年，育种周期长。特别是染色体多，基因位点多，主要经数量性状遗传，甘蔗种质的遗传背景十分复杂。现代分子生物技术为甘蔗遗传改良提供了新的途径，以转基因技术为主的现代分子生物技术，一是可避免品种杂交导致的大量基因重组；二是可通过导入其他生物体中的外源基因进行定向改良；三是可大幅度地缩短育种周期。

（一）基因工程进行育种的途径

转基因用于甘蔗品种改良主要用于甘蔗抗虫害、抗除草剂和抗病菌类；第 2 类甘蔗抗逆性，如抗旱、抗寒等。

1. 抗虫转基因

抗虫基因育种以转 *Bt* 基因甘蔗为主。甘蔗螟虫是甘蔗种植中常见且危害严重的一类害虫，在甘蔗生长苗期，甘蔗螟虫对植株的破坏表现为其幼虫钻入甘蔗的生长点，造成枯心苗；而在甘蔗生长的中后期，甘蔗螟虫对植株的破坏表现为破坏茎内组织，造成糖分降低、风折枝或枯梢。研究表明，甘蔗螟虫的危害可使甘蔗产量平均降低 20%。转 *Bt* 基因在甘蔗和谷物抗虫转基因研究中运用最广，*Bt* 基因表达的产物为 Cry1 蛋白，该蛋白对人畜无害，但可特异性地毒杀鳞翅目、直翅目、同翅目、食毛目、鞘翅目和双翅目等害虫。

2. 抗病转基因

甘蔗花叶病又称甘蔗嵌纹病，是一种世界性的甘蔗病毒病害，给我国甘蔗种植和糖业生产带来了巨大损失。早在 2007 年，郭鸳等通过基因枪技术将抗病基因 *SrMV-P1* 导入受体品种福农 95-1702 中，并获得成功，前 2 代转 *SrMV-P1* 基因植株都表现出较强的抗病性。转 *SrMV-P1* 基因甘蔗的发病率都低于 5%。通过转基因植株与受体材料对比表明，转基因植株 TF53 的产量比受体材料和空载对照分别提高 32.9%和 46.3%，甘蔗蔗糖分分别提高 2.1%和 1.7%，由此可以看出，转基因植株在产量和质量方面的表现均优于受体材料。

3. 抗逆性转基因

抗逆转基因主要针对不良环境对甘蔗生产的影响而进行品种改良。甘蔗主要以抗旱和抗寒为主，干旱环境会影响甘蔗的分蘖和株高，是影响蔗糖生产的主要因素。在特定情况下，干旱可能使蔗糖减产 50%以上。Rafaela 等对含 *AtDREB2A CA* 基因的甘蔗进行了 4 天水分亏缺处理，试验结果表明，*AtDREB2A CA* 基因使转基因甘蔗中的干旱胁迫相关基因上调。在 4 天水分亏缺处理后，转基因甘蔗保持更高的相对含水量和叶水势；3 天水分亏缺处理后转基因甘蔗仍然保持较高的光合速率。因此，转基因甘蔗有更高的出芽率和糖分水平。由此可见，转 *AtDREB2A CA* 基因甘蔗可有效避免干旱条件下的生物量损失。此外，甘蔗的野生近缘阔叶种斑茅以其耐旱性、高纤维和高生物量而闻名。Sruthy 等在研究中发现斑茅中热休克蛋白（*HSP70*）在水分胁迫环境下的表达为商业品种甘蔗 Co86032 的 7 倍，而热休克蛋白对于植物的抗逆机制起到重要作用。因此，Sruthy 等通过 *Ubi 2.3* 启动子将斑茅 *HSP70*（*EaHSP70*）基因导入甘蔗，转基因效果表现显著，具体表现为更高的细胞膜热稳定性、相对含水量、气体交换参数、叶绿素含量和光合效率。这些抗逆基因的上调是由于 *EaHSP70* 基因的过度表达引起的。此外，该转基因甘蔗在盐分胁迫条件下具有更高的叶绿素保留和发芽率。因此，转 *EaHSP70* 基因甘蔗在干旱和盐分环境中具有很大的潜力。

近年来，在抗寒转基因上，抗冻蛋白和冷响应基因的分离和鉴定成为分子生物学的研究热点之一。Nisar 等通过功能标记的方法和抑制性消减杂交技术从耐寒能源甘蔗 Ho02-144 中分离出 465 个冷响应基因，这些冷响应基因通过几个相关途径来协同调节其交互作用，从而实现能源甘蔗抗寒性反应。

4. 高蔗糖含量转基因

为了提高甘蔗的蔗糖含量，转基因甘蔗通常是通过引入外源生物酶的方式来促进淀粉与蔗糖之间的转换。果糖-6-磷酸，2-激酶/果糖-2, 6-二磷酸酶（F2KP）同时具有激酶和酯酶两种催化活性，是甘蔗中影响生物碳积累和分配的调控关键酶。何炜等在获得甘蔗蔗叶 *F2KP* 基因的基础上，以蔗茎 cDNA 为模板克隆获得不同长度的同源片段，并使用农杆菌介导转化烟草，经过碳水化合物等生理指标测定结果表明，转基因植株成熟叶片中碳水化合物含量和相关分配比率发生了改变，其中可溶性总糖、还原糖、蔗糖与淀粉的比值均有不同程度的升高。该研究表明，甘蔗中可能存在不同的 *F2KP* 转录产物，该产物在光合组织中对蔗糖和淀粉的分配起到一定的调控作用，这一结果为研究甘蔗 *F2KP* 基因的功能及为甘蔗分子育种提供了参考依据。尿苷二磷酸葡萄糖焦磷酸化酶（UGPase）是甘蔗中糖代谢的主要参与酶之一，同样影响着甘蔗生长发育过程中生物碳积累和分配的调控。连玲等使用甘蔗 *UGPase* 基因 cDNA 片段与 *pBI121* 载体成功构建植物表达载体，并通过农杆菌法介导转化拟南芥获得成功，试验结果表明：T_2 代转基因植株与野生型相比蔗糖含量提高了 50.85%～96.99%，而淀粉含量较野生型植株降低了 9.69%～36.76%，说明 *UGPase* 基因在蔗糖与淀粉的转换过程中起着较为重要的作用。

（二）世界主要产糖国在甘蔗基因工程育种上已取得突破

近年来，国际上甘蔗基因工程育种给甘蔗糖料生产带来了两大惊喜。一是 2017 年，巴西国家生物安全技术委员会（CTNBio）批准了由巴西甘蔗育种技术公司 CTC 研发的转基因甘蔗 CTC 20 BT 的商业化，标志着国际上转基因甘蔗正式进行生产应用，该品种成为世界上第一个获得商业化生产许可的转基因甘蔗品种，给世界甘蔗的品种改良探明了一条全新的道路。

巴西是全球最大的甘蔗生产国，全国甘蔗种植面积为 1000 万 hm^2，占到全球甘蔗交易量的约 50%。甘蔗螟虫是影响巴西甘蔗产业的主要害虫，每年造成的损失高达 22 亿美元。批准的转基因甘蔗可以抗甘蔗螟虫（小蔗螟），经环境、人类和动物健康的安全评估以及加工研究证明，从转基因甘蔗中获得的糖和乙醇与从传统甘蔗中提取的糖和乙醇是完全相同的，CTC 20 BT 甘蔗中的 *Bt* 基因和蛋白质在从甘蔗获得的糖和乙醇中并不存在。此外，环境研究没有发现该转基因甘蔗对土壤组成、甘蔗生物降解能力或昆虫群体（甘蔗螟虫除外）有负面影响。

二是以基因工程来突破甘蔗茎实现产量提高初见曙光。在国际育种工作中，先进的农艺和有效的病虫害管理都在进行着，但几十年来甘蔗产量却几乎一直是静止不前的，这是由于茎秆的发展被限制了。茎秆的储糖能力在物理上是有限的，也就约束了蔗糖和生物质的大量涌现。

巴西坎皮纳斯大学生物研究所（IB-UnPAMP）遗传进化与生物制剂系教授 Marcelo Menossi 认为通过传统杂交育种来突破这一发展的门槛是很难的，最近，他与巴西国家生物乙醇科技实验室（CTBE）、澳大利亚食糖研究中心以及德国马丁·路德大学（MLU）的同行一起，发现了克服这种束缚关系的关键，那就是，甘蔗产量的秘密可能存在于一个被称为 *ScGAI* 的基因中，它是甘蔗茎秆发育的重要调节器。研究人员在《实验植物学》杂志上报道了这一发现，他们通过操作在澳大利亚开发的转基因甘蔗中该基因的活性，成功地大幅增加了茎秆体积，并改变了其结构和存储分子的碳分配。改变 *ScGAI* 基因表达，意味着应该可以培育出能更快生长的甘蔗，每单位时间具有更高的生物质产量。

这项研究清楚地表明，*ScGAI* 基因是甘蔗发育的一个基本组成部分，它可以成为基因操作的目标，以调节 DELLA 蛋白来干预植物生长的速度。

（三）我国甘蔗基因组的破译为基因育种奠定了良好基础

2018 年 10 月 8 日，福建农林大学明瑞光教授团队在英国《自然——遗传学》期刊在线发表研究论文，公布了甘蔗的基因组，这是甘蔗基因组研究的一个重大突破。该研究使用 AP85-441 材料（由八倍体割手密 SES208 的花药离体培养产生的四倍体，是甘蔗属里唯一的一份四倍体材料），采用 PacBio 单分子测序、基于高分辨率染色体构象捕获（HiC）的物理图谱以及超高密度遗传图谱辅助组装，将割手密四倍体 AP85-441 组装到了 32 条染色体。

通过研究，甘蔗割手密 AP85-441 是第一个具有等位基因特异性注释的同源多倍体基因组。在 35525 个基因中，4289、9792、14797、和 6647 个基因分别具有 4、3、2 和 1 个等位基因。该研究还注释了 1256 个串联重复基因和 3375 个旁系同源基因。同源多倍体基因组等位基因特异性注释提供了最高的分辨率，可以准确地研究同源多倍体的基因功能、基因表达、剂量效应以及遗传模式。该研究还揭示了甘蔗割手密不存在同源基因组表达显性效应，但存在等位基因表达显性效应。AP85-441 作为一个同源多倍体，没有亚基因组，也没有同源基因组显性效应，因为同源基因组在每次减数分裂后都是重组和变化的。然而，在所有的基因中，大约有 62.4% 的基因存在等位基因显性效应。同源多倍体等位基因显性效应将是一个新的研究领域。图 10-2 显示了甘蔗单倍体基因组特征的分布。

该研究还确定了割手密中 C4 光合途径是经典的 NADP-ME 类型；揭示了糖转运蛋白基因家族的串联复制和扩张是甘蔗属高糖的基因组学基础；发现抗性基因富积于割手密重组染色体区域，并揭示了染色体重组区域的平衡选择维持了抗性基因多态性。

最后，该研究揭示了现代杂交甘蔗品种中整合进的部分割手密基因组是随机分布在 AP85-441 参考基因组中。现代甘蔗品种是高贵种和割手密杂交后，再通过与高贵种回交恢复高糖和生物量。杂交种的基因组组成包括 70%～80% 来自高贵种，10%～20% 来自割手密，约 10% 来自种间重组染色体。通过比较分析割手密巴西栽培种 SP80-3280 基因组中来自割手密 10%～20% 的 DNA 序列，结果显示这些被整合进去的部分随机分布在 AP85-441 基因组中，这个现象也从其他 15 个甘蔗杂交种的基因组重测序中得到验证。这是因为不同的割手密材料在分开后经过了多轮的减数分裂，并且每一次减数分裂时同源染色体发生了随机重组。这是另一个直接证据证明了割手密是同源多倍体，这种情况也更加突出了通过等位基因注释来挖掘杂交种中有效的抗性基因中起作用的等位基因的重要意义。

甘蔗野生种割手密种基因组破译是甘蔗基础生物学研究的一个里程碑，揭示了野生种割手密种的基因组演化、抗逆性来源、高糖以及自然群体演化的遗传学基础，这些研究将促进甘蔗分子生物学的快速进展，使对甘蔗实施分子育种策略成为可能，从而加快甘蔗品种改良和产业发展。

参 考 文 献

陈如凯，2003. 现代甘蔗育种的理论与实践[M]. 北京：中国农业出版社.

董广蕊，石佳仙，侯蕙玲，等，2018. 甘蔗基因组研究进展[J]. 生物技术，28（3）：296-301.

冯璐，吴转娣，张跃彬，等，2016. 甘蔗转基因的研究进展[J]. 中国农学通报，32（33）：130-137.

马文清，郭强，秦昌鲜，等，2019. 甘蔗主要农艺性状的遗传力和育种值估计[J]. 分子植物育种，17（4）：1333-1345.

谭裕模，1999. 甘蔗不同成熟期锤度、纯度、蔗糖分的遗传方差及对锤度间接选择的价值[J]. 广西蔗糖（3）：3-5.

徐良年，邓祖湖，黄潮华，等，2020. 经济遗传值在甘蔗选育种应用研究系列（Ⅳ）适宜机械化生产的甘蔗亲本及家系评价[J]. 中国糖料，42（1）：6-12.

张跃彬，2011. 中国甘蔗产业发展技术[M]. 北京：中国农业出版社.

附件 1 甘蔗种苗脱毒技术规范（NY/T 3172—2017）

1 范围

本标准规定了甘蔗种苗脱毒及其目标病原、各级脱毒种苗原种、基础种和生产用种的繁殖与管理及其质量要求。

本标准适用于甘蔗种苗脱毒、脱毒种苗的田间繁殖与质量监控。

2 规范性引用文件

下列文件对于本文件的应用是必不可少的。凡是注日期的引用文件，仅注日期的版本适用于本文件。凡是不注日期的引用文件，其最新版本（包括所有的修改单）适用于本文件。

NY/T 2724—2015 甘蔗脱毒种苗生产技术规程。

3 术语和定义

下列术语和定义适用于本文件。

3.1 甘蔗种苗脱毒 deprivation of pathogens in sugarcane planting stock

经腋芽、茎尖或其他甘蔗材料培养、抚育或繁殖但未经细胞脱分化和再分化过程而获得不携带目标病原的甘蔗种苗的过程。

3.2 目标病原 target pathogen

甘蔗种苗脱毒必须脱除的病原。包括：甘蔗宿根矮化病原菌（*leifsonia xyli* subsp. *xyli*，Lxx），甘蔗花叶病毒（*Sugarcane mosaic virus*，SCMV）、高粱花叶病毒（*Sorghum mosaic virus*，SrMV）、甘蔗条纹花叶病毒（*Sugarcane streak mosaic virus*，SCSMV）和甘蔗黄叶病毒（*Sugarcane yellow leaf virus*，SCYLV）。

3.3 脱毒种苗 pathogen-free planting stock

经腋芽、茎尖或其他等甘蔗材料培养、繁殖或蔗茎温水处理而获得的符合相关质量要求的蔗苗（包括瓶苗、袋苗、袋栽苗、杯苗、无琼脂苗或裸根苗等）或种茎（包括原种、基础种和生产用种以及经温水处理等途径获得的各类种苗）。

3.4 原种 primary seed

在甘蔗种苗脱毒体系中，经对检测对象进行检测合格的组培苗；或由该组培苗种植田间并经 6～9 个月生长采收后的种茎，要求 30 条主茎平均有效节不超过 16 节。

3.5 基础种 secondary seed

以原种为种苗，种植田间并经 6～9 个月生长采收后的种茎，要求 30 条主茎平均有效节不超过 16 节。

3.6　生产用种 commercial seed

以基础种为种苗，种植田间并经 6～9 个月生长采收后的种茎，要求 30 条主茎平均有效节不超过 16 节。

3.7　目标病原允许率 allowable rate of target pathogens

脱毒种苗中检出特定目标病原植株占所检测植株的百分率。

4　种苗脱毒与繁殖

4.1　无目标病原小苗的获得

4.1.1　茎尖培养脱毒苗

按照 NY/T 2724—2015 中第 4 章～第 7 章的描述，获得无目标病原小苗，包括瓶苗、无琼脂苗或穴盘苗等。

4.1.2　热处理茎尖培养脱毒苗

采用蔗茎取回并清洗后，在 52℃热水处理 30min（内含 25% 多菌灵可湿性粉剂 400 倍液），再在 38～42℃温度下催芽 6～10d 后，取芽苗的生长点部分培养、繁殖而成的无目标病原的各形式的小苗。

4.1.3　无病毒苗圃组培苗

采用经鉴定不携带目标病原的种苗，在隔离虫媒的环境下长成的植物，其腋芽或茎尖经培养、扩大繁殖而成的无目标病原的各形式的小苗。

4.2　原种繁殖与管理

4.2.1　繁殖基地选择

选择有灌溉条件，与甘蔗产区有一定距离或水旱轮作地或自然隔离条件较好的基地或专用种苗繁殖基地，作为原种繁殖的用地。

4.2.2　田间病原控制

4.2.2.1　田间目标病原的控制

无目标病原的小苗定植后，经过 6～9 个月的生长，其间做好病虫害防治，对传播病害的蚜虫和蓟马应加强防治。在甘蔗生长的前（分蘖期）、中（拔节期）、后（采收前），先后 3 次进行田间巡查，发现有目标病原导致病害的病株及时拔掉或砍刀挑砍并带出田间集中处理。

4.2.2.2　田间甘蔗黑穗病的控制

田间发现甘蔗黑穗病病株及时拔掉并带出田间集中处理，且尽量在黑鞭未抽出前或抽出但包裹在鞭子外的膜未破裂前拔掉。

4.3　基础种繁殖与管理

4.3.1　繁殖基地选择

选择有灌溉条件，水旱轮作地或自然隔离条件较好的基地或专用种苗繁育基地，作为基础种繁殖的用地。

4.3.2　田间病原控制

4.3.2.1　田间目标病原的控制

符合质量要求的原种种苗种植后，经过 6～9 个月生长，其间做好病虫害防治，对传播病毒的蚜虫和蓟马应加强防治。在甘蔗生长的前中期（分蘖末至拔节初期）和中后期（拔节后期至采收前），先后 2 次进行田间巡查，发现有目标病原导致病害的病株及时拔掉或砍刀挑砍并带出田间集中处理。

4.3.2.2　田间甘蔗黑穗病的控制

同 4.2.2.2。

4.4　生产用种繁殖与管理

4.4.1　繁殖基地选择

在原料蔗产区选择有一定灌溉条件和一定隔离条件的基地，作为生产用种繁殖的用地。

4.4.2　田间病原控制

4.4.2.1　田间目标病原的控制

符合质量要求的基础种种苗种植后或原种繁殖田第一次宿根蔗经过 6～9 个月的生长，第一次宿根蔗在生长过程中要按照生产用种繁殖的有关要求进行管理，其间做好病虫害防治，对传播病毒的蚜虫和蓟马应加强防治。在甘蔗生长的前中期（分蘖末至拔节初期）和中后期（拔节后期至采收前），先后 2 次进行田间巡查，发现有目标病原导致病害的病株及时拔掉或砍刀挑砍并带出田间集中处理。

4.4.2.2　田间甘蔗黑穗病的控制

同 4.2.2.2。

5　质量要求

5.1　目标病原允许率

各类种苗 5 种目标病原允许携带率见表 1。

表 1　各类种苗目标病原允许携带率

目标病原	目标病原允许携带率/%		
	原种	基础种	生产用种
甘蔗宿根矮化病菌	≤2.0	≤3.0	≤5.0
甘蔗花叶病毒	≤2.0	≤5.0	≤5.0
高粱花叶病毒	≤2.0	≤5.0	≤5.0
甘蔗条纹花叶病毒	≤2.0	≤5.0	≤10.0
甘蔗黄叶病毒	≤2.0	≤5.0	≤10.0

5.2　甘蔗黑穗病允许率

非目标病原引起的危害性病害甘蔗黑穗病的病株允许率：原种和基础种不超过 2.0%，生产用种不超过 4.0%。

附件 2 甘蔗温水脱毒种苗生产技术规程
（DB53/T 370—2012）

1 范围

本标准规定了甘蔗温水脱毒种苗生产的术语和定义、主要脱除病害、脱毒设备及水温要求、种苗温水脱毒和扩繁、种苗质量要求、检验方法和规则、包装、标识、贮存与运输。

本标准适用于甘蔗温水脱毒种苗的生产。

2 规范性引用文件

下列文件对于本文件的应用是必不可少的。凡是注日期的引用文件，仅所注日期的版本适用于本文件。凡是不注日期的引用文件，其最新版本（包括所有的修改单）适用于本文件。

NY/T 1796 甘蔗种苗。

3 术语和定义

下列术语和定义适用于本文件。

3.1 甘蔗温水脱毒种苗：经（50±0.5）℃温水处理种茎 2h 培育的不带本标准规定的检测对象的种苗。

3.2 带毒允许率：甘蔗温水脱毒种苗允许带毒的比率。

3.3 带毒检出率：甘蔗温水脱毒种苗中检出的带有检测对象的植株数占总检测植株数的百分率。

4 主要脱除病害

4.1 甘蔗宿根矮化病菌 Leifsonia xyli subsp.xyli（Lxx）。

4.2 甘蔗花叶病毒 Sugarcane mosaic virus（ScMV）。

4.3 甘蔗高粱花叶病毒 Sorghum mosaic virus（SrMV）。

5 脱毒设备及水温要求

5.1 组成：甘蔗温水脱毒种苗处理设备由处理箱体和温度自控及温度检测柜组成。

5.2 容积：处理箱体推荐外形尺寸为 2.5m×2.3m×2.6m，有效水体容量宜为 13 000L、可一次有效处理甘蔗种苗 1200～1600kg。

5.3 功率：推荐加热功率为 120kW。水体循环由一台功率为 5.5kW、流量为 86.6m^3/h 的水泵提供，水体循环次数 6.7 次/h。

5.4 水温：温度自控及温度检测柜应保持水体温度在（50±0.5）℃。

6　种苗温水脱毒

6.1　样品采集

6.1.1　于甘蔗成熟期，选择具有代表性的品种，根据品种、植期分类，随机采样。

6.1.2　每个样本取6～10条蔗茎，先用剪刀取幼嫩叶片装入样品采集袋待检，每条蔗茎截取中下部茎节，用刀切成约7cm长，再用钳子挤压25mL的甘蔗汁于50mL离心管内混匀，样品放于冰箱中，于-20℃保存待用。每取一个样品后均用75%的酒精对取样工具进行消毒。

6.2　病原检测

6.2.1　用电镜（EM）、血清学（ELISA）及PCR等检测技术对采集样品进行甘蔗宿根矮化病和甘蔗花叶病病原检测。

6.2.2　根据检测结果，对带有甘蔗宿根矮化病菌、甘蔗花叶病毒、甘蔗高粱花叶病毒的甘蔗品种进行温水脱毒处理。

6.3　温水脱毒处理

6.3.1　选择生长健壮的成熟蔗茎，去除蔗叶。

6.3.2　将甘蔗种苗切成带有3～5个芽的节段，装入网袋堆放于吊篮内，装入吊篮的种苗在流动冷水中浸泡48h。

6.3.3　将处理池水温加热到51～52℃，放入装有种苗的吊篮，使其完全浸没。

6.3.4　采用温水处理设备进行（50±0.5）℃温水脱毒处理2h，从甘蔗种苗放入处理池开始计时。

6.3.5　种苗从处理池吊出后，喷洒冷水冷却，用50%多菌灵可湿性粉剂800倍液浸种5～10min。消毒后即可种植，也可摆放1～2d待胚芽硬化后种植。

7　种苗扩繁

7.1　苗圃选址

苗圃应位于交通和管理都比较方便的地方。排灌方便，地势平坦，地块土质、肥力均较好，水利设施配套、田间道路完善。一级苗圃宜设在温水脱毒种苗生产车间附近。

7.2　种苗繁育

7.2.1　一级苗圃专用于繁育经温水处理的脱毒种苗。

7.2.2　脱毒种苗摆放1～2d待胚芽硬化后种植，每667m^{2}下种量为8000～10000芽，双行接顶摆放。

7.2.3　一级苗圃需严格防护以免受病虫害侵染，各项操作应由经过培训的技术人员担任。一旦发现染病蔗株，应尽快拔除防止再次侵染。

7.2.4　第二年二级苗圃大量繁育从一级苗圃收获的蔗种。蔗种不需进行温水脱毒处理，但应防止再次侵染。

7.2.5　二级苗圃从下种开始直至收获，都应加强田间管理和严格保护，定期检查病害发生情况。

7.2.6　第三年三级苗圃针对二级苗圃中得到的蔗种进行再繁育。可不进行温水脱毒处理，但应对蔗田进行定期的病害检查。

7.2.7 三级苗圃收获的蔗种即为生产用脱毒种苗，可提供蔗农种植。

7.3 田间管理

7.3.1 田间施肥及栽培管理符合当地生产实际。

7.3.2 注重病虫害监测、种苗纯度检测。种苗砍收和种植全过程中，用于接触甘蔗的工具应经过 75%的酒精消毒。

8 种苗质量要求

经 EM、ELISA 或 PCR 检测呈阳性者为带毒种苗，各级种苗总带毒（标准中所列的三个检测对象）允许率及其他质量要求见表 1。

表 1 甘蔗温水脱毒种苗质量要求

项目	要求					
	品种纯度/%	夹杂物/%	茎径/cm	含水量/%	发芽率/%	带毒检出率/%
一级苗圃种苗	100.0	≤1.0	≥2.2	60～75	≥80.0	0.0
二级苗圃种苗	100.0	≤1.0	≥2.2	60～75	≥80.0	≤5.0
三级苗圃种苗	100.0	≤1.0	≥2.2	60～75	≥80.0	≤10.0

9 检验方法

按 NY/T 1796 的规定执行。

10 检验规则

按 NY/T 1796 的规定执行。

11 包装、标识、贮存与运输

按 NY/T 1796 的规定执行。

甘蔗杂交育种

甘蔗花期调控

杂交结实

甘蔗温室杂交

杂交种子播种

种子出苗

大田移栽成活

成熟期选种

甘蔗健康种苗生产

甘蔗种苗温水脱毒

脱毒种苗效果

茎尖组织培养脱毒

室内培养

室外炼苗

下地种植

甘蔗新品种（一）

甘蔗温水脱毒处理

柳城05-136

柳城05-136

桂糖04-1001（桂糖42号）

柳城03-182

柳城03-182

桂糖44号

云蔗05-51

云蔗08-1609

甘蔗新品种（二）

粤糖95-159

粤糖00-236

中糖1号

中蔗10号

ROC22（新台糖22号）

新台糖25号